Tensor Analysis
Using *Mathematica*

Mathematica による テンソル解析

Seiichi Nomura
野村靖一
［著］

共立出版

まえがき

本書は，理工学分野で広く使われているテンソル解析の効率的処理手法として *Mathematica* の使用を提唱し，主に連続体力学に例をとり解説する．対象としては，*Mathematica* に初めて接する理工系の学部3年生から大学院生を想定しており，テンソル量を *Mathematica* で処理し，煩雑な計算を自動化する方法を説明する．

テンソル式は複雑な式を簡潔に表すことができ，見かけはすっきりしたものとなるが，実際の計算では添字の展開を始めとした煩雑な式を手計算で延々と行わざるを得ない．また，MATLAB などに代表される数値解析システムでは数式処理に対応できない．これに対し，*Mathematica* には数式処理システムが組み込まれているため，テンソルの添字を扱う計算が自動化される．したがって，手計算に費やしていた時間を本来の問題の追求に充てることができる．

通常，テンソル式は工学系では材料力学で，物理系では相対論で使われるが，本書では主に工学系の連続体力学で使用されるテンソル量を *Mathematica* で扱う方法を解説する．特に，連続体力学の一分野であり，材料の微視構造を扱うマイクロメカニックスでは，テンソル式の処理が不可欠であり，*Mathematica* の絶好の応用分野である．マイクロメカニックスとはボイド，亀裂，介在物，転移，空孔などの材料の微細的構造を解析するもので，ここ数十年の間に複合材料の解析に必須な手法として，応用上でも重要な位置を得た．マイクロメカニックスは，J. D. Eshelby による 1957 年の楕円球状介在物の弾性場に関する論文に端を発するとされている．ちなみに，この論文は応用力学で最も引用数が多い論文とされている．日本では村外志夫がこの分野の発展に大きく貢献した．マイクロメカニックスの研究者が比較的少ない一因として，理論が存在しても実際の式の評価や適用は手計算では困難であり，MATLAB などの数値解析支援ソフトではテンソル量を扱えないことが挙げられる．今日では洗練された有限要素法のソフトが利用可能であり，固体力学の多くの問題はモデルを作成してソフトウェアに入力することで数値解が求められるため，今更なぜマイクロメカニックスが必要かという議論も当然存在する．しかしながら，有限要素法とマイクロメカニックスは互いに比較できるものではなく，有限要素法はあくまでも近似である．例えば，有限要素法で使用される試験関数の場合，異なる相境界での連続条件は完全には満たさない．物理場が解析的に求められればそれにこしたことはない．

工学・物理系でテンソルを扱う教科書または専門書は多数存在するが，ソフトウェアを使用しテンソルの実際の計算を解説しているものは容易に見つからない．数式処理ソフトは1980年代に普及し始め，筆者も当初はREDUCEというLISPで書かれたソフトを愛用した．商用ソフトでは現在，Mapleと*Mathematica*が利用可能である．MapleはMATLAB，MathCADなどの数式処理エンジンとして数値ソフトの補充に使われているが，単独では*Mathematica*が多用されている．

テンソルが使用される分野は材料力学以外にも数多く存在するが，本書では主として材料の中に物理定数の異なる介在物がある場合の材料の物理場を扱った．本書で解説する概念を習得すれば，異なる分野に応用できるであろう．

第1章では，本書に記載されている*Mathematica*コードを理解するために最小限必要な*Mathematica*の文法と概念を解説する．

第2章では，テンソルの定義を座標変換に基づいて解説し，*Mathematica*でのテンソルの扱い方を解説する．

第3章では，連続体力学で使われる諸方程式をテンソル記法を用いて導き，*Mathematica*による処理方法を解説する．

第4章では第3章に基づき，無限媒質中に物理定数の異なる介在物が存在する場合の弾性場を求める手法を解説する．この章の多くの結果は手計算で得ることが不可能であり，*Mathematica*によって初めて計算が可能となる．

第5章では有限媒質中に介在物がある場合の弾性場を求める手法を解説する．この問題は意外にも解析解はなく，従来は有限要素法などの数値解析に依存してきたが，*Mathematica*を使用することで半解析解が可能であることを示す．

目　次

第1章　*Mathematica* 入門　1

1.1　よく使う関数 …… 4

1.2　方程式 …… 6

1.3　微分，積分 …… 11

1.4　行列，ベクトル …… 12

1.5　テンソルの処理 …… 15

1.6　関数 …… 18

1.7　グラフィック …… 19

1.8　他の有用な関数 …… 22

1.9　*Mathematica* のプログラミング …… 23

1.9.1　繰り返しおよび分岐命令 …… 25

第2章　テンソルとは　28

2.1　指標と総和規約 …… 28

2.2　座標変換（直交座標） …… 37

2.3　テンソルの定義 …… 40

第3章　場の方程式　51

3.1　応力 …… 51

3.1.1　応力の性質 …… 55

3.1.2　応力の境界条件 …… 57

3.1.3　主応力 …… 59

3.1.4 偏差応力 · · · · · · · · · · · · · · · · · · 62
3.2 ひずみ · 66
3.3 適合条件 · 73
3.4 構成方程式，等方性，異方性 · · · · · · · · · · · · · · · · 75
3.4.1 等方性 · · · · · · · · · · · · · · · · · · · 76
3.4.2 弾性係数 · · · · · · · · · · · · · · · · · · 79
3.4.3 直交異方性 · · · · · · · · · · · · · · · · · 82
3.5 流体の構成方程式 · · · · · · · · · · · · · · · · · · 84
3.6 場の方程式 · 86
3.6.1 発散定理（ガウスの定理） · · · · · · · · · · · · · 86
3.6.2 物質微分 · · · · · · · · · · · · · · · · · · 87
3.6.3 連続の方程式 · · · · · · · · · · · · · · · · · 89
3.6.4 運動方程式 · · · · · · · · · · · · · · · · · 89
3.6.5 エネルギ方程式 · · · · · · · · · · · · · · · · 90
3.6.6 等方性物質の運動方程式 · · · · · · · · · · · · · 92
3.6.7 等方流体 · · · · · · · · · · · · · · · · · · 93
3.6.8 熱応力効果 · · · · · · · · · · · · · · · · · 94
3.7 一般座標系 · 94
3.7.1 テンソル解析 · · · · · · · · · · · · · · · · · 94
3.7.2 曲線座標系でのテンソルの定義 · · · · · · · · · · · 96

第4章 無限材料中の介在物 105

4.1 楕円球介在物の Eshelby の解 · · · · · · · · · · · · · · ·106
4.1.1 固有ひずみ問題 · · · · · · · · · · · · · · · ·109
4.1.2 楕円球介在物の Eshelby テンソル · · · · · · · · · ·111
4.1.3 非均質（介在物）問題 · · · · · · · · · · · · · ·120
4.2 多相の同心状介在物がある場合の応力場 · · · · · · · · · · ·130
4.2.1 *Mathematica* の指標規約の実装 · · · · · · · · · · ·131
4.2.2 ナビエの方程式の一般解 · · · · · · · · · · · · ·134
4.2.3 2 相材料の厳密解 · · · · · · · · · · · · · · · ·142
4.2.4 3 相材料の解 · · · · · · · · · · · · · · · · ·150
4.2.5 2-D の多相材料の解 · · · · · · · · · · · · · · ·164
4.3 熱応力 ·165

4.3.1 熱束による熱応力 ・・・・・・・・・・ 165
4.4 Airy の応力関数 ・・・・・・・・・・ 176
4.4.1 Airy の応力関数 ・・・・・・・・・・ 176
4.4.2 複素変数の *Mathematica* プログラミング ・・・・・・・・・・ 181
4.4.3 多相介在物問題 ・・・・・・・・・・ 183
4.5 複合材料の有効定数 ・・・・・・・・・・ 198
4.5.1 有効定数の上下限 ・・・・・・・・・・ 198
4.5.2 セルフコンシステント近似 ・・・・・・・・・・ 200
4.5.3 `micromech.m` で利用可能な関数 ・・・・・・・・・・ 204

第5章 有限な媒質内の介在物 206

5.1 境界値問題の一般解法 ・・・・・・・・・・ 207
5.1.1 重み付き残差法 ・・・・・・・・・・ 207
5.1.2 レイリー・リッツ法 ・・・・・・・・・・ 218
5.1.3 スツルム・リウヴィル型微分方程式 ・・・・・・・・・・ 221
5.2 定常状態の熱伝導方程式 ・・・・・・・・・・ 230
5.2.1 試験関数の導出 ・・・・・・・・・・ 231
5.2.2 試験関数を使用した温度分布の導出 ・・・・・・・・・・ 240
5.3 有限媒体での弾性場 ・・・・・・・・・・ 245
5.4 おわりに ・・・・・・・・・・ 252

あとがき 253

参考文献 255

索 引 257

第1章

Mathematica 入門

本章では *Mathematica*[1] に初めて触れる読者を対象として *Mathematica* の一般的な入門を解説する．*Mathematica* の全ての機能を網羅することは不可能だが，少なくとも第2章以降の *Mathematica* のコードを理解し，変更を加えられるようになることを目標とする．既に *Mathematica* の基本文法を知っている読者は本章をスキップして第2章に進んでもよい．

数ある *Mathematica* の入門書の中で最良の入門書は Wolfram 本人が書いた *Mathematica* ブック [21] であろう．*Mathematica* システムをインストールするとヘルプメニューからオンライン版にアクセスできる．印刷本のページ数は 1000 ページを越え，*Mathematica* の総合レファレンスとして使えるが，最初の 100 ページに *Mathematica* の文法の論理，機能がわかりやすく記述されているのでこの部分だけでも理解するまで読むことを推奨する．

Mathematica は Windows，Mac，Linux の各機種上で動作し[2]，異なる環境でもほぼ同じインターフェースを維持している．本書の *Mathematica* のプログラムは Windows 版をベースにしているが，異なる機種でも問題なく動作する．

Mathematica の最初のバージョンは 1988 年に発表され，執筆時点でのバージョンは 12 である．最初のバージョン以来多くの機能が追加されたが，後方互換性は保たれており，初期のバージョンで作成されたプログラムはほとんどが最新のバージョンでも問題なく稼働する．本書に掲載されている全てのプログラム

---

1) Wolfram は *Mathematica* の文法および広範なデータベースへのアクセスを含むシステムの総名称を Wolfram Language[20] と呼び，この名称を使用することにしているが，本書では「*Mathematica*」で統一する．

2) *Mathematica* はシングルボードコンピュータであるラズベリーパイにバンドルされて無料で入手できる．1988 年に発売されたステーブ・ジョブズの NeXT コンピュータにもバージョン 1.0 がバンドルされていた．

はどのバージョンでも稼働するはずである．

Mathematica の基本思想はパターンマッチングであり，パターンマッチングの繰り返しにより高度の記号処理演算が可能になっている．

Mathematica はしばしばMATLABと比較される．どちらのシステムも科学技術計算を目的として開発されたものであり，MATLABは主に工学，*Mathematica* は物理，数学分野で使用されることが多い．しかし *Mathematica* とMATLABの間には基本的な違いがある．*Mathematica* では数値演算と記号演算が同時に混在することが可能である．一方これに対しMATLABではSymbolic Math Toolboxというツールボックスを使用して別の記号演算システムであるMaple[3] を呼び出して記号計算を実行するため，記号と数値変数を混在させることはできない．したがってMATLABのみで本書に示すプログラミングに相当する計算を実行することは不可能である．

Mathematica はMATLABなどの他の科学技術計算システムと比較し，やや敷居が高く取っ付きにくいと言われている．例えば，*Mathematica* では関数の引数は通常の括弧(　)ではなく角括弧[　]で囲み，ベクトルや行列の添字は2重角括弧[[　]]で囲むことに違和感を覚えるかも知れない．また *Mathematica* では予約命令と内蔵関数の最初の文字が大文字で始まる点も他の言語とは異なっており[4] Wolframのひとりよがりと思われるかも知れない．確かに学習曲線の勾配は急だが，少し慣れれば *Mathematica* の一貫した文法の論理が自然と身につき，プログラムの書き方も自ずから理解できるであろう．

Mathematica に特有で重要な特徴を以下に示す．

- 内蔵関数，定数名および予約命令は大文字で始まる．一般のプログラミング言語も大文字，小文字を区別するが，予約命令，内蔵関数，定数名は普通小文字である．しかし *Mathematica* では予約命令，内蔵関数，定数名は常に最初の文字が大文字となる．
  - 三角関数サイン $\sin(x)$ は `Sin[x]`
  - 指数関数 $\exp(x)$ は `Exp[x]`
  - 積分

$$\int_0^{\infty} e^{-x} \sin x \, dx$$

---

[3] Maple（カエデ）は名前が示すようにカナダのウォータールー大学で開発された計算代数システムである．

[4] これにより関数がシステムの内蔵関数かユーザー定義の関数かの混乱を避けられる．

は Integrate[Exp[-x] Sin[x], {x, 0, Infinity}]

- パイ π は Pi
- 平方根 $i=\sqrt{-1}$ は I

- 関数の引数は丸括弧 $(\ldots)$ ではなく角括弧 $[\ldots]$ で囲む.
  - e^{2-3i} は Exp[2 - 3 I]
  - 自然対数 $\log(x)$ は Log[x]
- 乗算は $*$ またはスペースを使う.
  - $x \times y$ は x y. xy は不可（スペースがないので 1 変数と解釈される).
  - x*y も使える.
- 全ての予約命令，内蔵関数，定数の名前は省略されない.
  - 積分は int でなく Integrate[Cos[x], x]
  - 無限 ∞ は Infinity
  - 分数 5/7 の分母を抽出するには Denominator[5/7]
- リスト，範囲は波括弧 $\{\quad\}$ で囲む.
  - $\sin(x)$ を $[-3,3]$ の範囲でプロットするには
    Plot[Sin[x], {x, -3, 3}]
  - 総和

$$1+\frac{1}{2^2}+\frac{1}{3^2}+\ldots+\frac{1}{100^2}=\sum_{n=1}^{100}\frac{1}{n^2}$$

    の計算は Sum[1/n^2, {n, 1, 100}]
  - $\cos(xy)$ を $-2<x<2$ と $-3<y<5$ の範囲で 3 次元プロットするには
    Plot3D[Cos[x y], {x, -2, 2}, {y, -3, 5}]
- 配列および行列の要素は波括弧 $\{\quad\}$ で囲む．行列の要素は波括弧を入れ子にする.
  - 3 次元ベクトル $\mathbf{vec}=(x,y,z)$[5] を定義するには vec = {x, y, z}
  - 3×3 行列

$$mat=\begin{pmatrix}1&2&3\\4&5&6\\7&8&9\end{pmatrix}$$

    を定義するには mat={{1, 2, 3}, {4, 5, 6}, {7, 8, 9}}

---

5) *Mathematica* では縦行列，横行列の区別はない．ベクトル，行列，テンソルなどは皆リストとして入力される.

- 角括弧 [$\cdots$] は関数の引数に使用し，2 重角括弧 [[$\cdots$]] はリストの要素を参照するのに使用する．
  - $\cos(x) + \exp(-x)$ は `Cos[x]+Exp[-x]`
  - 行列 m の (23) 要素に 6.34 を代入するには `m[[2, 3]] = 6.34`
- *Mathematica* の命令はフリーフォーマットであり複数行に渡って入力が可能である．命令がセミコロン（;）で終われば出力は表示されない．これは MATLAB と同様である．
  - `Expand[(x+y)^20]` は $(x+y)^{20}$ を展開し長い結果が表示される．
    `Expand[(x+y)^20];` は結果は表示されないが計算は実行される．
  - `m[[2, 3]] = 12` は $m_{23} = 12$ となりかつ結果が表示される．

1.1　よく使う関数

Mathematica を最初に起動すると入力モードとなり，ユーザからの入力待ち状態になる．例えば $(x+y+z)^5$ を展開するには以下を入力する．

```
In[1]:= Expand[(x + y + z)^5]
```

Out[1]= $x^5 + 5x^4y + 10x^3y^2 + 10x^2y^3 + 5xy^4 + y^5 + 5x^4z + 20x^3yz +$
$30x^2y^2z + 20xy^3z + 5y^4z + 10x^3z^2 + 30x^2yz^2 + 30xy^2z^2 +$
$10y^3z^2 + 10x^2z^3 + 20xyz^3 + 10y^2z^3 + 5xz^4 + 5yz^4 + z^5$

キーボードからの入力行は

```
In[2]:=
```

で始まり *Mathematica* からの出力は

```
Out[2]=
```

で始まる．

直前の出力を再利用するには，もう一度同じ式を入力する代わりにパーセント記号 (%) を入力すればよい．

```
In[3]:= %1
```

Out[3]= $x^5 + 5x^4y + 10x^3y^2 + 10x^2y^3 + 5xy^4 + y^5 + 5x^4z + 20x^3yz +$
$30x^2y^2z + 20xy^3z + 5y^4z + 10x^3z^2 + 30x^2yz^2 + 30xy^2z^2 +$
$10y^3z^2 + 10x^2z^3 + 20xyz^3 + 10y^2z^3 + 5xz^4 + 5yz^4 + z^5$

以下に *Mathematica* の関数のいくつかの例を示す．実際に入力して結果を確認されたい．

```
In[4]:= Integrate[ x Cos[x], x]
```

Out[4]= $\mathrm{Cos}[x] + x\,\mathrm{Sin}[x]$

```
In[5]:= Expand[(x + y)^11]
```

Out[5]= $x^{11} + 11x^{10}y + 55x^9y^2 + 165x^8y^3 + 330x^7y^4 + 462x^6y^5 +$
$462x^5y^6 + 330x^4y^7 + 165x^3y^8 + 55x^2y^9 + 11xy^{10} + y^{11}$

```
In[6]:= Series[Cos[x], {x, 0, 12}]
```

Out[6]= $1 - \frac{x^2}{2} + \frac{x^4}{24} - \frac{x^6}{720} + \frac{x^8}{40\,320} - \frac{x^{10}}{3\,628\,800} + \frac{x^{12}}{479\,001\,600} + O[x]^{13}$

```
In[7]:= Plot[Sin[x]/x, {x, -3 Pi, 3 Pi}]
```

Out[7]=
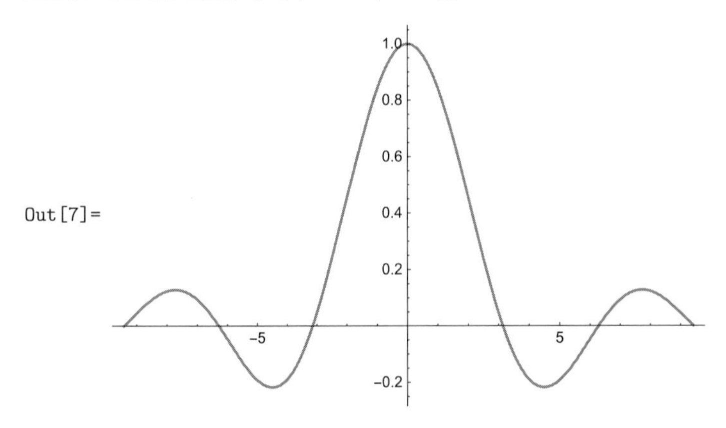

上記の例で各々の関数の意味するものは明らかであろう．`Expand` は式の展開，`Series` は関数のテーラー展開[6]，`Plot` は関数を指定された範囲でプロットする．

Windows の場合，入力した命令の実行には入力後 Shift キーと Enter キーを同時に押すか，またはテンキーの Enter キーを押す必要がある．Enter キーだけを押すと命令は実行されず，カーソルが次の行に移動して新しい命令の入力待ちになる．

多くの科学技術計算支援ソフトでは積分の命令は小文字で省略形の `int` が使われているが，*Mathematica* では省略はせず，かつ内蔵関数の最初の文字は大文字で始めるという約束により `Integrate` を使う．関数の引数は `f[x]` のように通常

[6] 最後の項の $O[x]^{13}$ は x^{13} 次の項を示す．これより高次の項が省略されている．

の括弧 (...) ではなく角括弧 [...] で囲む必要がある．一方，波括弧 {...} は変数の範囲，リストの要素を指定するために使われる．

1.2　方程式

Solve 関数は *Mathematica* で最も重要な関数の一つである．MATLAB や C など従来のプログラミング言語に慣れていると，関数を入力するだけで多くの方程式を解けることは少なからぬ驚きであろう．

```
In[8]:= sol = Solve[a x^2 + b x + c == 0, x]
```

Out[8]= $\{\{x \to \frac{-b - \sqrt{b^2 - 4\,a\,c}}{2\,a}\}, \{x \to \frac{-b + \sqrt{b^2 - 4\,a\,c}}{2\,a}\}\}$

上記の例は，2次方程式 $ax^2 + bx + c = 0$ を解き，2個の根を出力して変数 sol に代入する．ほとんどのプログラミング言語と同様，*Mathematica* でも単一の等号 = は右から左への代入，2個の等号は左辺と右辺が等しい等式を意味するので，方程式を定義するには2個の等号 == を使う．Solve 関数からの出力は変数 sol に保存される．この出力は一見奇妙に見えるが，外側の波括弧 {...} 内に入れ子として2個の要素から成り，2個の要素が2個の根に対応している．右矢印 (→) 記号は代入を表わし，矢印の左にある変数 (x) を矢印の右にある式で置き換えることを意味し代入規則と呼ばれる．この代入規則を使って x が含まれる式を評価することができる．

```
In[9]:= x^3 - x + 2 /. sol
```

Out[9]= $\{2 - \frac{-b - \sqrt{b^2 - 4\,a\,c}}{2\,a} + \frac{(-b - \sqrt{b^2 - 4\,a\,c})^3}{8\,a^3},$
$2 - \frac{-b + \sqrt{b^2 - 4\,a\,c}}{2\,a} + \frac{(-b + \sqrt{b^2 - 4\,a\,c})^3}{8\,a^3}\}$

上記の例では式 $x^3 - x + 2$ を $ax^2 + bx + c = 0$ の2個の根に対して評価する．根は2個あるので，$x^3 - x + 2$ の評価もまた各々の根に対して実施され，出力もリスト形式で2個の要素からなる．この例に見られるように，*Mathematica* で規則を式に当てはめ評価するには「/.」を評価される式の後に付加して代入規則を実行する．

```
In[10]:= x^3 + x + 1 /. x -> a
```

Out[10]= $1 + a + a^3$

上記の例では x^3+x+1 の x が a に置換される.

代入規則は1個以上の変数の置換もリストを使うことで可能となる.

```
In[11]:= x^3 + 3 x y - y^2 /. {x -> a + b, y -> b}
```

Out[11]= $-\mathrm{b}^2+3\mathrm{b}(\mathrm{a}+\mathrm{b})+(\mathrm{a}+\mathrm{b})^3$

上記の例では $x^3+3xy-y^2$ で x が $a+b$ に, y が b に置き換わる. 代入規則は *Mathematica* の特徴の一つであるパターンマッチングで多用される重要な命令である.

リストの要素を参照するには `a[[2]]` のように2重角括弧 `[[⋯]]` を使う.

```
In[12]:= ex1 = Solve[x^2 + a x + b == 0, x]
```

Out[12]= $\{\{\mathrm{x}\to\frac{1}{2}(-\mathrm{a}-\sqrt{\mathrm{a}^2-4\,\mathrm{b}})\},\ \{\mathrm{x}\to\frac{1}{2}(-\mathrm{a}+\sqrt{\mathrm{a}^2-4\,\mathrm{b}})\}\}$

```
In[13]:= ex1[[2]]
```

Out[13]= $\{\mathrm{x}\to\frac{1}{2}(-\mathrm{a}+\sqrt{\mathrm{a}^2-4\,\mathrm{b}})\}$

`Solve` は多くの形式の方程式に対応していて, 5次未満の代数方程式[7] を厳密に解くことができる.

```
In[14]:= Solve[ x^3 + 2 x^2 - x + 2 == 0, x]
```

Out[14]=
$$\{\{\mathrm{x}\to\frac{1}{3}\Big(-2-\frac{7}{(44-3\sqrt{177})^{1/3}}-(44-3\sqrt{177})^{1/3}\Big)\},$$
$$\{\mathrm{x}\to-\frac{2}{3}+\frac{7(1+\mathrm{i}\sqrt{3})}{6(44-3\sqrt{177})^{1/3}}+\frac{1}{6}(1-\mathrm{i}\sqrt{3})(44-3\sqrt{177})^{1/3})\},$$
$$\{\mathrm{x}\to-\frac{2}{3}+\frac{7(1-\mathrm{i}\sqrt{3})}{6(44-3\sqrt{177})^{1/3}}+\frac{1}{6}(1+\mathrm{i}\sqrt{3})(44-3\sqrt{177})^{1/3})\}\}$$

上記の例では3次方程式の厳密解が求められるが, 多くの場合では長い厳密解よりは簡潔な数値解が好ましい. このために `N` 関数で記号を数値に変換することができる.

```
In[15]:= N[%]
```

Out[15]= $\{\{\mathrm{x}\to-2.65897\},\ \{\mathrm{x}\to 0.329484+0.802255\mathrm{i}\},$
$\{\mathrm{x}\to 0.329484-0.802255\mathrm{i}\}\}$

`N` 関数は厳密解を数値に変換するのに対し, `NSolve` 関数では方程式を直接数値的

---

7) ガロア理論によれば4次までの代数方程式の解は代数的に表されるが, それ以上の代数方程式では解を代数的に表せる公式は存在しない.

に解く.

```
In[16]:= NSolve[ x^3 + 2 x^2 - x + 2 == 0, x]
Out[16]= {{x → -2.65897}, {x → 0.329484 - 0.802255ⅈ},
         {x → 0.329484 + 0.802255ⅈ}}
```

連立方程式を解くには方程式と未知数をリストとして入力する.

```
In[17]:= Solve[{2 x + y + z == 2, 3 x - 2 y - 11 z == 3, x + y - 2 z == -2},
         {x, y, z}]
```

Out[17]= $\{\{x \to \frac{19}{10},\ y \to -\frac{5}{2},\ z \to \frac{7}{10}\}\}$

しかし Solve 関数は一般の非線形方程式には適していないので, 非線形方程式の解法にはニュートン法を使った FindRoot 関数を用いる. 例えば

$$e^{-x^2} + \sin(2x) = 1$$

を解くには

```
In[18]:= FindRoot[Exp[-x^2] + Sin[2 x] == 1, {x, -2}]
Out[18]= {x → -2.30674}
```

を入力する. ニュートン法では未知数の初期値を与える必要があり, $\{x, -2\}$ は x の初期値を -2 として始めることを示す. FindRoot 関数は連立非線形方程式にも対応している. 例えば

$$e^{x-2} + x^2 = y - 1, \quad \sin y = \frac{1}{x^2+1}$$

の連立非線形方程式を初期値として $x = -1, y = 2$ で解くには

```
In[19]:= FindRoot[{Exp[x - 2] + x^2 == y - 1, Sin[y] == 1/(x^2 + 1)},
         {{x, -1}, {y, 2}}]
Out[19]= {x → -1.3154, y → 2.7666}
```

と入力する. 複数の解がある可能性がある場合は初期値を変える.

微分方程式（初期値問題）を解くには DSolve 関数を使う. 例えば

$$y'' + y' - 2y = 2$$

を解くには

```
In[20]:= DSolve[y''[x] + y'[x] - 2 y[x] == 2, y[x], x]
```

Out[20]= $\{\{y[x] \to -1 + e^{-2x}\, C[1] + e^{x}\, C[2]\}\}$

を入力する．複数の解の可能性があるため，出力は代入規則となる．上記の解 `y[x]` は `C[1]` および `C[2]` の 2 個の積分定数を含んでいる．`DSolve` 関数は 3 個の要素から成る．最初の要素 `y''[x] + y'[x] - 2 y[x] == 2`（2 個の等号に注意）は微分方程式を定義し，2 番目の要素の `y[x]` は未知関数 y は独立変数 x の関数であることを定義し，3 番目の要素 `x` は独立変数を定義する．

`DSolve` 関数は連立微分方程式を解くこともできる．

$$x'(t) + 2y'(t) = \sin(t), \quad 2x'(t) + 3y'(t) = 1, \quad x(0) = 1, \quad y(0) = -1$$

を解くには

```
In[21]:= DSolve[{x'[t] + 2 y'[t] == Sin[t],
         2 x'[t] + 3 y'[t] == 1, x[0] == 1, y[0] == -1}, {x[t], y[t]}, t]
Out[21]= {{x[t] → -2 + 2t + 3Cos[t], y[t] → 1 - t - 2Cos[t]}}
```

を入力する．初期条件は方程式と共に入力できる．

微分方程式を解析的に解くことができない場合，`NDSolve` 関数で数値的に解くことができる．以下の初期値問題の非線形微分方程式

$$y'' + \sin y = 0, \quad y(0) = 2, \quad y'(0) = 1$$

を $[0, 10]$ の区間で x に関して数値的に解くには

```
In[22]:= sol = NDSolve[{y''[x] + Sin[y[x]] == 0, y[0] == 2, y'[0] == 1},
         y[x], {x, 0, 10}]

Out[22]= {{y[x] → InterpolatingFunction[ Domain: {{0., 10.}}
                                         Output: scalar ][x]}}
```

を入力する．`NDSolve` 関数は上記の微分方程式を $0 < x < 10$ の範囲で数値的に解き，解は変数 `sol` に内挿関数の代入規則として数値的に保存される．この結果はややわかりづらいが，解をプロットするには `sol` に保存されている代入規則を `y[x]` に適用することで `y[x]` が数値的に評価されて以下の通りにプロットできる．

```
In[23]:= Plot[y[x] /. sol, {x, 0, 10}]
```

Out[23]=
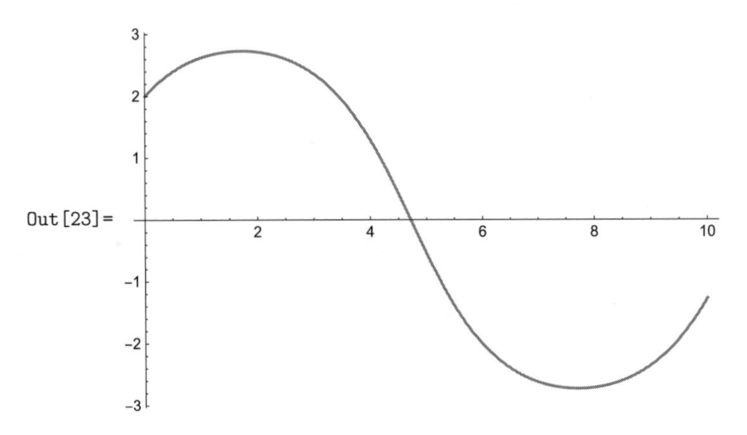

また y[x] の任意の点での値は

```
In[24]:= y[x] /. sol /. x -> 2
Out[24]= {2.71349}
```

のように代入規則をもう一度適用して評価できる．

NDSolve 関数は 2 次元，3 次元の微分方程式の初期値問題，境界値問題も扱うことができる．また必要な場合には，有限要素法のアルゴリズムが自動的に呼び出される[8)]．例えば矩形領域 $D=\{(x,y), 0\le x\le 1, 0\le y\le 1\}$ で定義され，境界条件が境界 ∂D で $u=0$（ディリクレ境界条件）で与えられる以下のヘルムホルツ型微分方程式

$$\frac{\partial^2 u}{\partial x^2}+\frac{\partial^2 u}{\partial y^2}+u=1 \quad \text{in} \quad D,$$

$$u=0 \quad \text{on} \quad \partial D$$

を有限要素法で解くには

```
In[25]:= sol =
          NDSolve[{D[u[x, y], {x, 2}] + D[u[x, y], {y, 2}] + u[x, y] == 1,
          u[x, 0] == 0, u[1, y] == 0, u[x, 1] == 0, u[0, y] == 0},
          u[x, y], {x, 0, 1}, {y, 0, 1}]

Out[25]= {{u → InterpolatingFunction[ Domain: {{0., 1.}, {0., 1.}}
                                       Output: scalar ]}}
```

と入力する．解は変数 sol に内挿関数の代入規則として数値的に保存される．結

---

8) FEM 有限要素法パッケージをロードすることで，より広い範囲の偏微分方程式を有限要素法で解くことができる．

果をプロットするには

```
In[26]:= Plot3D[u[x, y] /. sol, {x, 0, 1}, {y, 0, 1}, PlotRange -> All]
```

Out[26]=

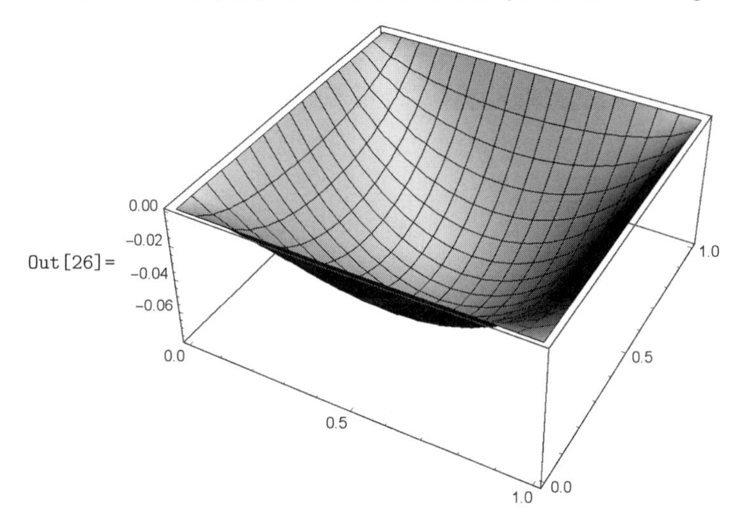

と入力する．有限要素法による偏微分方程式の数値解が単一の命令で求められることは他の同様なソフトウェアでは不可能である．

1.3 微分，積分

関数の微分には D 関数を使う．この関数は *Mathematica* の中で N（記号を数値に変換する関数）と共に一文字のみからなる関数である．通常 *Mathematica* の関数名は省力されないが，D，N 以外の例外として Abs（絶対値），Im（複素数の虚部），Re（複素数の実部）などがある．

$x^{100}\sin x^2$ を x で微分するには

```
In[27]:= D[x^100 Sin[x^2], x]
Out[27]= 2 x^101 Cos[x^2] + 100 x^99 Sin[x^2]
```

と入力する．高階微分は微分の階数をリストで指定する（以下の例は xe^x を 3 階微分する）．

```
In[28]:= D[x Exp[x], {x, 3}]
Out[28]= 3 e^x + e^x x
```

不定積分は Integrate 関数を使う．

$$\int x^2 \sin(x)\,dx$$

を積分するには

```
In[29]:= Integrate[x^2 Sin[x], x]
```

Out[29]= $-(-2+x^2)\,\mathrm{Cos}[x]+2\,x\,\mathrm{Sin}[x]$

を入力する．

定積分は積分の上下限をリストで指定する．例えば

$$\int_0^{\infty} e^{-x} \sin x\,dx$$

の積分は

```
In[30]:= Integrate[Exp[-x] Sin[x], {x, 0, Infinity}]
```

Out[30]= $\frac{1}{2}$

を入力する．

関数が解析的に積分不可能な場合は NIntegrate で数値積分が可能である．例えば

$$\int_1^2 \frac{1}{1+\cos^2(\frac{1}{x})}\,dx$$

は解析的に積分できない．無理に以下を入力してもそのまま戻ってくる．

```
In[31]:= Integrate[1/(Cos[1/x]^2 + 1), {x, 1, 2}]
```

Out[31]= $\int_1^2 \frac{1}{1+\mathrm{Cos}[\frac{1}{x}]^2}\,dx$

しかし NIntegrate 命令で瞬間に数値積分が実行される．

```
In[32]:= NIntegrate[1/(Cos[1/x]^2 + 1), {x, 1, 2}]
Out[32]= 0.634162
```

1.4　行列，ベクトル

Mathematica では行ベクトル，列ベクトル，行列，テンソルなどを個別に定義はせず，全てリストまたは入れ子のリストとして表す[9]．

---

[9] 行ベクトル，列ベクトルを区別しないのは不思議に思えるかも知れないが混乱は生じない．

ベクトルは要素をリストとして以下のように入力する．

```
In[33]:= vec = {v1, v2, v3}
Out[33]= {v1, v2, v3}
```

ベクトルの成分を表わすには2重角括弧を使う．

```
In[34]:= vec[[2]]
Out[34]= v2
```

ベクトル同士の内積は数値同士の掛け算に使う星印 $(*)$ ではなくドット (.) を使う．

```
In[35]:= vec.{a1, a2, a3}
Out[35]= a1 v1 + a2 v2 + a3 v3
```

3×3 行列の要素は入れ子のリストとして

```
In[36]:= mat = {{a11, a12, a13}, {a21, a22, a23}, {a31, a32, a33}}
Out[36]= {{a11, a12, a13}, {a21, a22, a23}, {a31, a32, a33}}
```

と入力する．行列を見慣れた形式にするには MatrixForm 関数を使い

```
In[37]:= MatrixForm[mat]
```

$$\text{Out[37]//MatrixForm=} \begin{pmatrix} \text{a11} & \text{a12} & \text{a13} \\ \text{a21} & \text{a22} & \text{a23} \\ \text{a31} & \text{a32} & \text{a33} \end{pmatrix}$$

と入力する．ただしこれは画面の出力フォーマットを変えるだけで mat の内容を変えるものではない．

行列の要素を参照するには2重角括弧 [[$\cdots$]] を使う．

```
In[38]:= mat[[2, 3]]
Out[38]= a23
```

行列同士の掛け算，行列とベクトルの掛け算はベクトル同士の内積と同様にドット (.) を使う．

```
In[39]:= mat.vec
Out[39]= {a11 v1 + a12 v2 + a13 v3, a21 v1 + a22 v2 + a23 v3,
            a31 v1 + a32 v2 + a33 v3}
```

Mathematica には線形代数で必要なほとんど全ての関数が用意されている．逆行列を求めるには Inverse 関数を使う．

```
In[40]:= Inverse[mat]
```

Out[40]=

$$\{\{\frac{-\mathrm{a23\,a32}+\mathrm{a22\,a33}}{-\mathrm{a13\,a22\,a31}+\mathrm{a12\,a23\,a31}+\mathrm{a13\,a21\,a32}-\mathrm{a11\,a23\,a32}-\mathrm{a12\,a21\,a33}+\mathrm{a11\,a22\,a33}},$$
$$\frac{\mathrm{a13\,a32}-\mathrm{a12\,a33}}{-\mathrm{a13\,a22\,a31}+\mathrm{a12\,a23\,a31}+\mathrm{a13\,a21\,a32}-\mathrm{a11\,a23\,a32}-\mathrm{a12\,a21\,a33}+\mathrm{a11\,a22\,a33}},$$
$$\frac{-\mathrm{a13\,a22}+\mathrm{a12\,a23}}{-\mathrm{a13\,a22\,a31}+\mathrm{a12\,a23\,a31}+\mathrm{a13\,a21\,a32}-\mathrm{a11\,a23\,a32}-\mathrm{a12\,a21\,a33}+\mathrm{a11\,a22\,a33}}\},$$
$$\{\frac{\mathrm{a23\,a31}-\mathrm{a21\,a33}}{-\mathrm{a13\,a22\,a31}+\mathrm{a12\,a23\,a31}+\mathrm{a13\,a21\,a32}-\mathrm{a11\,a23\,a32}-\mathrm{a12\,a21\,a33}+\mathrm{a11\,a22\,a33}},$$
$$\frac{\mathrm{a13\,a31}+\mathrm{a11\,a33}}{-\mathrm{a13\,a22\,a31}+\mathrm{a12\,a23\,a31}+\mathrm{a13\,a21\,a32}-\mathrm{a11\,a23\,a32}-\mathrm{a12\,a21\,a33}+\mathrm{a11\,a22\,a33}},$$
$$\frac{\mathrm{a13\,a21}-\mathrm{a11\,a23}}{-\mathrm{a13\,a22\,a31}+\mathrm{a12\,a23\,a31}+\mathrm{a13\,a21\,a32}-\mathrm{a11\,a23\,a32}-\mathrm{a12\,a21\,a33}+\mathrm{a11\,a22\,a33}}\},$$
$$\{\frac{-\mathrm{a22\,a31}+\mathrm{a21\,a32}}{-\mathrm{a13\,a22\,a31}+\mathrm{a12\,a23\,a31}+\mathrm{a13\,a21\,a32}-\mathrm{a11\,a23\,a32}-\mathrm{a12\,a21\,a33}+\mathrm{a11\,a22\,a33}},$$
$$\frac{\mathrm{a12\,a31}-\mathrm{a11\,a32}}{-\mathrm{a13\,a22\,a31}+\mathrm{a12\,a23\,a31}+\mathrm{a13\,a21\,a32}-\mathrm{a11\,a23\,a32}-\mathrm{a12\,a21\,a33}+\mathrm{a11\,a22\,a33}},$$
$$\frac{-\mathrm{a12\,a21}+\mathrm{a11\,a22}}{-\mathrm{a13\,a22\,a31}+\mathrm{a12\,a23\,a31}+\mathrm{a13\,a21\,a32}-\mathrm{a11\,a23\,a32}-\mathrm{a12\,a21\,a33}+\mathrm{a11\,a22\,a33}}\}\}$$

確認するために AA^{-1} を計算しようとして `mat.Inverse[mat]` を入力すると非常に長い式が出力されてしまう（本書では示していないが実際に試されたい）．なぜなら *Mathematica* には常に自動的に式を簡略化する機能がデフォルトで実装されていないためである．このため手動で簡略化を試みる `Simplify` 関数を適用する必要がある．

```
In[41]:= Simplify[mat.Inverse[mat]]
Out[41]= {{1,0,0}, {0,1,0}, {0,0,1}}
```

行列の固有値，固有ベクトルを求めるには `Eigensystem` 関数を使う．例として 3×3 行列

$$\mathrm{mat}=\begin{pmatrix}1&2&3\\2&3&4\\3&4&5\end{pmatrix}$$

の固有値と固有ベクトルを求めるには

```
In[42]:= mat = {{1, 2, 3}, {2, 3, 4}, {3, 4, 5}}
Out[42]= {{1,2,3}, {2,3,4}, {3,4,5}}

In[43]:= {eval, evec} = Eigensystem[mat]
```

Out[43]= $\{\{\frac{1}{2}(9+\sqrt{105}),\ \frac{1}{2}(9-\sqrt{105}),\ 0\},\ \{\{-\frac{-19-\sqrt{105}}{25+3\sqrt{105}},\ \frac{2(11+\sqrt{105})}{25+3\sqrt{105}},\ 1\},\ \{-\frac{19-\sqrt{105}}{-25+3\sqrt{105}},\ \frac{2(-11+\sqrt{105})}{-25+3\sqrt{105}},\ 1\},\ \{1,\ -2,\ 1\}\}\}$

と入力する．`Eigensystem` 関数は固有値と対応する固有ベクトルを計算して，固有値は `eval` に保存され，固有ベクトルは `evec` に保存される．例えば 2 番めの固有値 `eval[[2]]` および対応する固有ベクトル `evec[[2]]` は

```
In[44]:= eval[[2]]
```

Out[44]= $\frac{1}{2}(9-\sqrt{105})$

```
In[45]:= evec[[2]]
```

Out[45]= $\{-\frac{19-\sqrt{105}}{-25+3\sqrt{105}},\ \frac{2(-11+\sqrt{105})}{-25+3\sqrt{105}},\ 1\}$

で求められる．

1.5 テンソルの処理

Mathematica 自体ではテンソル量，テンソル同士の演算（例えば総和規約）がネイティブではサポートされていないため，ユーザがテンソル量の定義，演算規約を用意する必要がある．*Mathematica* では入れ子のリストを使用して，任意のテンソル量もリストとして定義できる．

1 階のテンソルは通常のリストとして入力する．

```
In[46]:= v1 = {x, y, z}
Out[46]= {x, y, z}
```

2 階のテンソルは行列の定義と同じ形式で，2 重のリストとして入力する．

```
In[47]:= v2 = {{v11, v12, v13}, {v21, v22, v23}, {v31, v32, v33}}
Out[47]= {{v11, v12, v13}, {v21, v22, v23}, {v31, v32, v33}}
```

しかしこの方法では成分を個別に入力する必要があり効率がよくない．リストの成分を自動的に生成するには `Table` 関数を使う．

```
In[48]:= v2 = Table[v[i, j], {i, 1, 3}, {j, 1, 3}]
Out[48]= {{v[1, 1], v[1, 2], v[1, 3]}, {v[2, 1], v[2, 2], v[2, 3]}, {v[3, 1], v[3, 2], v[3, 3]}}
```

`Table[a[i, j], {i, 1, 3}, {j, 1, 3}]` は関数 `a[i, j]` を反復変数 `i` と `j` に関し

て1から3まで繰り返し生成する．次節で説明されるように a[i, j] は i と j を引数とする関数 a であるが，以前に定義が与えられていないので a[i, j] 自体を返す．

$a_{ijk} = i + j + k$ で定義される3階のテンソルは Table 関数で以下の通り生成される．

```
In[49]:= v3 = Table[i + j + k, {i, 3}, {j, 3}, {k, 3}]
Out[49]= {{{3,4,5},{4,5,6},{5,6,7}}, {{4,5,6},{5,6,7},{6,7,8}},
          {{5,6,7},{6,7,8},{7,8,9}}}
```

結果は3重の入れ子となったリストとなる．

クロネッカーのデルタ δ_{ij} の定義には複数の方法がある．例えば関数として定義するには

```
In[50]:= delta[i_, j_] := If[i == j, 1, 0]
```

と入力する．右辺は If 関数を使い，i と j が等しければ1を返し，それ以外は0を返すという意味である．

```
In[51]:= delta[1, 1]
Out[51]= 1

In[52]:= delta[2, 3]
Out[52]= 0
```

他の定義として3次元の単位行列を使ってもよい．

```
In[53]:= delta2 = IdentityMatrix[3]
Out[53]= {{1,0,0}, {0,1,0}, {0,0,1}}

In[54]:= delta2[[1, 2]]
Out[54]= 0
```

IdentityMatrix[n] 関数は n 次元の単位行列を返す．delta は関数として定義されているので要素は delta[2,3] のように角括弧を使うが，delta2 はリストとして定義されているので要素は delta2[[2,3]] のように2重角括弧を使う．delta は次元の制約はないが delta2 は定義から3次元に限定される．

テンソルの総和規約は *Mathematica* には実装されていないので，Sum 関数を明示的に使用する必要がある．$\delta_{ii} = 3$ の計算には

```
In[55]:= Sum[delta[i, i], {i, 1, 3}]
Out[55]= 3
```

と入力する．

第2章で解説されるように弾性係数は4階のテンソルであり，等方性の場合は以下で定義される．

$$C_{ijkl} = \mu\left(\delta_{ik}\delta_{jl} + \delta_{il}\delta_{jk}\right) + \lambda\delta_{ij}\delta_{kl}$$

Mathematica では `Table` 関数を使い，以下の通り C_{ijkl} の要素を4重の入れ子のリストとして生成できる．

```
In[56]:= c = Table[mu (delta[i, k] delta[j, l] + delta[i, l] delta[j, k]) +
         lambda delta[i, j] delta[k, l], {i, 3}, {j, 3}, {k, 3}, {l, 3}]
Out[56]= {{{{lambda + 2mu, 0, 0}, {0, lambda, 0}, {0, 0, lambda}},
          {{0, mu, 0}, {mu, 0, 0}, {0, 0, 0}},  {{0, 0, mu}, {0, 0, 0}, {mu, 0, 0}}},
         {{{0, mu, 0}, {mu, 0, 0}, {0, 0, 0}},
          {{lambda, 0, 0}, {0, lambda + 2mu, 0}, {0, 0, lambda}},
          {{0, 0, 0}, {0, 0, mu}, {0, mu, 0}}},
         {{{0, 0, mu}, {0, 0, 0}, {mu, 0, 0}},  {{0, 0, 0}, {0, 0, mu}, {0, mu, 0}},
          {{lambda, 0, 0}, {0, lambda, 0}, {0, 0, lambda + 2mu}}}}
```

例えば C_{1122} と C_{2222} を表示するには

```
In[57]:= c[[1, 1, 2, 2]]
Out[57]= lambda

In[58]:= c[[2, 2, 2, 2]]
Out[58]= lambda + 2 mu
```

と入力する．テンソル同士の積で総和規約を実装するには `Sum` 関数を使う．例として上記の C_{ijkl} と2階のテンソル ϵ_{ij} との積である

$$\sigma_{ij} = C_{ijkl}\,\epsilon_{kl}$$

を計算するには以下を入力する．

```
In[59]:= strain = Table[epsilon[i, j], {i, 3}, {j, 3}]
Out[59]= {{epsilon[1, 1], epsilon[1, 2], epsilon[1, 3]},
         {epsilon[2, 1], epsilon[2, 2], epsilon[2, 3]},
         {epsilon[3, 1], epsilon[3, 2], epsilon[3, 3]}}

In[60]:= stress = Table[Sum[c[[i, j, k, l]] strain[[k, l]],
         {k, 3}, {l, 3}], {i, 3}, {j, 3}]
Out[60]= {{(lambda + 2 mu) epsilon[1, 1] + lambda epsilon[2, 2] + lambda epsilon[3, 3],
          mu epsilon[1, 2] + mu epsilon[2, 1], mu epsilon[1, 3] + mu epsilon[3, 1]},
```

```
{mu epsilon[1, 2] + mu epsilon[2, 1],
 lambda epsilon[1, 1] + (lambda + 2 mu) epsilon[2, 2] + lambda epsilon[3, 3],
 mu epsilon[2, 3] + mu epsilon[3, 2]},
{mu epsilon[1, 3] + mu epsilon[3, 1], mu epsilon[2, 3] + mu epsilon[3, 2],
 lambda epsilon[1, 1] + lambda epsilon[2, 2] +
   (lambda + 2 mu) epsilon[3, 3]}}
```

例えば stress の (11) 成分と (23) 成分は

```
In[61]:= stress[[1, 1]]
Out[61]= (lambda + 2 mu) epsilon[1, 1] + lambda epsilon[2, 2] + lambda epsilon[3, 3]

In[62]:= stress[[2, 3]]
Out[62]= mu epsilon[2, 3] + mu epsilon[3, 2]
```

のように計算できる．

高階のテンソルも同様に定義可能で，テンソル同士の演算も同様に実装できる．しかしテンソルの総和規約を適用する際に一々 Sum 関数を使用するのも面倒であり，総和規約を導入した意味がなくなる．実は Sum 関数を使わずに，*Mathematica* が得意とするパターンマッチングで総和規則を自動的に実装することが可能であり，これについては第2章で解説される．

1.6　関数

Mathematica の内蔵関数名は Integrate，Log，Series のように全て最初の文字は大文字で始まっている．ユーザが独自に定義する関数名は小文字で始めることが推奨されており，このため内蔵関数とユーザ定義関数とを区別することができる．ユーザ定義関数の作成には以下の構文を使う．

func[x_, y_, z_]:= x,y および z の関数の定義

ここに x, y および z は関数 func の引数を表わし，":=" の右に関数の定義を書く．":=" の左辺で引数を定義するには引数名の後に下線を加える．また等号のみではなく，コロンと等号 ":=" に注意する．例えば $f(x) = x\sin(x)$ を定義するには以下を入力する．

```
In[63]:= f[x_] := x Sin[x]
```

例えば f[5] と f[a+b] を計算するには

```
In[64]:= f[5]
Out[64]= 5 Sin[5]

In[65]:= f[a + b]
Out[65]= (a + b) Sin[a + b]
```

と入力する．

上記の例では f の引数は 1 個だけだが，引数が複数個ある場合でも追加で定義できる．

```
In[66]:= f[x_, y_] := (x - y)^3
```

Mathematica は同じセッション内で入力された全ての関数，変数の定義を覚えているので，f は引数の数により違う結果を出力する．引数が 1 個なら（例 f[5]），$x\sin(x)$ を返すが，引数が x と y の 2 個ある場合は $(x-y)^3$ を返す．

```
In[67]:= f[4]
Out[67]= 4 Sin[4]

In[68]:= f[2, -a]
Out[68]= (2 + a)^3
```

関数の定義が複雑で単一の式では定義することができない場合は，Module 関数を使い，局所変数を使用して複数の命令から成る関数を定義することが可能である．

```
In[69]:= f[x_, y_] := Module[{a, b}, a = x - y^2; b = x + y; a - 2 b]
```

上の例では Module 内の波括弧内にある変数 a および b は，Module 内だけで有効な局所変数であることを意味する．Module の最後の式 a - 2b を関数の値として返す．

```
In[70]:= f[x, y]
Out[70]= x - y^2 - 2(x + y)

In[71]:= f[5, 2]
Out[71]= -13
```

1.7 グラフィック

Mathematica は関数またはデータを 2 次元，3 次元で可視化できる多くの関数を備えている．例えば $\sin(x)/x$ のグラフを $[-3\pi, 3\pi]$ 区間でプロットするには

Plot 関数を使う．

```
In[72]:= Plot[Sin[x]/x, {x, -3 Pi, 3 Pi}]
```

Out[72]=

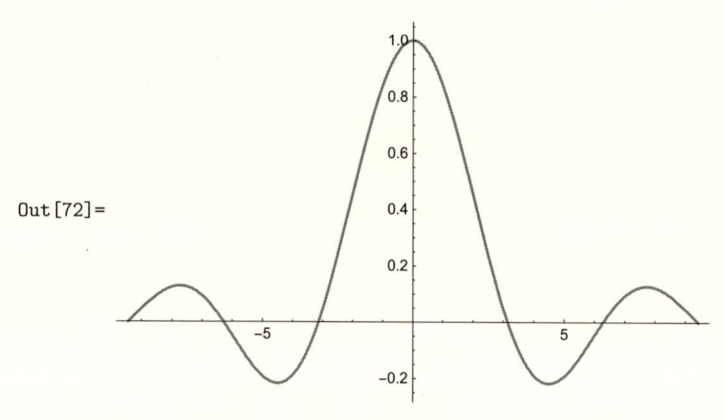

複数のグラフを同時に表示するにはプロットする関数をリストで列記する．

```
In[73]:= Plot[{Sin[x], Sin[2 x]}, {x, -Pi, Pi}]
```

Out[73]=

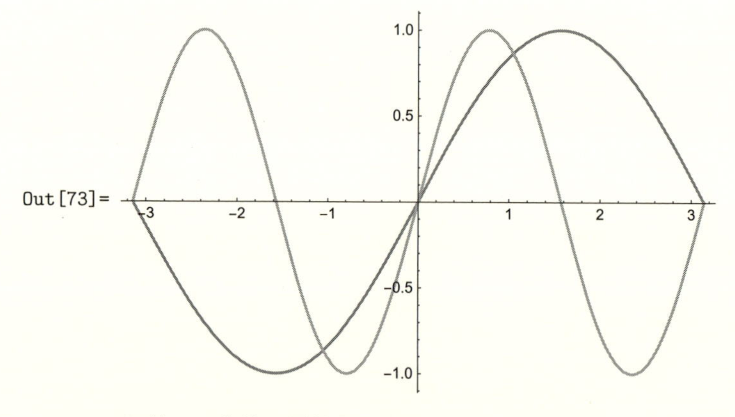

Plot3D 関数は 2 変数の関数を 3 次元でプロットする．

```
In[74]:= Plot3D[Exp[-x y], {x, -4, 4}, {y, -3, 3}]
```

Out[74]=
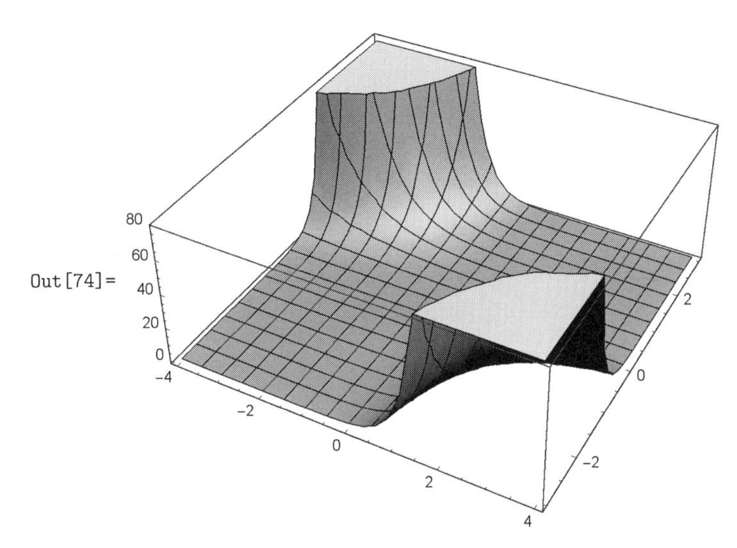

数値データをプロットするは ListPlot を使用する．まず Table 関数を使ってデータを生成する．

```
In[75]:= a = Table[i^2, {i, 1, 20}]
Out[75]= {1, 4, 9, 16, 25, 36, 49, 64, 81, 100,
          121, 144, 169, 196, 225, 256, 289, 324, 361, 400}
```

ListPlot 関数はリスト内の数値を可視化する．

```
In[76]:= ListPlot[a]
```

Out[76]=
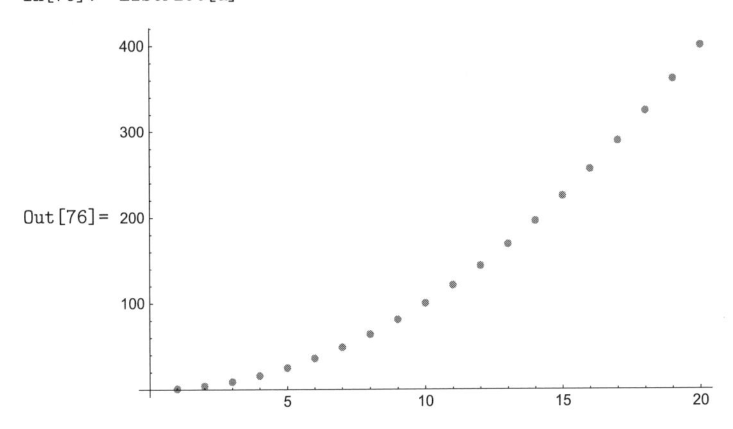

ドットを線で結ぶには ListLinePlot を使う[10]．

[10] *Mathematica* の初期のバージョンには ListLinePlot 関数はないので，ListPlot[a, Joined->True] のようにオプション変数 Joined を True とする．

```
In[77]:= ListLinePlot[a]
```

Out[77]=

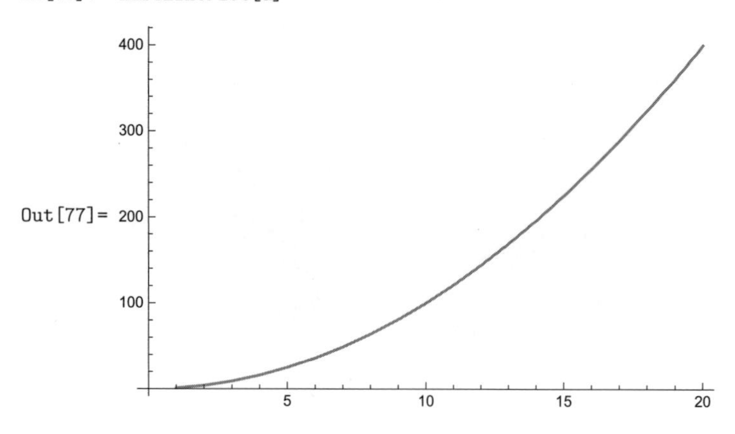

1.8 他の有用な関数

以下に *Mathematica* でよく使われる関数を示す．これらは *Mathematica* で利用可能な関数のごく一部であり，テンソル解析に必要な関数は第2章以降で詳細に解説される．

- `Series[f[x], {x, a, n}]` は，`f[x]` を $x = a$ の回りで n 次の項までテイラー展開する．

```
In[78]:= Series[Tan[x], {x, 0, 10}]
```

Out[78]= $x + \frac{x^3}{3} + \frac{2\,x^5}{15} + \frac{17\,x^7}{315} + \frac{62\,x^9}{2835} + O[x]^{11}$

- `Sum[ ]` および `NSum[ ]` 関数は級数の和をそれぞれ厳密におよび数値的に求める．

```
In[79]:= Sum[1/i!, {i, 0, 100}]
Out[79]= 4 299 778 907 798 767 752 801 199 122 242 037 634 663 518 280 784 714 275 ⋱
   131 782 813 346 597 523 870 956 720 660 008 227 544 949 996 496 057 758 ⋱
   175 050 906 671 347 686 438 130 409 774 741 771 022 426 508 339/
  1 581 800 261 761 765 299 689 817 607 733 333 906 622 304 546 853 925 787 ⋱
   603 270 574 495 213 559 207 286 705 236 295 999 595 873 191 292 435 557 ⋱
   980 122 436 580 528 562 896 896 000 000 000 000 000 000 000 000
```

```
In[80]:= NSum[1/i!, {i, 0, 100}]
Out[80]= 2.71828
```

上記は共に

$$\sum_{i=0}^{100} \frac{1}{i!}$$

を計算している.

- Apart 関数は有理関数を部分分数に分解する.

```
In[81]:= Apart[1/(s^3 - 2 s^2 - s + 2)]
```

Out[81]= $\dfrac{1}{3(-2+s)} - \dfrac{1}{2(1+s)} + \dfrac{1}{6(1+s)}$

- *Mathematica* バージョン 6.0 以降に追加された便利な機能として Manipulate 関数がある. 基本的な用法を以下に示す.

```
In[82]:= Manipulate[Plot[Sin[a x], {x, -Pi, Pi}], {a, 0, 10}]
```

Out[82]=

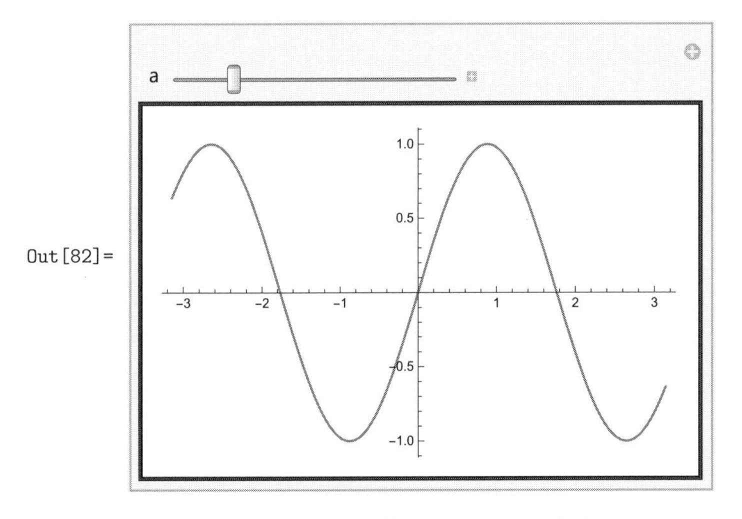

上記の例では $y = \sin(ax)$ で a の値をスライダで変化させると, a の値に応じたグラフを $-\pi < x < \pi$ の範囲でリアルタイムで表示する. Manipulate 関数は Table 関数と同様に, 変数 a の範囲を指定すると対応する $y = \sin(ax)$ のグラフが連動して表示される.

1.9 *Mathematica* のプログラミング

Mathematica は起動すると対話モードになり, Notebook というインターフェースでキーボードからの入力を待つ状態になる. Notebook セッションを保存す

ると，拡張子が.nb のファイルとして保存される．またオプションとして拡張子を.cdf で保存することで Wolfram CDF Player で再生することができ，*Mathematica* をインストールしていないコンピュータでも Notebook を実行することが可能である．

しかし長いプログラムは対話モードで実行するよりあらかじめ *Mathematica* 命令を集めたテキストファイルを準備してバッチモードで実行する方が効率が良い．例として以下の内容のテキストファイルをテキストエディタで編集し例えば Windows で c:\tmp ディレクトリに保存する．

```
f[k1_, k2_] := Module[{y, c, eq, sol, u, range},
  y[1] = c[1] x + c[2]; y[2] = -x^2/2/k1 + c[3] x + c[4];
  y[3] = c[5] x + c[6];
  eq[1] = (y[1] /. x -> -1) == 0;
  eq[2] = ((y[1] - y[2]) /. x -> -1/3) == 0;
  eq[3] = ((y[2] - y[3]) /. x -> 1/3) == 0;
  eq[4] = (y[3] /. x -> 1) == 0;
  eq[5] = ((k2 D[y[1], x] - k1 D[y[2], x]) /. x -> -1/3) == 0;
  eq[6] = ((k1 D[y[2], x] - k2 D[y[3], x]) /. x -> 1/3) == 0;

  sol = Solve[Table[eq[i], {i, 1, 6}], Table[c[i], {i, 1, 6}]][[1]];
  u = Table[y[i], {i, 1, 3}] /. sol;
  range = {Boole[ x > -1 && x < -1/3], Boole[ x > -1/3 && x < 1/3],
    Boole[ x > 1/3 && x < 1]};
  Plot[u.range, {x, -1, 1}, PlotRange -> {0, 0.4}]]

Manipulate[f[k1, k2], {k1, 1, 100}, {k2, 1, 100}]
```

保存されたファイルを Notebook に読み込み実行するには最初にファイルが保存されている作業用ディレクトリを SetDirectory 関数で指定する必要がある．

```
In[83]:= SetDirectory["c:\\tmp"]
Out[83]= c:\tmp
```

上記の命令により c:\tmp がデフォルトの作業用ディレクトリとなり，ファイルの読み書きには自動的にこのディレクトリが参照される．Unix ではディレクトリの区切りはスラッシュ (/) が使われているが，Windows においてディレクトリの区切りを SetDirectory 関数で入力するには，スラッシュ (/) でなくダブルバックスラッシュ (\\) であることに注意する．以前に保存したファイルを

*Mathematica*の Notebook セッションに読み込むには << を使う．

```
<< filename
```

```
In[84]:= SetDirectory["c:\\tmp"]
Out[84]= c:\tmp
```

```
In[85]:= << batch_sample.txt
```

Out[85]=

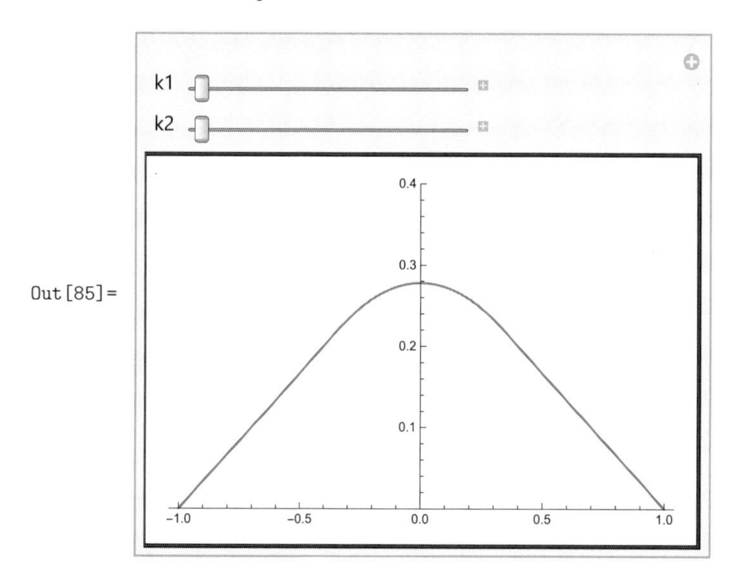

1.9.1 繰り返しおよび分岐命令

プログラミングでは繰り返しおよび分岐命令は必須である．以下に *Mathematica* で使用される繰り返しおよび分岐命令の例を示す．

Do

FORTRAN の `DO` 命令を想起すればよい．用法は `Do[body, range]` で `body` が `range` で指定された回数だけ繰り返される．以下の行列

$$a = \begin{pmatrix} 1 & 2 & 3 \\ 4 & 5 & 6 \\ 7 & 8 & 9 \end{pmatrix}$$

の全ての要素を印刷するには

```
In[86]:= a = {{1, 2, 3}, {4, 5, 6}, {7, 8, 9}}
Out[86]= {{1,2,3}, {4,5,6}, {7,8,9}}
```

```
In[87]:= Do[Print[a[[i, j]]], {i, 3}, {j, 3}]
         1
         2
         3
         4
         5
         6
         7
         8
         9
```

繰り返し回数はリストで指定され，最初が1の場合省略することができる．

Table

Table 命令の用法は Table[expr, range] である．range で指定される回数だけ expr が評価される．

Table 命令を使いリストを作成できる．以下の命令で $\cos(n\pi)$ のリストを n が1から10の範囲で生成する．

```
In[88]:= Table[Cos[n Pi], {n, 1, 10}]
Out[88]= {−1, 1, −1, 1, −1, 1, −1, 1, −1, 1}
```

For

For 命令は C 言語の for からの派生で，用法は For[init, final, incr, expr] である．ここに expr は評価される式，init が初期値，final が最終値で incr が増分である．以下のコードは i を $i=1$ から $i=9$ まで印刷する．

```
In[89]:= For[i = 1, i < 10, i++, Print[i]]
         1
         2
         3
         4
         5
         6
         7
         8
         9
```

If

If 命令の用法は If[test, body1, body2] で，test が真なら body1 が実行され test が偽なら body2 が実行される．以下の関数は x の絶対値を返す（x が実数の場合は内蔵関数の Abs[x] と同じ）．

```
In[90]:= abs[x_] := If[x > 0, x, -x]

In[91]:= abs[-10]
Out[91]= 10

In[92]:= abs[5]
Out[92]= 5
```

第2章

テンソルとは

テンソルとは一般に座標変換に関して不変な物理量を指す．本章では *Mathematica* でテンソル量を扱う方法を述べる．テンソルの演算は手計算では限度がある．またMATLABなどの数値計算ソフトウェアは対処することも不可能であり，*Mathematica* や Maple のような記号処理を支援するシステムで初めて可能となる．

テンソルは以下の理由により，物理量の記述にとっては本質的なものである．

1. 物理的に意味がある量は座標系とは独立に記述されなければならない[1)]．
2. テンソル方程式は座標系に独立であることが証明できる．

以上を組み合わせるとテンソル方程式だけが物理現象を正しく記述できるという結論になる．与えられた方程式がテンソル方程式でなければ，その方程式は物理現象を正しく記述していないということになる．

2.1 指標と総和規約

テンソル量を表示する方法は抽象的なものも含め複数個存在するが，本書では古典的な指標を使う方法を採用する．

1. 座標を x, y, z で表わす代わりに指標を使い x_1, x_2, x_3 で表わす．またベクトルの成分を a, b, c で表わす代わりに指標を使い a_1, a_2, a_3 のように表わす．まとめてそれぞれ x_i, a_i のように指標を使う．指標 i は $1, 2, 3$ のいずれかである．

1) 座標系とはガリレオ変換，ローレンツ変換および一般変換を指す．

2. 総和規約[2)] では，a_ib_i のように 2 個の変数の積で指標が繰り返されている場合，その指標に関して総和をとりかつ総和記号は省略する．例えば a_ib_i は以下のように展開される．

$$a_ib_i \equiv \sum_{i=1}^{3} a_ib_i = a_1b_1 + a_2b_2 + a_3b_3$$

この規則に例外はなく，また指標の繰り返しは 2 回に限定され $a_ib_ic_i$ のような式は無効である．

繰り返される指標はダミー指標と呼ばれ，繰り返されない指標は自由指標と呼ばれる．ダミー指標は i に限らず任意の文字を使用できる[3)]．例えば

$$x_ix_i = x_jx_j = x_\alpha x_\alpha$$

は全て総和 ($= \sum_i x_ix_i$) を表わす．x_i（または x_j または x_α）のように単独で繰り返されていない指標は x_1, x_2 または x_3 のうち一つを表わす．x_ix_i は $(x_i)^2$ とは異なることに注意する．x_ix_i は 3 項からなる単一式（$= x_1^2 + x_2^2 + x_3^2$）だが，$(x_i)^2$ は $(x_1)^2, (x_2)^2$ または $(x_3)^2$ のうち一つを意味する．

上記の総和規約は直交座標系のみで有効である．球座標のような曲線座標系では基本ベクトルが正規化されていないため，指標は共変指標，反変指標を区別する必要が生じ，総和規約も修正する必要がある．この点については第 3 章で解説される．

例

1. $x_ix_ix_j$
   i はダミー指標であるが j は自由指標であるため i に関して和をとり

$$x_ix_ix_j = x_j \sum_{i=1}^{3} x_ix_i$$

[2)] アインシュタインの記法とも呼ばれる．アルバート・アインシュタインにより 1916 年に導入された．

[3)] 定積分で

$$\int_a^b f(x)\,dx = \int_a^b f(y)\,dy = \int_a^b f(z)\,dz$$

のように任意のダミー変数を使用することに相当する．

$$= x_j \left((x_1)^2 + (x_2)^2 + (x_3)^2 \right)$$

$$= \begin{cases} x(x^2+y^2+z^2) \\ \quad \text{または} \\ y(x^2+y^2+z^2) \\ \quad \text{または} \\ z(x^2+y^2+z^2) \end{cases}$$

となる．

2. $x_i x_i x_i$

これは指標が3度繰り返されているので有効な式ではない．

Mathematica の指標の扱い

Mathematica ではテンソルはサポートされていないため，指標やテンソル量間の演算をユーザーが定義する必要があり，最小限の *Mathematica* のプログラミングの知識が必要となる．*Mathematica* ではテンソル量はリストまたは関数として定義される．

テンソル解析において座標系は指標を使い x_i で表される．*Mathematica* にこれを入力するには以下のように Table 関数を使う．

```
In[1]:= r = Table[x[i], {i, 1, 3}]
Out[1]= {x[1], x[2], x[3]}
```

Table 関数はリストの生成に使われ *Mathematica* で重要な関数である．例えば以下の命令は i が i = 1 から i = 10 までの i^2 のリストを作成する．

```
In[2]:= Table[i^2, {i, 1, 10}]
Out[2]= {1, 4, 9, 16, 25, 36, 49, 64, 81, 100}
```

位置ベクトル r の座標成分 (x_1, x_2, x_3) を定義するため，リスト成分{x[[1]], x[[2]], x[[3]]}ではなく，関数{x[1], x[2], x[3]}が入力されている．*Mathematica* では1個の角括弧 [..] と2個の角括弧 [[..]] が区別され，前者は関数の引数，後者はリストの要素を表わす．座標成分を代表させるために関数を使うことはやや奇異に思われるかも知れないが，以下の理由で適切なことが分かる．例えば x[1] は，x という関数を引数1に対し，評価して結果を返す．しかし x[1] の定義があらかじめ明示的に与えられていなければ評価されないため，出力として自分自身 x[1] を返し最初の座標成分を表わす．一方 x[[1]] はリストである x の第一成分を返す．しかし x はあらかじめ宣言され成分の全てが初期化されている必要があるため x[[1]] は 0 が返り座標成分としては使えない．

例えば以下の関数 $g(x,y)=x^2+y^4$ を考慮する．

```
In[3]:= g[x_, y_] := x^2 + y^4

In[4]:= g[2, 4]
Out[4]= 260

In[5]:= g[1]
Out[5]= g[1]
```

関数 g は引数が 2 個ある場合に x^2+y^4 を返す．しかし g[1] は引数の数が 1 個であるため定義はされておらず，評価できないことから g[1] をそのまま返す．この仕様を使って *Mathematica* でテンソルの指標に関する演算を実行することが可能になる．

Mathematica では総和規約はサポートされていないため，$x_i x_i = x_1^2+x_2^2+x_3^2$ を意図して x[i]x[i] を入力しても

```
In[6]:= x[i] x[i]
Out[6]= x[i]^2
```

のように自動的に展開することはない．したがって Sum[] 関数を明示的に使い

```
In[7]:= Sum[x[i] x[i], {i, 1, 3}]
Out[7]= x[1]^2 + x[2]^2 + x[3]^2
```

と入力する必要がある．これではテンソル解析で重要な総和規約が自動的に実行されず，Sum[] 関数と指標の範囲を毎回入力する必要が生じて大変煩わしい．

Mathematica で総和規約を自動的に実行させるには以下の手続きを行う．

```
In[8]:= Unprotect[Times];
          x[i_Symbol] x[i_Symbol] := r^2;
          Protect[Times];
```

上記の 3 行のコードにより，*Mathematica* 内部で使用される乗算関数 Times に新しい規則を追加する．すなわち，パターンマッチングで i をダミー指標とし，x[i] x[i] を r^2 に自動的に置き換える規則である．乗算が含まれる計算をユーザが入力すると，*Mathematica* は内部関数の Times 関数を自動的に呼び出し，様々なパターンマッチングのアルゴリズムによって入力された式の簡略化を図る．デ

フォルトではシステムによってTimes関数が保護されており，そのままではユーザが改変できない仕様になっている．総和規約とはテンソル量間の乗算に新たな規則を追加することなので，Unprotect関数を適用し，システムによって保護されているTimes関数を一旦解除してから総和規約の規則を追加し，Protect関数で再びユーザにより改変できないようにする．x[i_Symbol] x[i_Symbol] := r^2の行は変数iが数値ではなく記号であるときに限りx[i] x[i]を自動的にr^2に置き換えるという規則である．以上の3行を入力した後，例えばx[j] x[j]は自動的にr^2に置き換わる．

```
In[9]:= x[j] x[j]
Out[9]= r^2

In[10]:= x[2] x[2]
Out[10]= x[2]^2

In[11]:= x[i] x[i] x[j]
Out[11]= r^2 x[j]

In[12]:= x[i] x[i] x[j] x[j]
Out[12]= r^4
```

上記の例で$x_j x_j$はr^2に置き換わるが，$x_2 x_2$は添字2が記号でないため総和規約は適用されず$x_2 x_2$をそのまま出力する．$x_i x_i x_j$は$x_i x_i$だけがパターンマッチングでr^2に置き換わる．$x_i x_i x_j x_j = (x_1^2 + x_2^2 + x_3^2)(x_1^2 + x_2^2 + x_3^2) = r^4$は正しく評価される．*Mathematica*では記号計算がパターンマッチングの繰り返しで評価され，このパターンマッチング機能を使ってより複雑なテンソルの指標計算が可能となる．

クロネッカーのデルタ

テンソル解析で重要な記号の一つであるクロネッカーのデルタは

$$\delta_{ij} = \begin{cases} 1 & (i,j) = (1,1), (2,2) \text{ または } (3,3) \text{ の場合} \\ 0 & \text{その他} \end{cases}$$

で定義される．クロネッカーのデルタの成分は単位行列と同じである．

例

1. δ_{ii}（3次元）

$$\delta_{ii} = \sum_{i=1}^{3} \delta_{ii} = \delta_{11} + \delta_{22} + \delta_{33} = 3$$

2. $\delta_{ij}\delta_{ij}$（3次元）

$$\begin{aligned}\delta_{ij}\delta_{ij} = \sum_{i=1}^{3}\sum_{j=1}^{3}\delta_{ij}\delta_{ij} &= \delta_{11}\delta_{11} + \delta_{12}\delta_{12} + \delta_{13}\delta_{13} \\ &+ \delta_{21}\delta_{21} + \delta_{22}\delta_{22} + \delta_{23}\delta_{23} \\ &+ \delta_{31}\delta_{31} + \delta_{32}\delta_{32} + \delta_{33}\delta_{33} = 3\end{aligned}$$

3. $\delta_{ii}\delta_{jj}$（3次元）

$$\begin{aligned}\delta_{ii}\delta_{jj} &= \sum_{i=1}^{3}\delta_{ii}\sum_{j=1}^{3}\delta_{jj} \\ &= (\delta_{11} + \delta_{22} + \delta_{33})(\delta_{11} + \delta_{22} + \delta_{33}) = 9\end{aligned}$$

4. $\delta_{ij}x_i x_j$（3次元）

$$\begin{aligned}\delta_{ij}x_i x_j = \sum_{i=1}^{3}\sum_{j=1}^{3}\delta_{ij}x_i x_j &= \delta_{11}x_1x_1 + \delta_{12}x_1x_2 + \delta_{13}x_1x_3 \\ &+ \delta_{21}x_2x_1 + \delta_{22}x_2x_2 + \delta_{23}x_2x_3 \\ &+ \delta_{31}x_3x_1 + \delta_{32}x_3x_2 + \delta_{33}x_3x_3 \\ &= (x_1)^2 + (x_2)^2 + (x_3)^2\end{aligned}$$

クロネッカーのデルタを *Mathematica* で使うには複数の方法がある．以下のコードはクロネッカーのデルタを引数 i と j をとる関数として定義する．

```
In[13]:= delta[i_Integer, j_Integer] := If[i == j, 1, 0]

In[14]:= delta[1, 2]
Out[14]= 0

In[15]:= delta[i, 2]
Out[15]= delta[i, 2]

In[16]:= Sum[delta[i, i], {i, 1, 3}]
```

```
Out[16]= 3
```

i_Integer は変数 i が整数の場合のみ等号の右辺の定義を適用するという意味であり，delta[i, j] は i と j が整数の場合に限り評価される．If[condition, t, f] 関数は，condition が真なら f を返し，偽なら f を返す．2 個の等号 (==) は右辺と左辺が等しいことを表わし，1 個の等号 (=) は代入を表わす．

δ_{ij} の総和規約

クロネッカーのデルタに総和規約を適用した複数の例を以下に示す．

$$\delta_{ii} = 3, \quad a_j\delta_{ij} = a_i, \quad a_{ij}\delta_{ik} = a_{kj}, \quad \delta_{ij}\delta_{ik} = \delta_{jk}$$

これらの簡略化を *Mathematica* で自動的に実行するには以下のコードを準備する．

```
In[17]:= SetAttributes[delta, Orderless];

In[18]:= delta[i_Integer, j_Integer] := If[i == j, 1, 0]

In[19]:= delta[i_Symbol, i_Symbol] := 3;

In[20]:= Unprotect[Times];
          Times[a_Symbol[j_Symbol], delta[i_, j_Symbol]] := a[i];
          Times[a_Symbol[i_Symbol, j_], delta[i_Symbol, k_]] := a[k, j];
          Times[delta[i_Symbol, j_], delta[i_Symbol, k_]] := delta[j, k];
         Protect[Times];
```

SetAttributes[delta, Orderless] 関数は delta の引数 i と j が対称であることを設定する．これによって delta の引数 i と j が自動的に標準順序（アルファベット順）で並べ替えられるため，例えば delta[3,1] は delta[1,3] に，delta[j,i] は delta[i,j] に自動的に置き換わる．i_Integer は変数 i が整数，i_Symbol は変数 i が記号に限定されるパターンマッチングを表わす．Unprotect と Protect の間にあるコードは，内部関数 Times に delta[i,j] に関する総和規約の規則を付加する．delta 同士の掛け算と，delta と任意の関数 a との掛け算でダミー指標がある場合は簡略化する．上記のコードの入力後，クロネッカーのデルタの演算に関する総和規約は自動的に適用される．例えば

```
In[21]:= delta[i, i]
Out[21]= 3

In[22]:= a[j] delta[i, j]
```

```
Out[22]= a[i]

In[23]:= a[i, j] delta[i, k]
Out[23]= a[k, j]

In[24]:= delta[i, j] delta[j, k]
Out[24]= delta[i, k]

In[25]:= delta[2, i] delta[i, 2]
Out[25]= 1

In[26]:= delta[j, i] delta[j, 2]
Out[26]= delta[2, i]

In[27]:= delta[i, k] delta[k, l] delta[l, m] a[m, n]
Out[27]= a[i, n]
```

交代記号

交代記号 ϵ_{ijk} はエディントンのイプシロン[4] の特殊な場合であり，3 次元では以下のように定義される．

$$\epsilon_{ijk} = \begin{cases} 1 & (ijk) = (123), (231), (312) \\ -1 & (ijk) = (213), (321), (132) \\ 0 & \text{その他} \end{cases}$$

すなわち交代記号 ϵ_{ijk} は (ijk) が偶置換[5] の場合は 1，奇置換の場合は -1，それ以外は 0 となる．2 個の指標が一致する場合，ϵ_{ijk} は自動的に 0 となる．

ベクトル解析では交代記号がベクトル積に使用される．ベクトル $\mathbf{a}$ と $\mathbf{b}$ のベクトル積 $\mathbf{a} \times \mathbf{b}$ の i 番目の成分は交代記号 ϵ_{ijk} を使い

$$(\mathbf{a} \times \mathbf{b})_i = \epsilon_{ijk} a_j b_k$$

と表される．*Mathematica* で交代記号に相当する関数は `Signature`[6] である．

[4] 一般化されたエディントンのイプシロン $\epsilon_{i_1 i_2 \ldots i_n}$ は $i_1 i_2 \ldots i_n$ が $1, 2, \ldots, n$ の偶置換の場合 1，奇置換の場合 0，それ以外は 0 をとる．

[5] 順序 (ijk) が (123) から偶数回の置換で得られる場合偶置換といい，そうでなければ奇置換という．

[6] `Signature` とは不思議に思われるかもしれないが Sign，すなわちサイン（符号）のことである．

```
In[28]:= Signature[{1, 2, 3}]
Out[28]= 1
```

```
In[29]:= Signature[{1, 1, 3}]
Out[29]= 0
```

Signature 関数を使用してベクトル積 $\mathbf{a} \times \mathbf{b}$ は

```
In[30]:= Table[Sum[Signature[{i, j, k}] a[j] b[k], {j, 3}, {k, 3}], {i, 3}]
Out[30]= {-a[3] b[2] + a[2] b[3], a[3] b[1] - a[1] b[3], -a[2] b[1] + a[1] b[2]}
```

のように計算できる．ベクトル解析での回転演算子 $\mathrm{rot}\,\mathbf{v}$ は

```
In[31]:= Table[Sum[Signature[{i, j, k}] Dt[v, x[k]], {j, 3}, {k, 3}], {i, 3}]
Out[31]= {-Dt[v, x[2]] + Dt[v, x[3]], Dt[v, x[1]] - Dt[v, x[3]], -Dt[v, x[1]] + Dt[v, x[2]]}
```

で計算できる．ここに Dt[f, x] は全微分 df/dx を表わす．

行列の乗算

総和規約の例として行列の乗算

$$AB = C$$

を取り上げる．行列要素で書くと以下のようになる．

$$\begin{pmatrix} a_{11} & a_{12} & \dots & a_{1n} \\ a_{21} & a_{22} & \dots & a_{2n} \\ \dots & \dots & \dots & \dots \\ a_{n1} & a_{n2} & \dots & a_{nn} \end{pmatrix} \begin{pmatrix} b_{11} & b_{12} & \dots & b_{1n} \\ b_{21} & b_{22} & \dots & b_{2n} \\ \dots & \dots & \dots & \dots \\ b_{n1} & b_{n2} & \dots & b_{nn} \end{pmatrix} = \begin{pmatrix} c_{11} & c_{12} & \dots & c_{1n} \\ c_{21} & c_{22} & \dots & c_{2n} \\ \dots & \dots & \dots & \dots \\ c_{n1} & c_{n2} & \dots & c_{nn} \end{pmatrix}$$

$C = AB$ の (ij) 要素は

$$c_{ij} = a_{i1}b_{1j} + a_{i2}b_{2j} + a_{i3}b_{3j} + \dots + a_{in}b_{nj} = \sum_{k=1}^{n} a_{ik}b_{kj} = a_{ik}b_{kj}$$

と表される．すなわち C の (ij) 要素は k をダミー指標として A の (ik) 要素と B の (kj) 要素を掛け合わせることを意味する．

Mathematica では行列の要素を記号のまま入力するには以下のコードを使う．

```
In[32]:= mat = Table[a[i, j], {i, 3}, {j, 3}]
Out[32]= {{a[1, 1], a[1, 2], a[1, 3]}, {a[2, 1], a[2, 2], a[2, 3]}, {a[3, 1], a[3, 2], a[3, 3]}}
```

```
In[33]:= MatrixForm[mat]
```

Out[33]//MatrixForm= $\begin{pmatrix} a[1,1] & a[1,2] & a[1,3] \\ a[2,1] & a[2,2] & a[2,3] \\ a[3,1] & a[3,2] & a[3,3] \end{pmatrix}$

`MatrixForm` 関数はリストを行列の形式で表示する．2 個の行列の積は通常の積で使用されるスター (∗) またはスペースではなく，ドット (.) を使う必要がある．

```
In[34]:= amat = Table[a[i, j], {i, 3}, {j, 3}]
Out[34]= {{a[1, 1], a[1, 2], a[1, 3]}, {a[2, 1], a[2, 2], a[2, 3]}, {a[3, 1], a[3, 2], a[3, 3]}}

In[35]:= bmat = Table[b[i, j], {i, 3}, {j, 3}]
Out[35]= {{b[1, 1], b[1, 2], b[1, 3]}, {b[2, 1], b[2, 2], b[2, 3]}, {b[3, 1], b[3, 2], b[3, 3]}}

In[36]:= cmat = amat.bmat
Out[36]= {{a[1, 1] b[1, 1] + a[1, 2] b[2, 1] + a[1, 3] b[3, 1],
           a[1, 1] b[1, 2] + a[1, 2] b[2, 2] + a[1, 3] b[3, 2],
           a[1, 1] b[1, 3] + a[1, 2] b[2, 3] + a[1, 3] b[3, 3]},
          {a[2, 1] b[1, 1] + a[2, 2] b[2, 1] + a[2, 3] b[3, 1],
           a[2, 1] b[1, 2] + a[2, 2] b[2, 2] + a[2, 3] b[3, 2],
           a[2, 1] b[1, 3] + a[2, 2] b[2, 3] + a[2, 3] b[3, 3]},
          {a[3, 1] b[1, 1] + a[3, 2] b[2, 1] + a[3, 3] b[3, 1],
           a[3, 1] b[1, 2] + a[3, 2] b[2, 2] + a[3, 3] b[3, 2],
           a[3, 1] b[1, 3] + a[3, 2] b[2, 3] + a[3, 3] b[3, 3]}}
```

2.2　座標変換（直交座標）

テンソル量は座標変換に基づいて定義される．本節では直交座標系同士の座標変換を扱う．極座標に代表される曲線座標系同士の座標変換は第 3 章で解説する．

図 2.1 で示される位置ベクトル $\mathbf{R}$ を考え，基底 $(\mathbf{e}_1, \mathbf{e}_2)$ で定義される直交座標系から θ だけ回転して得られる基底 $(\mathbf{e}_{\bar{1}}, \mathbf{e}_{\bar{2}})$ で定義された別の直交座標系へ座標変換したときの $\mathbf{R}$ の成分の変化を調べる．座標系は変わるが位置ベクトル $\mathbf{R}$ は変わらないことに注意すると以下が成立する．

$$\mathbf{R} = x_1\mathbf{e}_1 + x_2\mathbf{e}_2 = x_{\bar{1}}\mathbf{e}_{\bar{1}} + x_{\bar{2}}\mathbf{e}_{\bar{2}}$$

または

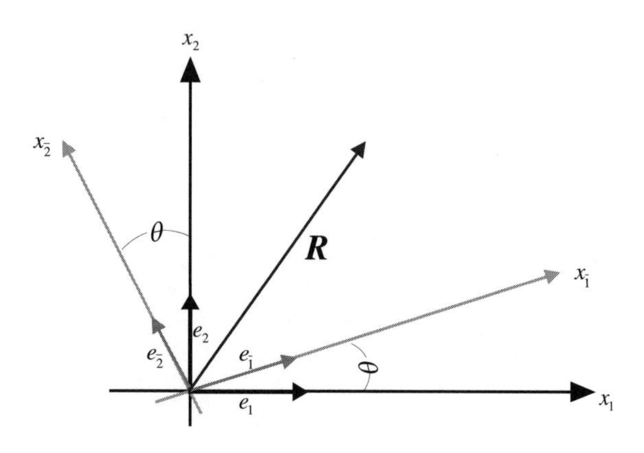

図 2.1　直交座標系での座標変換

$$x_{\bar{i}}\mathbf{e}_{\bar{i}} = x_i\mathbf{e}_i \tag{2.1}$$

$(\mathbf{e}_1, \mathbf{e}_2)$ および $(\mathbf{e}_{\bar{1}}, \mathbf{e}_{\bar{2}})$ はそれぞれ元の座標系および回転された座標系の基底ベクトルを表わす．基底ベクトルは長さが 1 で互いに直交しているので

$$(\mathbf{e}_i, \mathbf{e}_j) = \delta_{ij}$$

が成立する．

式 (2.1) の両辺に $\mathbf{e}_{\bar{j}}$ を掛け，内積をとると

$$x_{\bar{i}}\left(\mathbf{e}_{\bar{i}}, \mathbf{e}_{\bar{j}}\right) = x_i\left(\mathbf{e}_i, \mathbf{e}_{\bar{j}}\right)$$

または

$$x_{\bar{i}}\delta_{\bar{i}\bar{j}} = x_i(\mathbf{e}_i, \mathbf{e}_{\bar{j}})$$

となりこれは

$$x_{\bar{j}} = \beta_{\bar{j}i}x_i \tag{2.2}$$

と書ける[7)]．ここに

$$\beta_{\bar{j}i} \equiv (\mathbf{e}_{\bar{j}}, \mathbf{e}_i) \tag{2.3}$$

---

7) クロネッカーのデルタと任意テンソルの積で，テンソルの 1 個の指標が δ_{ij} の指標と一致する場合（縮約）

$$\delta_{ij}a_{jklmn\ldots} = a_{iklmn\ldots}$$

となり，クロネッカーのデルタは吸収される．

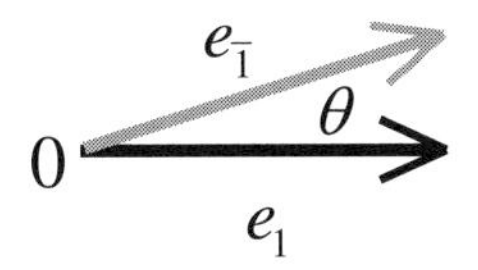

図 2.2　$\beta_{\bar{1}1}$ 成分

式 (2.2) は具体的に

$$\begin{pmatrix} x_{\bar{1}} \\ x_{\bar{2}} \end{pmatrix} = \begin{pmatrix} \cos\theta, & \sin\theta \\ -\sin\theta, & \cos\theta \end{pmatrix} \begin{pmatrix} x_1 \\ x_2 \end{pmatrix} \tag{2.4}$$

と書ける[8]．例えば $\beta_{\bar{1}1}$ 成分は図 2.2 から e_1 と $e_{\bar{1}}$ の内積をとって $\cos\theta$ であることがわかる．他の成分もベクトル同士の角度から同様に導ける．行列 $\beta_{\bar{j}i}$ はユニタリ行列[9] であり，変換行列と呼ばれる．変換行列 $\beta_{\bar{j}i}$ の逆行列は式 (2.4) の θ を $-\theta$ で置換することにより，以下の通り得られる．

$$\begin{aligned} B^{-1} &= \begin{pmatrix} \cos\theta, & \sin\theta \\ -\sin\theta, & \cos\theta \end{pmatrix}^{-1} \\ &= \begin{pmatrix} \cos(-\theta), & \sin(-\theta) \\ -\sin(-\theta), & \cos(-\theta) \end{pmatrix} = \begin{pmatrix} \cos\theta, & -\sin\theta \\ \sin\theta, & \cos\theta \end{pmatrix} \end{aligned}$$

これから

$$B^{-1} = B^T$$

がわかる．B はユニタリ行列なのでこの結果は当然である．

2 次元の変換行列は *Mathematica* で以下のように入力できる．

```
In[37]:= β = {{Cos[θ], Sin[θ]}, {-Sin[θ], Cos[θ]}}
Out[37]= {{Cos[θ], Sin[θ]}, {−Sin[θ], Cos[θ]}}

In[38]:= xnew = β.Table[x[i], {i, 2}]
Out[38]= {Cos[θ] x[1] + Sin[θ] x[2], −Sin[θ] x[1] + Cos[θ] x[2]}
```

[8] 2 列目の成分は 1 列目の成分の微分であることに注目すると，この行列を記憶できる．

[9] $A\bar{A}^T = I$ な場合 A はユニタリ行列と呼ばれる．ここに $\bar{A}^T$ は A の複素共役の転置行列である．

*Mathematica*でキーボードからギリシャ文字ベータ β を入力するには`Esc`, `b`, `Esc`の順にタイプする．シータ θ は`Esc`, `theta`, `Esc`または`Esc`, `q`, `Esc`を入力する[10]．リスト同士の積はスペースやスターではなくピリオド(.)であることに注意する．

2.3　テンソルの定義

テンソルとは座標変換と共に一定の規則で変換される幾何学的量を指す．テンソル方程式は座標変換の下で不変であるため，物理的に意味がある方程式はテンソル方程式で記述されなければならない．

直交座標系のテンソルは式(2.3)の座標系同士での変換行列 $\beta_{ij}(\theta)$ で定義される．0階と1階のテンソルはそれぞれスカラー，ベクトルと呼ばれることがあるが，線形代数で通常使用されるスカラーとベクトルはテンソルとは無関係であり別のものである．

直交座標系でのテンソルの定義を以下に示す．

1. 0階のテンソル（別名スカラー）

   0階のテンソルまたはスカラー $\Phi(x_i)$ は以下の性質を満足する量を指す．

   (a) $\Phi(x_i)$ は1個の要素の関数．

   (b) $\Phi(x_i)$ の x_i を $x_{\bar{i}}$ で置き換えた量を $\overline{\Phi}(x_{\bar{i}})$ で表すと以下が成立する．

$$\overline{\Phi}(x_{\bar{i}}) = \Phi(x_i)$$

   例

   (1) $\Phi(x_i) \equiv 1$

   Φ が定数の場合，いかなる座標系でも定数のままであるため $\Phi(x_i)$ はスカラーである．

   (2) $\Phi(x, y) \equiv x^2 + y^2$

   x を $\bar{x} = x\cos\theta + y\sin\theta$，$y$ を $\bar{y} = -x\sin\theta + y\cos\theta$ で置き換えると

---

[10] 他の記号も同様に入力できる．例えばアルファ α は`Esc`, `a`, `Esc`，無限遠 ∞ は`Esc`, `inf`, `Esc`とタイプする．

$$\overline{\Phi}(\bar{x},\bar{y}) = \bar{x}^2 + \bar{y}^2 = (x\cos\theta + y\sin\theta)^2 + (-x\sin\theta + y\cos\theta)^2$$
$$= x^2 + y^2 = \Phi(x,y)$$

よって $\Phi(x,y)$ はスカラーである．x^2+y^2 は位置ベクトルの長さを表すので座標系に依存せず Φ は当然スカラーである．

(3) $\Phi(x,y) \equiv x^2 - y^2$
例2のように x を $\bar{x} = x\cos\theta + y\sin\theta$，$y$ を $\bar{y} = -x\sin\theta + y\cos\theta$ で置き換えると

$$\overline{\Phi}(\bar{x},\bar{y}) = \bar{x}^2 - \bar{y}^2$$
$$= (x\cos\theta + y\sin\theta)^2 - (-x\sin\theta + y\cos\theta)^2 \neq \Phi(x,y)$$

よって $\Phi(x,y)$ はスカラーでない．この例でわかるように，要素が一つだけの関数が全てスカラーという訳ではない．

以下の *Mathematica* のコードは $x_i x_i = x^2 + y^2$ がスカラーであることを示す．

```
In[39]:= β = {{Cos[θ], Sin[θ]}, {-Sin[θ], Cos[θ]}}
Out[39]= {{Cos[θ], Sin[θ]}, {-Sin[θ], Cos[θ]}}

In[40]:= xbar = β.Table[x[i], {i, 2}]
Out[40]= {Cos[θ] x[1] + Sin[θ] x[2], -Sin[θ] x[1] + Cos[θ] x[2]}

In[41]:= xbar.xbar
Out[41]= (-Sin[θ] x[1] + Cos[θ] x[2])^2 + (Cos[θ] x[1] + Sin[θ] x[2])^2

In[42]:= Simplify[%]
Out[42]= x[1]^2 + x[2]^2
```

上記のコードで β は2次元変換行列を表わし，`xbar` は回転された座標系，`x` は元の座標系を表わす．$x_{\bar{i}} x_{\bar{i}}$ は `Simplify` 関数を使って簡略化される．

2. 1階のテンソル（ベクトル）
1階のテンソル $\Phi_j(x_i)$ は以下の性質を満足する量を指す．
(a) 2次元では2個，3次元では3個の成分がある．
(b) x_i を $x_{\bar{i}}$ に置き換えた量を $\overline{\Phi}_{\bar{i}}$ とすると

$$\overline{\Phi}_{\bar{i}} = \beta_{\bar{i}j}\Phi_j \tag{2.5}$$

が成立する．

例

(1) $\Phi_1 = x,\ \Phi_2 = y$
Φ_i の成分は座標成分自身なので明らかにテンソル（ベクトル）である．

(2) $\Phi_1 = y,\ \Phi_2 = x$
Φ_i が1階のテンソルであることを示すには，式 (2.5) の両辺を独立に評価して両者が一致するか否かを確認する必要がある．左辺は

$$\overline{\Phi}_{\bar{1}} = \bar{y} = -x\sin\theta + y\cos\theta,$$

右辺は

$$\beta_{\bar{1}j}\Phi_j = \beta_{\bar{1}1}\Phi_1 + \beta_{\bar{1}2}\Phi_2 = y\cos\theta + x\sin\theta$$

なので

$$\overline{\Phi}_{\bar{1}} \neq \beta_{\bar{1}j}\Phi_j$$

となり両者は一致しないため Φ_i はテンソルではない．この例のように2個の成分がある量が必ずしも自動的にテンソルになる訳ではない．

(3) $\Phi_1 = -y,\ \Phi_2 = x$
この場合左辺は

$$\overline{\Phi}_{\bar{1}} = -\bar{y} = x\sin\theta - y\cos\theta$$

右辺は

$$\beta_{\bar{1}j}\Phi_j = \beta_{\bar{1}1}\Phi_1 + \beta_{\bar{1}2}\Phi_2 = -y\cos\theta + x\sin\theta$$

となるので両辺は等しくなり

$$\overline{\Phi}_{\bar{1}} = \beta_{1j}\Phi_j$$

が成立する．また $i = 2$ に関して左辺は

$$\overline{\Phi}_{\bar{2}} = \bar{x} = x\cos\theta + y\sin\theta$$

右辺は

$$\beta_{\bar{2}j}\Phi_j = \beta_{\bar{2}1}\Phi_1 + \beta_{\bar{2}2}\Phi_2 = y\sin\theta + x\cos\theta$$

となり両辺は等しくなるので

$$\overline{\Phi}_{\bar{2}} = \beta_{\bar{2}j}\Phi_j$$

が成立して Φ_i はテンソルであることがわかる[11].

3. 2階のテンソル

2階のテンソル Φ_{ij} は以下の性質を満足する量を指す.

(a) 2次元では4個, 3次元では9個の成分を有する.

(b) x_i を $x_{\bar{i}}$ に置き換えた量を $\overline{\Phi}_{\bar{i}\bar{j}}$ とすると以下の関係が成立する.

$$\overline{\Phi}_{\bar{i}\bar{j}}(x_{\bar{k}}) = \beta_{\bar{i}i}\beta_{\bar{j}j}\Phi_{ij}(x_k) \tag{2.6}$$

例

(1)

$$\Phi_{ij} = \begin{pmatrix} 1 & 0 \\ 0 & 1 \end{pmatrix}$$

全成分が定数なので $\overline{\Phi}_{\bar{i}\bar{j}}$ も同じく

$$\overline{\Phi}_{\bar{i}\bar{j}} = \begin{pmatrix} 1 & 0 \\ 0 & 1 \end{pmatrix}$$

となる. この量がテンソルであることを示すには, テンソル変換規則を全ての成分について調べる必要がある. 例えば (11) 要素をとると式 (2.6) の左辺は

$$\overline{\Phi}_{\bar{1}\bar{1}} = 1$$

右辺は

$$\begin{aligned}\beta_{\bar{1}i}\beta_{\bar{1}j}\Phi_{ij} &= \beta_{\bar{1}1}\beta_{\bar{1}1}\Phi_{11} + \beta_{\bar{1}1}\beta_{\bar{1}2}\Phi_{12} + \beta_{\bar{1}2}\beta_{\bar{1}1}\Phi_{21} + \beta_{\bar{1}2}\beta_{\bar{1}2}\Phi_{22} \\ &= \beta_{\bar{1}1}\beta_{\bar{1}1} + \beta_{\bar{1}2}\beta_{\bar{1}2} = \cos^2\theta + \sin^2\theta = 1\end{aligned}$$

[11] $(-y, x)$ は (x, y) を反時計回りに90度回転したベクトルであり, 座標系に依存しない概念なのでテンソルであることが理解できる.

となるので，$(ij) = (11)$ に関しては

$$\overline{\Phi}_{\bar{1}\bar{1}} = \beta_{\bar{1}i}\beta_{\bar{1}j}\Phi_{ij}$$

が成立し，残りの要素に関しても変換則が成立することが示されるため，Φ_{ij} は2階のテンソルである[12)].

(2) 定数の行列

$$\Phi_{ij} = \begin{pmatrix} 1 & 1 \\ 1 & 1 \end{pmatrix}$$

全成分が定数なので $\overline{\Phi}_{\bar{i}\bar{j}}$ も同じく

$$\overline{\Phi}_{\bar{i}\bar{j}} = \begin{pmatrix} 1 & 1 \\ 1 & 1 \end{pmatrix}$$

となる．この行列は2階のテンソルではない．例えば (11) 成分に対して式 (2.6) の左辺は

$$\overline{\Phi}_{\bar{1}\bar{1}} = 1$$

となり，右辺は

$$\begin{aligned} \beta_{\bar{1}i}\beta_{\bar{1}j}\Phi_{ij} &= \beta_{\bar{1}1}\beta_{\bar{1}1}\Phi_{11} + \beta_{\bar{1}1}\beta_{\bar{1}2}\Phi_{12} + \beta_{\bar{1}2}\beta_{\bar{1}1}\Phi_{21} + \beta_{\bar{1}2}\beta_{\bar{1}2}\Phi_{22} \\ &= \cos^2\theta + 2\cos\theta\sin\theta + \sin^2\theta \end{aligned}$$

となるので

$$\overline{\Phi}_{\bar{1}\bar{1}} \neq \beta_{\bar{1}i}\beta_{\bar{1}j}\Phi_{ij}$$

が成立する．テンソル変換則を満たさないことを示す成分が一つでもあれば，残りの要素を検証する必要はない．

(3)

$$\Phi_{ij} = \begin{pmatrix} x^2 & xy \\ xy & y^2 \end{pmatrix}$$

---

12) Φ_{ij} は単位行列であり単位行列を任意の行列，ベクトルに掛けても変化せず，座標系に依存しないため Φ_{ij} がテンソルであることがわかる．

この量は 2 階のテンソルであることが示される（各自で確かめること）[13].

4. 3 階のテンソル

3 階のテンソル Φ_{ijk} は以下の性質を満足する量を指す.

(a) 2 次元では 8 個の成分, 3 次元では 27 個の成分を有する.

(b) x_i を $x_{\bar{i}}$ に置き換えた量を $\overline{\Phi}_{\bar{i}\bar{j}\bar{k}}$ とすると以下の関係が成立する.

$$\overline{\Phi}_{\bar{i}\bar{j}\bar{k}} = \beta_{\bar{i}i}\beta_{\bar{j}j}\beta_{\bar{k}k}\Phi_{ijk}$$

5. 4 階のテンソル

4 階のテンソル Φ_{ijkl} は以下の性質を満足する量を指す.

(a) 2 次元では 16 個, 3 次元では 81 個の成分を有する.

(b) x_i を $x_{\bar{i}}$ に置き換えた量を $\overline{\Phi}_{\bar{i}\bar{j}\bar{k}\bar{l}}$ とすると, 以下の関係が成立する.

$$\overline{\Phi}_{\bar{i}\bar{j}\bar{k}\bar{l}} = \beta_{\bar{i}i}\beta_{\bar{j}j}\beta_{\bar{k}k}\beta_{\bar{l}l}\Phi_{ijkl}$$

4 階のテンソルの最も重要な例は, 等方性材料の弾性定数 C_{ijkl} であり

$$C_{ijkl} = \mu(\delta_{ik}\delta_{jl} + \delta_{il}\delta_{jk}) + \lambda\delta_{ij}\delta_{kl} \tag{2.7}$$

で定義される. *Mathematica* で式 (2.7) を扱うには

```
In[43]:= δ[i_, j_] := If[i == j, 1, 0]
         cijkl = Table[μ(δ[i, k] δ[j, l] + δ[i, l] δ[j, k])
            + λ δ[i, j] δ[k, l], {i, 3}, {j, 3}, {k, 3}, {l, 3}];
```

のように 4 重の入れ子のリスト cijkl を入力する. 例えば C_{1111} 成分は

```
In[44]:= cijkl[[1, 1, 1, 1]]
Out[44]= λ + 2 μ
```

のように参照される.

テンソルの微分

指標規約では x_i に関する偏微分はコンマ (,) を使う. すなわち

$$\frac{\partial}{\partial x_i} \Rightarrow ,i$$

[13] 物理において, この量はモーメントとして知られている.

例

1.

$$x_{1,2} = \frac{\partial x}{\partial y} = 0$$

2.

$$x_{i,i} = x_{1,1} + x_{2,2} + x_{3,3} = \frac{\partial x}{\partial x} + \frac{\partial y}{\partial y} + \frac{\partial z}{\partial z} = 3$$

3.

$$x_{i,j} = \frac{\partial x_i}{\partial x_j} = \delta_{ij}$$

$x_{i,j}$ と δ_{ij} は数値では同じになる.

4.

$$f_{,12} = \frac{\partial^2 f}{\partial x_1 \partial x_2} = \frac{\partial^2 f}{\partial x \partial y}$$

高階微分はコンマの後に指標を追加する.

5.

$$v_{,i} = \frac{\partial v}{\partial x_i} \equiv \nabla v$$

ベクトル解析で v の勾配 (∇v) を表わす.

6.

$$v_{i,i} = v_{1,1} + v_{2,2} + v_{3,3} = \frac{\partial v_x}{\partial x} + \frac{\partial v_y}{\partial y} + \frac{\partial v_z}{\partial z} \equiv \nabla \cdot v$$

ベクトル解析で v_i の発散 $(\nabla \cdot \mathbf{v})$ を表わす.

例　以下の恒等式を証明する.

$$\Delta\left(r^n\right) = n(n+1)r^{n-2}$$

ここに $r = \sqrt{x^2 + y^2 + z^2}$.

(証明)　$r_{,i} = x_i / r$[14] に注意して

$$\left(r^n\right)_{,i} = nr^{n-1}\frac{x_i}{r} = nr^{n-2}x_i$$

[14] $r^2 = x_j x_j$ の両辺を x_i で偏微分すると $2rr_{,i} = 2x_i$ となるので, $r_{,i} = x_i / r$ を得る.

よって

$$
\begin{aligned}
(r^n)_{,ii} &= n(n-2)r^{n-3}\frac{x_i}{r}x_i + nr^{n-2}x_{i,i} \\
&= n(n-2)r^{n-3}x_i\frac{x_i}{r} + 3nr^{n-2} \\
&= n(n-2)r^{n-2} + 3nr^{n-2} = n(n+1)r^{n-2}
\end{aligned}
$$

この問題を *Mathematica* で実行するには以下のコードを入力する．

```
In[45]:= rvector = Table[x[i], {i, 3}]
Out[45]= {x[1], x[2], x[3]}

In[46]:= r = Sqrt[rvector.rvector]
Out[46]= Sqrt[x[1]^2 + x[2]^2 + x[3]^2]

In[47]:= laplace[f_] := Sum[ D[f, {x[i], 2}], {i, 3}]

In[48]:= laplace[r^n] // Simplify
Out[48]= n (1 + n) (x[1]^2 + x[2]^2 + x[3]^2)^(-1+n/2)

In[49]:= % /. {x[1]^2 + x[2]^2 + x[3]^2 -> R^2}
Out[49]= n (1 + n) (R^2)^(-1+n/2)
```

上記のコードでは，位置ベクトル $\mathbf{r} = (x_1, x_2, x_3)$ が関数 `x[i]` として入力され，$\mathbf{r}$ の絶対値は `r` に保存される．ラプラス演算子は `laplace` で定義される．*Mathematica* からの直前の出力はパーセント記号 % で代表されるため，その都度コピーして再入力する必要はない．右矢印記号 (→) は，矢の左にある変数を矢の右にある量で置換する代入規則である．

直交座標での微分

直交座標系で任意階数のテンソル（例えば $v_{ij\ldots}$）を微分すると，その結果である $v_{ij\ldots,kl\ldots}$ は自動的にテンソルになる[15]．

（証明）例として v_i を 1 階のテンソルと仮定する．変換規則は

$$
\overline{v}_{\bar{i}} = \beta_{\bar{i}j} v_j \tag{2.8}
$$

[15] これは直交座標系でのみ適用され，曲線座標系では成立しない．

となる．式 (2.8) の両辺を $x_{\bar{j}}$ で微分すると

$$\overline{v}_{\bar{i},\,\bar{j}} = \beta_{\bar{i}j} v_{j,\bar{j}}{}^{16)} = \beta_{\bar{i}j} v_{j,k} x_{k,\bar{j}}{}^{17)}$$
$$= \beta_{\bar{i}j} v_{j,k} \left(\beta^{-1}\right)_{k\bar{j}} = \beta_{\bar{i}j} v_{j,k} \left(\beta^{T}\right)_{k\bar{j}} = \beta_{\bar{i}j} \beta_{\bar{j}k} v_{j,k} \tag{2.9}$$

式 (2.9) は $v_{i,j}$ が2階のテンソルであることを表している．

テンソルを偏微分した結果の新たなテンソルは，微分の種類によって階数が異なる．例えば v がスカラーなら $v_{,i}$ は1階のテンソル，$v_{,ij}$ は2階のテンソルとなるが，$v_{,ii}$ はスカラーとなる．

テンソル方程式の不変性

テンソル方程式は座標系に依存しない．これは以下のように簡単に証明できる．

定理1　$A_{ij\ldots}$ および $B_{ij\ldots}$ が共に同じ階数のテンソルである場合，両者の線形結合である $\alpha A_{ij\ldots} + \beta B_{ij\ldots}$ も同じ階数のテンソルとなる．

（証明）$C_{ij\ldots} \equiv \alpha A_{ij\ldots} + \beta B_{ij\ldots}$ と定義すると

$$\overline{C}_{\bar{i}\bar{j}\ldots} = \alpha \overline{A}_{\bar{i}\bar{j}\ldots} + \beta \overline{B}_{\bar{i}\bar{j}\ldots} = \alpha \beta_{\bar{i}i} \beta_{\bar{j}j} \cdots A_{ij\ldots} + \beta \beta_{\bar{i}i} \beta_{\bar{j}j} \cdots B_{ij\ldots}$$
$$= \beta_{\bar{i}i} \beta_{\bar{j}j} \cdots (\alpha A_{ij\ldots} + \beta B_{ij\ldots}) = \beta_{\bar{i}i} \beta_{\bar{j}j} \cdots C_{ij\ldots}$$

が成立する．

---

[16] v_j を $x_{\bar{j}}$（別の座標系成分）で直接微分することはできないため，偏微分の連鎖則

$$\frac{\partial}{\partial x_{\bar{j}}} = \frac{\partial x_k}{\partial x_{\bar{j}}} \frac{\partial}{\partial x_k}$$

を使用する．

[17]

$$\frac{\partial x_{\bar{i}}}{\partial x_j} \frac{\partial x_j}{\partial x_{\bar{k}}} = \delta_{\bar{i}\bar{k}}$$

なので

$$\frac{\partial x_j}{\partial x_{\bar{k}}} = \left(\frac{\partial x_{\bar{k}}}{\partial x_j}\right)^{-1}$$

を得る．

定理 2 もし任意の階数のテンソル $v_{ij\ldots} = 0$ がある座標系で成立するなら $\overline{v}_{\bar{i}\bar{j}\ldots}$ は他の任意の座標系でも 0 になる.

(証明)

$$\overline{v}_{\bar{i}\bar{j}\ldots} = \beta_{\bar{i}i}\beta_{\bar{j}j}\cdots v_{ij\ldots} = \beta_{\bar{i}i}\beta_{\bar{j}j}\cdots 0 = 0$$

定理 3 もし $a_{ij\ldots} = b_{ij\ldots}$ がある座標系で成立するなら, 他の任意の座標系でも $\overline{a}_{\bar{i}\bar{j}\ldots} = \overline{b}_{\bar{i}\bar{j}\ldots}$ が成立する.

(証明) $C_{ij\ldots} \equiv a_{ij\ldots} - b_{ij\ldots}$ と定義する. すると

(a) $C_{ij\ldots}$ は定理 1 よりテンソルである.
(b) $C_{ij\ldots} = 0$ なので定理 2 から $\overline{C}_{\bar{i}\bar{j}\ldots} = \overline{a}_{\bar{i}\bar{j}\ldots} - \overline{b}_{\bar{i}\bar{j}\ldots} = 0$ が成立する.
(c) したがって $\overline{a}_{\bar{i}\bar{j}\ldots} = \overline{b}_{\bar{i}\bar{j}\ldots}$ が成立する.

これにより, 直交座標系でのテンソル方程式は任意の座標系でも不変であることが示された. 物理法則は座標系に依存しないため, 正しい物理法則はテンソル方程式で表される必要があることがわかる.

商法則

A と C がテンソルで $AB = C$ が成立すれば, B はテンソルである.

例

1. 弾性定数

弾性定数 C は第 3 章で解説されるように, 応力 σ とひずみ ϵ の比例定数として

$$\sigma = C\epsilon \tag{2.10}$$

として定義される. 応力とひずみは共に 2 階のテンソルであるため, 式 (2.10) は

$$\sigma_{ij} = C_{?}\epsilon_{kl} \tag{2.11}$$

となる[18]. σ と ϵ は共にテンソルのため, 商法則により C はテンソルでなけ

[18] σ の方向と ϵ の方向は必ずしも一致する必要はないため, 異なった指標 (ij および kl) を用いる.

ればならない．さらに，式 (2.11) 左辺の自由指標は ij のため，C の指標は $ijkl$ である必要がある．したがって

$$\sigma_{ij} = C_{ijkl}\epsilon_{kl}$$

を得る．C_{ijkl} はひずみの kl 成分に対する応力の ij 成分と解釈される．

2. 熱伝導率
熱伝導率 k は熱流 h_j と温度勾配 $T_{,i}$ との比例定数として

$$h_i = kT_{,j}$$

のように定義される．h_i および $T_{,j}$ は共に1階のテンソルであるため，k は2階のテンソルでなければならない．したがって

$$h_i = -k_{ij}T_{,j}$$

を得る．熱は温度が高い場所から低い場所へ流れるため，負号が導入された．

第3章

場の方程式

本章では第2章で導入したテンソルの概念を用いて連続体力学の場の方程式を導き，同時に式の導出や問題の解に使用される *Mathematica* のコードも解説する．全てのトピックを扱うのは不可能なので興味ある読者はファンの著名な教科書[1)] [6] を参照されたい．

3.1 応力

材料の変形を記述するには応力の概念を理解することが不可欠である．剛体の力学では一点に作用する力だけを考えれば事足り，応力の概念を必要としない．しかし変形する材料では，材料内のある面に作用している面力は面の方向の変化に伴い変化するため，一点に作用する力という概念はない．応力とは力と，その力が作用している面の方向を合わせた量（2階のテンソル）で，力（1階のテンソル）とは異なる量である．

応力を理解するために，図3.1に示すように，入力が $\mathbf{n}$（面に垂直な単位ベクトル）で出力が面力 $\mathbf{t}$ であるブラックボックスを想定し，応力をこのブラックボックスとして定義する．入力 $\mathbf{n}$ と出力 $\mathbf{t}$ の間でこのブラックボックスを実現する最も簡単なメカニズムは，面力 $\mathbf{t}$ を応力 σ と単位ベクトル $\mathbf{n}$ の積として以下のように表わす．

$$\sigma\mathbf{n} = \mathbf{t} \tag{3.1}$$

$\mathbf{n}$ と $\mathbf{t}$ は共に1階のテンソル（ベクトル）であるため式 (3.1) は

---

1) Y. C. ファン（大橋義夫 訳），『連続体の力学入門 改訂版』培風館 (1980)．この本は現在絶版のようである．

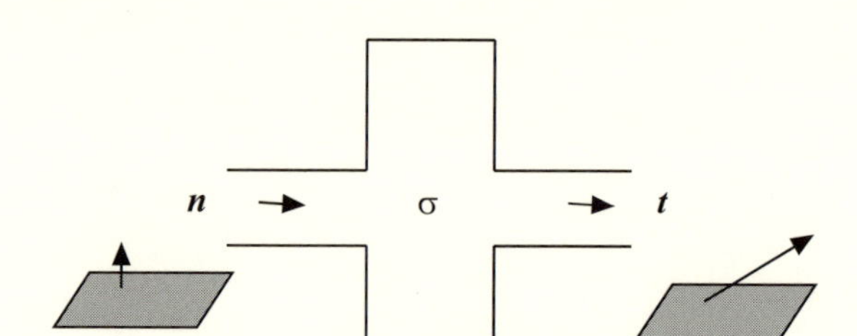

図3.1　ブラックボックスとしての応力

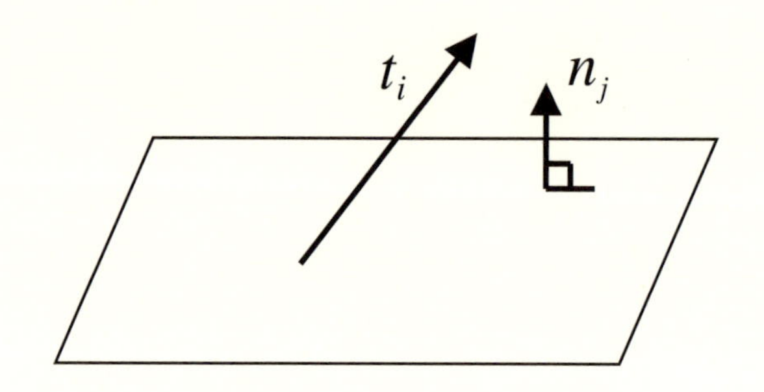

図3.2　面に作用する面力

$$\sigma n_j = t_i \tag{3.2}$$

と書ける．商法則により，σ は j がダミー指標，i が自由指標である 2 階のテンソルである．よって式 (3.2) は

$$\sigma_{ij} n_j = t_i \tag{3.3}$$

となる．式 (3.3) より σ_{ij} は面 j に作用する面力 $\mathbf{t}$ の i 成分と解釈される．ここに面 j とは垂直な単位ベクトルの向きが j 軸と平行な面を指す．例えば σ_{11} は面 1 の垂直成分，σ_{21} は面 1 のせん断成分である．2 個の指標が同じ場合は垂直応力，異なる場合はせん断応力と呼ばれる[2)]．

例　応力状態が

$$\sigma_{ij} = \begin{pmatrix} 2 & 1 & 4 \\ 1 & -1 & 3 \\ 4 & 3 & -2 \end{pmatrix}$$

で与えられている場合，図 3.3 に示される $xyz^3 = 1$ で与えられる曲面上の点 (1,

[2)] 垂直応力とせん断応力の差は特定の座標でのみ有効であり，座標系に依存する．

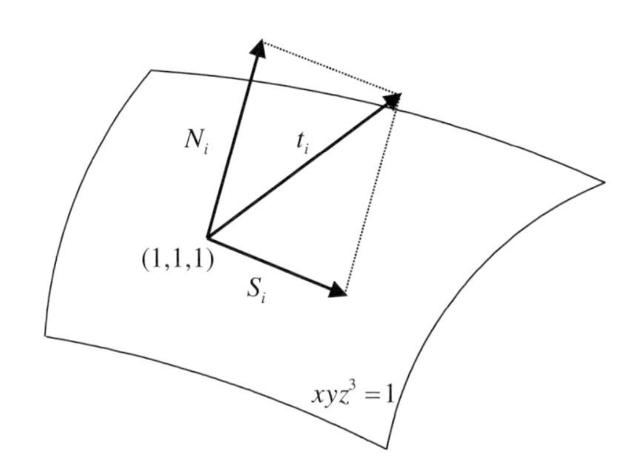

図 3.3　曲面上での面力

1,1) で，t_i（面力成分），N_i（応力垂直成分），S_i（応力せん断成分），N（N_i の絶対値）および S（S_i の絶対値）を求める．

解　曲面上での垂直ベクトルを求めるには $xyz^3 = 1$ を全微分して

$$yz^3\,dx + xz^3\,dy + 3xyz^2\,dz = 0$$

を得る．これは $(yz^3, xz^3, 3xyz^2)_{(1,1,1)} = (1,1,3)$ が面上の微小線要素 (dx, dy, dz) に垂直であることを意味しているため，このベクトルを正規化して

$$\mathbf{n} = \left(\frac{1}{\sqrt{11}}, \frac{1}{\sqrt{11}}, \frac{3}{\sqrt{11}}\right)$$

を得る．よって面力 t_i は

$$t_i = \sigma_{ij} n_j = \left(\frac{15}{\sqrt{11}}, \frac{9}{\sqrt{11}}, \frac{1}{\sqrt{11}}\right)$$

で求められる．N_i の絶対値 N は

$$N = t_i n_i = \frac{27}{11}$$

で求められる．応力垂直成分 N_i の成分は

$$N_i = N n_i = \left(\frac{27}{11\sqrt{11}}, \frac{27}{11\sqrt{11}}, \frac{81}{11\sqrt{11}}\right)$$

で求められる．応力せん断成分の S_i は t_i と N_i の差で

$$S_i = t_i - N_i = \left(\frac{138}{11\sqrt{11}}, \frac{72}{11\sqrt{11}}, -\frac{70}{11\sqrt{11}}\right)$$

で求められる．S_i の絶対値は

$$S = \sqrt{S_i S_i} = \frac{2\sqrt{662}}{11} \sim 4.67807$$

となる．

Mathematica コードを以下に示す．応力成分は 3×3 の行列（リスト）として入力する．

```
In[1]:= sigma = {{2, 1, 4}, {1, -1, 3}, {4, 3, -2}}
Out[1]= {{2, 1, 4}, {1, −1, 3}, {4, 3, −2}}
```

f の勾配を $(1, 1, 1)$ で評価したものが正規化前の垂直ベクトルとなる．

```
In[2]:= f = x y z^3
Out[2]= xyz^3

In[3]:= n = {D[f, x], D[f, y], D[f, z]} /. {x -> 1, y -> 1, z -> 1}
Out[3]= {1, 1, 3}
```

ベクトルの正規化には Norm 関数を使う．

```
In[4]:= n = n / Norm[n]
```

Out[4]= $\left\{\frac{1}{\sqrt{11}}, \frac{1}{\sqrt{11}}, \frac{3}{\sqrt{11}}\right\}$

$\sigma_{ij} n_j$ は行列とベクトルの積として計算できる．

```
In[5]:= t = sigma.n
```

Out[5]= $\left\{\frac{15}{\sqrt{11}}, \frac{9}{\sqrt{11}}, \frac{1}{\sqrt{11}}\right\}$

行列とベクトルの積にはドット (.) を使うことに注意する．通常の積はスペースかアステリスク (*) を使う．結果は N 命令により数値で示される．

```
In[6]:= N[t]
Out[6]= {4.52267, 2.7136, 0.301511}
```

垂直応力成分 N_i の絶対値 N は t_i と n_i の内積として

```
In[7]:= nn = t.n
```

```
Out[7]= 27/11
```

と計算できる．N_i の成分は

```
In[8]:= ni = nn n
```

$$\texttt{Out[8]=}\ \left\{\frac{27}{11\sqrt{11}}, \frac{27}{11\sqrt{11}}, \frac{81}{11\sqrt{11}}\right\}$$

で計算できる．せん断応力成分 S_i の成分は

```
In[9]:= si = t - ni
```

$$\texttt{Out[9]=}\ \left\{\frac{138}{11\sqrt{11}}, \frac{72}{11\sqrt{11}}, -\frac{70}{11\sqrt{11}}\right\}$$

で計算できる．せん断応力成分 S_i の絶対値 S は

```
In[10]:= Norm[si] // Simplify
```

$$\texttt{Out[10]=}\ \frac{2\sqrt{662}}{11}$$

で計算できる．

3.1.1 応力の性質

応力は力を拡張した量であるため，力の釣り合いとモーメントの釣り合いが成立する必要があり，以下の3個の式が重要である．

1. （定義）

$$t_i = \sigma_{ij} n_j \tag{3.4}$$

この関係はテンソルの商法則から導かれ，応力の定義である．

2. （力の釣り合い）

$$\sigma_{ij,j} + b_i = 0$$

ここに b_i は体積力[3] を表わす．

（証明）物体が静的釣り合いにあるとき，境界での面力 t_i と内部での体積力 b_i の和は0である必要があり，この条件は

$$\oint_{\partial D} t_i \, dS + \int_D b_i \, dV = 0 \tag{3.5}$$

---

[3] 体積力とは力が材料の容積に比例した力のことであり，例として重力や電磁気力がある．これに対して面積に比例する力は面力と呼ばれる．

と表せる．ここに D は材料全体，∂D はその境界を表わし，dS は微小面積要素，dV は微小体積要素を表わす．式 (3.5) の左辺第 1 項は応力の定義である式 (3.4) とガウスの定理[4] を使い

$$\oint_{\partial D} t_i \, dS = \oint_{\partial D} \sigma_{ij} n_j \, dS = \int_D \sigma_{ij,j} \, dV$$

と書けるので，式 (3.5) は

$$\int_D (\sigma_{ij,j} + b_i) \, dV = 0$$

と表されるが，これは任意の領域で成立する必要があるので

$$\sigma_{ij,j} + b_i = 0$$

が成立する．

3.　(モーメントの釣り合い)

σ_{ij} と σ_{ji} は本来は異なる量であるが，モーメントの釣り合いを考慮することにより対称テンソルであり

$$\sigma_{ij} = \sigma_{ji}$$

が成立することが証明できる．

(証明) 材料に働くモーメントは面力 $\mathbf{t}$ と体積力 $\mathbf{b}$ に拠るのでモーメントの釣り合いは

$$\oint_{\partial D} \mathbf{r} \times \mathbf{t} \, dS + \int_D \mathbf{r} \times \mathbf{b} \, dV = 0$$

と書け，指標を使うと

$$\oint_{\partial D} \epsilon_{ijk} x_j t_k \, dS + \int_D \epsilon_{ijk} x_j b_k \, dV = 0 \tag{3.6}$$

---

[4] ガウスの定理は微分と積分は逆の関係であるという微分積分学の基本定理を 2 次元，3 次元で表したもので

$$\oint_{\partial D} n_i v \, dS = \int_D v_{,i} \, dV$$

と書ける．左辺の積分は D の境界 ∂D で定義される表面積分で，右辺の積分は D で定義される．

と表される．式 (3.4) とガウスの定理を使い，式 (3.6) の左辺第一項は

$$\begin{aligned}\oint_{\partial D} \epsilon_{ijk} x_j t_k \, dS &= \oint_{\partial D} \epsilon_{ijk} x_j \sigma_{kl} n_l \, dS \\ &= \int_D \left(\epsilon_{ijk} x_j \sigma_{kl}\right)_{,l} \, dV \\ &= \int_D \left(\epsilon_{ijk} x_{j,l} \sigma_{kl} + \epsilon_{ijk} x_j \sigma_{kl,l}\right) dV \\ &= \int_D \left(\epsilon_{ijk} \delta_{jl} \sigma_{kl} + \epsilon_{ijk} x_j \sigma_{kl,l}\right) dV \\ &= \int_D \left(\epsilon_{ijk} \sigma_{kj} + \epsilon_{ijk} x_j \sigma_{kl,l}\right) dV\end{aligned}$$

となる．ここで $x_{j,l} = \delta_{jl}$ を使った．したがって式 (3.6) は

$$\int_D \left(\epsilon_{ijk} \sigma_{kj} + \epsilon_{ijk} x_j (\sigma_{kl,l} + b_k)\right) dV = 0$$

となり，この式は任意の領域で成立する必要があるので $\sigma_{kl,l} + b_k = 0$ を使い

$$\epsilon_{ijk} \sigma_{kj} = 0$$

となり，

$$\sigma_{kj} = \sigma_{jk}$$

が成立する．

3.1.2 応力の境界条件

2 種類の材料が接触しているとき，境界面では応力はいかなる条件を満たす必要があるであろうか．材料が静止しているため境界での面力が連続であることが必要であり，また材料が剥離しないためには境界面で変位が連続であることが必要である．

例 1　図 3.4 に示すように 2 種類の材料が接触している場合，境界での垂直ベクトルは

$$\mathbf{n} = (0, 1)$$

なので面力の成分は

$$t_1 = \sigma_{11} n_1 + \sigma_{12} n_2 = \sigma_{12}$$

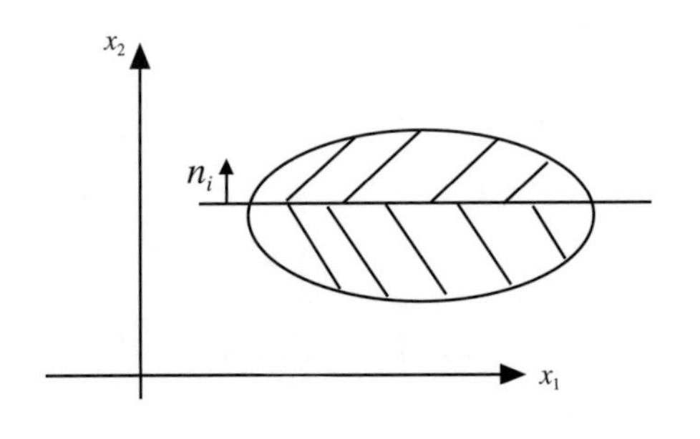

図 3.4　x_1 軸に平行な面での境界条件

$$t_2 = \sigma_{21}n_1 + \sigma_{22}n_2 = \sigma_{22}$$

となる．t_1 および t_2 の連続性から σ_{12} と σ_{22} が境界で連続であることが必要であるが，σ_{11} は連続である必要がない．

例 2　上記と同様だが境界は図 3.5 で与えられる．この場合境界面での垂直単位ベクトル $\mathbf{n}$ は $\mathbf{n} = (1/\sqrt{2}, 1/\sqrt{2})$ で与えられるので

$$t_1 = \sigma_{11}n_1 + \sigma_{12}n_2 = (\sigma_{11} + \sigma_{12})/\sqrt{2}$$

$$t_2 = \sigma_{21}n_1 + \sigma_{22}n_2 = (\sigma_{21} + \sigma_{22})/\sqrt{2}$$

となる．したがって $\sigma_{11} + \sigma_{12}$ および $\sigma_{21} + \sigma_{22}$ は連続であることが必要であるが，個々の応力成分は連続である必要がない．

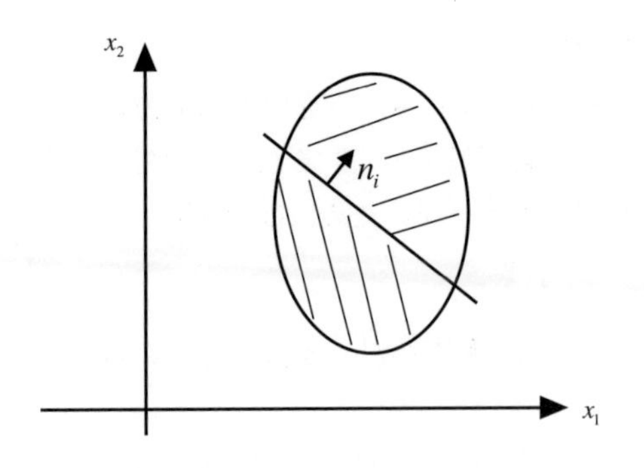

図 3.5　45 度傾いた面での境界条件

3.1.3 主応力

3次元の応力テンソルは9個の成分があるが，$\sigma_{ij} = \sigma_{ji}$ が成立するので6個が独立である[5)]．しかし応力解析では6個の成分全てが必要な訳ではなく，座標を適当に回転することにより，応力テンソルは主応力[6)] と呼ばれる3個の成分で完全に記述できる．図3.6に示すように，面力が面に垂直な場合の応力状態を主応力と呼ぶ．応力状態が主応力の状態にある場合，$\mathbf{t}$ と $\mathbf{n}$ は同じ方向を向いているので

$$t_i = \alpha n_i \tag{3.7}$$

が成立する．ここに α は比例定数でスカラーである．式 (3.7) と式 (3.3) を合わせ

$$\sigma_{ij} n_j = \alpha n_i = \alpha \delta_{ij} n_j \tag{3.8}$$

となる．式 (3.8) は行列とベクトルの記号を使い

$$S\mathbf{n} = \alpha I \mathbf{n} \tag{3.9}$$

と書ける．ここに S は σ_{ij} に相当する行列で I は単位行列である．式 (3.9) は行列 $S - \alpha I$ が特異行列の場合に自明でない解を有し，この条件は $S - \alpha I$ の行列式が0になることなので

$$|S - \alpha I| = 0 \tag{3.10}$$

と書ける．式 (3.10) は α に関する3次方程式であり，解 α が主応力となる．主方向 $\mathbf{n}$[7)] は α を式 (3.9) に代入して得られる．具体的に式 (3.10) は

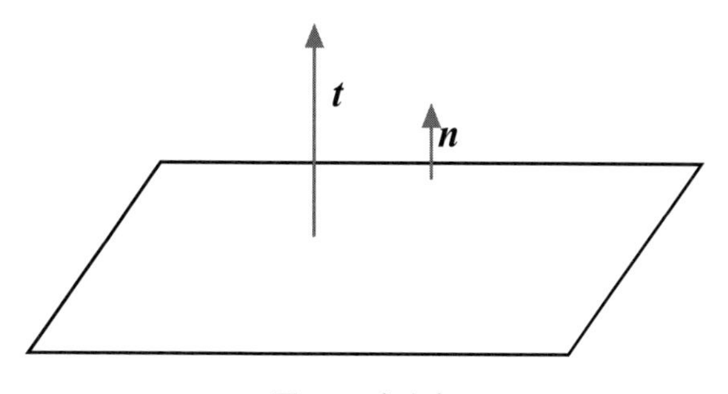

図3.6 主応力

---

5) 2次元では成分は4個あるが独立な成分は3個である．

6) 線形代数の固有値と同じ．

7) 線形代数では固有ベクトルとして知られている．

$$\begin{vmatrix} \sigma_{11}-\alpha, & \sigma_{12}, & \sigma_{13} \\ \sigma_{21}, & \sigma_{22}-\alpha, & \sigma_{23} \\ \sigma_{31}, & \sigma_{32}, & \sigma_{33}-\alpha \end{vmatrix} = 0$$

と書けるのでこの行列式を展開して

$$\alpha^3 - I_1\alpha^2 + I_2\alpha - I_3 = 0 \tag{3.11}$$

を得る．ここに

$$\begin{aligned}
I_1 &= \sigma_{11} + \sigma_{22} + \sigma_{33} \\
I_2 &= -\sigma_{12}^2 - \sigma_{23}^2 - \sigma_{31}^2 + \sigma_{11}\sigma_{22} + \sigma_{22}\sigma_{33} + \sigma_{33}\sigma_{11} \\
&= \begin{vmatrix} \sigma_{22} & \sigma_{23} \\ \sigma_{32} & \sigma_{33} \end{vmatrix} + \begin{vmatrix} \sigma_{33} & \sigma_{31} \\ \sigma_{13} & \sigma_{11} \end{vmatrix} + \begin{vmatrix} \sigma_{11} & \sigma_{12} \\ \sigma_{21} & \sigma_{22} \end{vmatrix} \\
I_3 &= -\sigma_{13}^2\sigma_{22} - \sigma_{23}^2\sigma_{11} - \sigma_{12}^2\sigma_{33} + 2\sigma_{12}\sigma_{13}\sigma_{23} + \sigma_{11}\sigma_{22}\sigma_{33} \\
&= \begin{vmatrix} \sigma_{11} & \sigma_{12} & \sigma_{13} \\ \sigma_{21} & \sigma_{22} & \sigma_{23} \\ \sigma_{31} & \sigma_{32} & \sigma_{33} \end{vmatrix}
\end{aligned}$$

は式 (3.11) の係数である．式 (3.11) は任意の応力状態 σ_{ij} で同じ式となるので，係数 I_1，I_2 および I_3 は不変量（スカラー）であり

$$\begin{aligned}
I_1 &= \sigma_{ii} \\
I_2 &= \frac{\sigma_{ii}\sigma_{jj} - \sigma_{ij}\sigma_{ij}}{2} \\
I_3 &= \frac{\sigma_{ii}\sigma_{jj}\sigma_{kk} + 2\sigma_{ij}\sigma_{jk}\sigma_{ki} - 3\sigma_{ii}\sigma_{kl}\sigma_{kl}}{6}
\end{aligned}$$

と表せる．

例

$$\sigma_{ij} = \begin{pmatrix} -1 & 2 & 2 \\ 2 & -2 & -1 \\ 2 & -1 & -2 \end{pmatrix}$$

固有値は

$$\begin{vmatrix} -1-\alpha & 2 & 2 \\ 2 & -2-\alpha & -1 \\ 2 & -1 & -2-\alpha \end{vmatrix} = -\alpha^3 - 5\alpha^2 + \alpha + 5$$

$$= -(\alpha-1)(\alpha+1)(\alpha+5) = 0$$

を解き

$$(\alpha_1, \alpha_2, \alpha_3) = (-1, 1, -5)$$

を得る．対応する固有ベクトルは各 α に対して

$$\begin{pmatrix} -1-\alpha & 2 & 2 \\ 2 & -2-\alpha & -1 \\ 2 & -1 & -2-\alpha \end{pmatrix} \begin{pmatrix} n_1 \\ n_2 \\ n_3 \end{pmatrix} = \begin{pmatrix} 0 \\ 0 \\ 0 \end{pmatrix}$$

を (n_1, n_2, n_3) に関して解く．例えば $\alpha_1 = -1$ に対して

$$0n_1 + 2n_2 + 2n_3 = 0$$

$$2n_1 - \ n_2 - \ n_3 = 0$$

$$2n_1 - \ n_2 - \ n_3 = 0$$

となり 2 個の方程式のみが独立であるので

$$n_1 = 0, \quad n_2 + n_3 = 0.$$

を得て，これを満たす (n_1, n_2, n_3) として

$$\mathbf{n} = \begin{pmatrix} 0 \\ -1/\sqrt{2} \\ 1/\sqrt{2} \end{pmatrix}$$

を選ぶことができる．$\alpha_2 = 1$ に対しても

$$\mathbf{n} = \begin{pmatrix} 2/\sqrt{6} \\ 1/\sqrt{6} \\ 1/\sqrt{6} \end{pmatrix}$$

を得られ，$\alpha_3 = -5$ に対して

$$\mathbf{n} = \begin{pmatrix} -1/\sqrt{3} \\ 1/\sqrt{3} \\ 1/\sqrt{3} \end{pmatrix}$$

を選ぶことができる．

Mathematica を使うことで以上のような手計算は不要になる．*Mathematica* では Eigensystem 関数で固有値（主応力）と固有ベクトル（主方向）が計算できる．

```
In[11]:= σ = {{-1, 2, 2}, {2, -2, -1}, {2, -1, -2}}
Out[11]= {{-1,2,2}, {2,-2,-1}, {2,-1,-2}}

In[12]:= {eval, evec} = Eigensystem[σ]
Out[12]= {{-5,-1,1}, {{-1,1,1}, {0,-1,1}, {2,1,1}}}

In[13]:= Table[evec[[i]]/Norm[evec[[i]]], {i, 3}]
```

Out[13]= $\{\{-\frac{1}{\sqrt{3}}, \frac{1}{\sqrt{3}}, \frac{1}{\sqrt{3}}\}, \{0, -\frac{1}{\sqrt{2}}, \frac{1}{\sqrt{2}}\}, \{\sqrt{\frac{2}{3}}, \frac{1}{\sqrt{6}}, \frac{1}{\sqrt{6}}\}\}$

σ[8] の固有値は変数 eval にリストとして代入され，対応する固有ベクトルは evec に代入される．しかし Eigensystem で計算される固有ベクトルは正規化されていないため，Norm 関数で正規化する必要がある．

3.1.4　偏差応力

材料の変形は多くの場合，応力場をせん断成分（偏差成分）と体積変化成分（静水圧成分）に分解することにより簡略化される．2階の対称なテンソル v_{ij} は，以下のように常にせん断成分 v'_{ij} と体積変化成分 v_{kk} に分解できる．

---

[8] σ は esc, s, esc とタイプすることで入力できる．

$$v_{ij} = v'_{ij} + \frac{1}{3}\delta_{ij} v_{kk} \tag{3.12}$$

例えば以下の行列

$$v_{ij} = \begin{pmatrix} 1 & 2 & 3 \\ 2 & 4 & 5 \\ 3 & 5 & 6 \end{pmatrix}$$

の偏差成分 v'_{ij} は $v_{ii} = 1 + 4 + 6 = 11$ なので

$$\begin{aligned} v'_{ij} &= v_{ij} - \frac{1}{3}\delta_{ij} v_{kk} \\ &= \begin{pmatrix} 1 & 2 & 3 \\ 2 & 4 & 5 \\ 3 & 5 & 6 \end{pmatrix} - \frac{1}{3} \begin{pmatrix} 11 & 0 & 0 \\ 0 & 11 & 0 \\ 0 & 0 & 11 \end{pmatrix} = \begin{pmatrix} -8/3 & 2 & 3 \\ 2 & 1/3 & 5 \\ 3 & 5 & 7/3 \end{pmatrix} \end{aligned}$$

と求められる．偏差成分の対角和（トレース）は常に0である．

$$v'_{ii} = 0$$

（証明）式 (3.12) で $i = j$ とすると

$$v_{ii} = v'_{ii} + \frac{1}{3}\delta_{ii} v_{kk} = v'_{ii} + v_{kk}$$

となるが，$v_{ii} = v_{kk}$ なので

$$v'_{ii} = 0$$

となる．すなわち偏差成分は体積変形を伴わない変形を表わす[9]．材料の変形を偏差成分と体積変化成分に分解すると，両者は独立で相互作用がないので解析が容易となる．第3章では球形介在物の応力場の解析にこの方法を適用する．

[9] 体積変化率は直方体の辺の長さを a, b および c とすると高次項を無視して

$$\begin{aligned} \frac{\Delta V}{V} &= \frac{(a + \Delta a)(b + \Delta b)(c + \Delta c) - abc}{abc} \\ &\sim \frac{\Delta a}{a} + \frac{\Delta b}{b} + \frac{\Delta c}{c} = \epsilon_x + \epsilon_y + \epsilon_z = \epsilon_{ii} \end{aligned}$$

となり，ひずみの対角和に等しい．

例

1. ひずみエネルギ
   弾性ひずみエネルギUは

$$U \equiv \frac{1}{2}\sigma_{ij}\epsilon_{ij}$$

で定義される．ここにϵ_{ij}はひずみテンソルである．σ_{ij}およびϵ_{ij}の分解

$$\sigma_{ij} = \sigma'_{ij} + \frac{1}{3}\delta_{ij}\sigma_{kk}$$
$$\epsilon_{ij} = \epsilon'_{ij} + \frac{1}{3}\delta_{ij}\epsilon_{kk}$$

を使うとひずみエネルギは

$$\begin{aligned}
U &= \frac{1}{2}\left(\sigma'_{ij} + \frac{1}{3}\delta_{ij}\sigma_{kk}\right)\left(\epsilon'_{ij} + \frac{1}{3}\delta_{ij}\epsilon_{kk}\right) \\
&= \frac{1}{2}\left(\sigma'_{ij}\epsilon'_{ij} + \frac{1}{3}\delta_{ij}\sigma'_{ij}\epsilon_{ll} + \frac{1}{3}\delta_{ij}\epsilon'_{ij}\sigma_{kk} + \frac{1}{9}\delta_{ij}\delta_{ij}\sigma_{kk}\epsilon_{ll}\right) \\
&= \frac{1}{2}\left(\sigma'_{ij}\epsilon'_{ij} + \frac{1}{3}\sigma'_{jj}\epsilon_{ll} + \frac{1}{3}\sigma_{kk}\epsilon'_{jj} + \frac{1}{3}\sigma_{kk}\epsilon_{ll}\right) \\
&= \frac{1}{2}\left(\sigma'_{ij}\epsilon'_{ij} + \frac{1}{3}\sigma_{kk}\epsilon_{ll}\right)
\end{aligned}$$

と表される．ひずみエネルギはσ_{ij}とϵ_{ij}の偏差成分から成る項と，静水圧成分から成る項とに分解され，偏差成分と静水圧成分は互いに独立で干渉しない．

2. ミーゼスの降伏条件
   せん断とはひずみまたは応力の偏差成分を指す．σ_{ij}の応力不変量I_1, I_2およびI_3と同様に，応力の偏差成分σ'_{ij}の偏差応力不変量J_1, J_2およびJ_3は以下のように定義できる．

$$\begin{aligned}
J_1 &= \sigma'_{ii} = 0 \\
J_2 &= \frac{1}{2}(\sigma'_{ii}\sigma'_{jj} - \sigma'_{ij}\sigma'_{ij}) = -\frac{1}{2}\sigma'_{ij}\sigma'_{ij} \\
J_3 &= \frac{\sigma'_{ii}\sigma'_{jj}\sigma'_{kk} + 2\sigma'_{ij}\sigma'_{jk}\sigma'_{ki} - 3\sigma'_{ii}\sigma'_{kl}\sigma'_{kl}}{6} = \frac{1}{3}\sigma'_{ij}\sigma'_{jk}\sigma'_{ki}
\end{aligned}$$

金属材料の降伏は転位の発生で起こり，転位はせん断力によるため降伏条件はσ_{ij}の偏差成分の不変量の関数であることが必要である．$J_1 = 0$のため最も簡単な条件は

$$J_2 = -\frac{1}{2}\sigma'_{ij}\sigma'_{ij}$$

がある閾値に達したときに降伏が起こると仮定することである．物体が単軸降伏強度σ_Yを受けて降伏状態にある場合σ'_{ij}は

$$\sigma'_{ij} = \begin{pmatrix} \sigma_Y & 0 & 0 \\ 0 & 0 & 0 \\ 0 & 0 & 0 \end{pmatrix} - \frac{\sigma_Y}{3}\begin{pmatrix} 1 & 0 & 0 \\ 0 & 1 & 0 \\ 0 & 0 & 1 \end{pmatrix} = \begin{pmatrix} \frac{2}{3}\sigma_Y & 0 & 0 \\ 0 & -\frac{1}{3}\sigma_Y & 0 \\ 0 & 0 & -\frac{1}{3}\sigma_Y \end{pmatrix}$$

と表されるので

$$\sigma'_{ij}\sigma'_{ij} = \frac{2}{3}\sigma_Y^2 \tag{3.13}$$

を得る．応力状態がσ_1とσ_2の2次元主応力の状態のとき，偏差応力σ'_{ij}は

$$\sigma'_{ij} = \sigma_{ij} - \frac{1}{3}\delta_{ij}\sigma_{kk} = \begin{pmatrix} \sigma_1 & 0 & 0 \\ 0 & \sigma_2 & 0 \\ 0 & 0 & 0 \end{pmatrix} - \begin{pmatrix} \frac{\sigma_1+\sigma_2}{3} & 0 & 0 \\ 0 & \frac{\sigma_1+\sigma_2}{3} & 0 \\ 0 & 0 & \frac{\sigma_1+\sigma_2}{3} \end{pmatrix}$$
$$= \begin{pmatrix} \frac{2\sigma_1-\sigma_2}{3} & 0 & 0 \\ 0 & \frac{2\sigma_2-\sigma_1}{3} & 0 \\ 0 & 0 & \frac{-\sigma_1-\sigma_2}{3} \end{pmatrix}$$

と表される．よって

$$\sigma'_{ij}\sigma'_{ij} = \left(\frac{2\sigma_1-\sigma_2}{3}\right)^2 + \left(\frac{2\sigma_2-\sigma_1}{3}\right)^2 + \left(\frac{-\sigma_1-\sigma_2}{3}\right)^2$$
$$= \frac{2}{3}(\sigma_1^2 - \sigma_1\sigma_2 + \sigma_2^2) \tag{3.14}$$

式(3.13)と式(3.14)を合わせて，2軸応力下での降伏条件は

$$\sigma_1^2 - \sigma_1\sigma_2 + \sigma_2^2 = \sigma_Y^2 \tag{3.15}$$

と表される．式 (3.15) は2軸応力下の金属材料降伏条件として広く使われている．

3.2　ひずみ

変形可能な材料に応力を加えると当然変形が生じる．ひずみはこの変形率として定義される．注意すべきは，応力が物理（力）に基づいて定義されるのに対し，ひずみは変形の状態を表わし，物理量ではないため，任意に定義できるという点である．

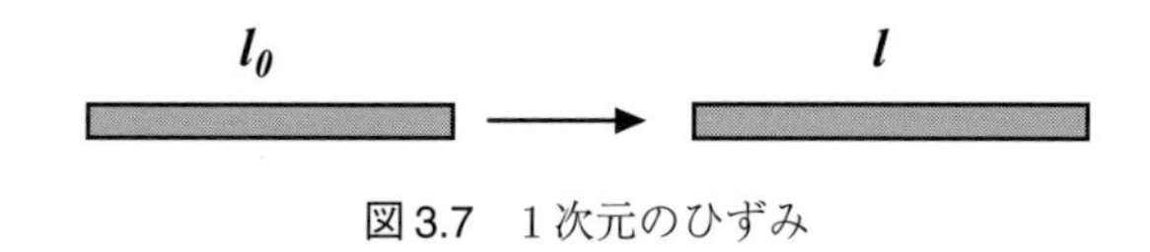

図 3.7　1次元のひずみ

例えば図3.7に示すように，元の長さを変形率の基準とすると，ひずみは

$$E \equiv \frac{\ell - \ell_o}{\ell_o}$$

と定義できる．一方，現在の長さを基準とすると変形率は

$$e \equiv \frac{\ell - \ell_o}{\ell}$$

と定義することもできる．定義が異なるのため，当然両者は異なる．しかし変形は無限小で ϵ を微小量として

$$\ell = \ell_o(1+\epsilon)$$

と仮定すると

$$E = \frac{\ell_o(1+\epsilon) - \ell_o}{\ell_o} = \epsilon$$

$$e = \frac{\ell_o(1+\epsilon) - \ell_o}{\ell} = \frac{\epsilon}{1+\epsilon} = \epsilon(1-\epsilon+\epsilon^2-\epsilon^3+\ldots) \sim \epsilon$$

となり，両者の定義は一致する．

材料を剛体または回転移動しても変形は生じないため，ひずみは発生しない．このため図3.8に示すように，材料の一点が $\mathbf{a}$ から $\mathbf{x}$ へ移動する場合 $\mathbf{a}$ と $\mathbf{x}$ の距

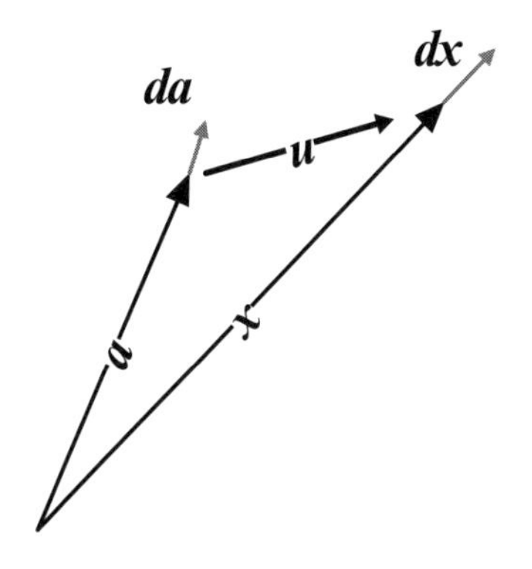

図 3.8　$\mathbf{a}$ から $\mathbf{x}$ への変位

離（変位）でひずみを定義することはできない．代わりに $\mathbf{a}$ と $\mathbf{x}$ の微小成分である $\mathbf{da}$ と $\mathbf{dx}$ の長さを比較してひずみを定義することができる．

$\mathbf{dx}$ と $\mathbf{da}$ の長さの平方の差を ds^2 とすると

$$ds^2 \equiv |\mathbf{dx}|^2 - |\mathbf{da}|^2 = dx_i dx_i - da_i da_i \tag{3.16}$$

と書ける．式 (3.16) は，元の点 $\mathbf{a}$ を独立変数とすると $\mathbf{x}$ は $\mathbf{a}$ の関数とみなされるので

$$x_i = x_i(a_j)$$

と書け

$$dx_i = \frac{\partial x_i}{\partial a_j}\, da_j \tag{3.17}$$

となるので式 (3.17) を式 (3.16) 式に代入すると

$$\begin{aligned} ds^2 = dx_i dx_i - da_i da_i &= \frac{\partial x_i}{\partial a_j}\frac{\partial x_i}{\partial a_k}\, da_j da_k - \delta_{jk}\, da_j da_k \\ &= \left(\frac{\partial x_i}{\partial a_j}\frac{\partial x_i}{\partial a_k} - \delta_{jk}\right) da_j da_k \equiv 2E_{jk}\, da_j da_k \end{aligned}$$

となる．ここに

$$E_{jk} \equiv \frac{1}{2}\left(\frac{\partial x_i}{\partial a_j}\frac{\partial x_i}{\partial a_k} - \delta_{jk}\right)$$

はグリーンのひずみ[10)] と呼ばれる．

[10)] 流体力学ではラグランジュのひずみと呼ばれる．

一方，現在の位置を独立変数とみなすと $\mathbf{a}$ は

$$a_i = a_i(x_j)$$

のように $\mathbf{x}$ の関数となるので

$$da_i = \frac{\partial a_i}{\partial x_j}\, dx_j$$

これを式 (3.16) に代入して

$$\begin{aligned} ds^2 = dx_i dx_i - da_i da_i &= \delta_{jk}\, dx_j dx_k - \frac{\partial a_i}{\partial x_j}\, dx_j\, \frac{\partial a_i}{\partial x_k}\, dx_k \\ &= \left(\delta_{jk} - \frac{\partial a_i}{\partial x_j} \frac{\partial a_i}{\partial x_k} \right) dx_j dx_k \equiv 2e_{jk}\, dx_j dx_k \end{aligned}$$

を得る．ここに

$$e_{jk} \equiv \frac{1}{2} \left(\delta_{jk} - \frac{\partial a_i}{\partial x_j} \frac{\partial a_i}{\partial x_k} \right)$$

はコーシーのひずみ[11] と呼ばれる．

E_{ij} と e_{ij} は定義が違うため当然値も異なるが，元々はいずれも微小要素の長さで定義されたものなので

$$ds^2 = 2E_{ij}\, da_i da_j = 2e_{ij}\, dx_i dx_j$$

が成立する．グリーンのひずみとコーシーのひずみを変位

$$u_i = x_i - a_i$$

で表わすことも可能である．グリーンのひずみは変形前の位置 a_i を基準として x_i が

$$x_i(a_j) = u_i(a_j) + a_i$$

と表せるので

$$\frac{\partial x_i}{\partial a_j} = \frac{\partial u_i}{\partial a_j} + \delta_{ij}$$

[11] 流体力学ではオイラーのひずみと呼ばれる．

となり

$$
\begin{aligned}
E_{jk} &= \frac{1}{2}\left(\frac{\partial x_i}{\partial a_j}\frac{\partial x_i}{\partial a_k} - \delta_{jk}\right) \\
&= \frac{1}{2}\left(\left(\frac{\partial u_i}{\partial a_j} + \delta_{ij}\right)\left(\frac{\partial u_i}{\partial a_k} + \delta_{ik}\right) - \delta_{jk}\right) \\
&= \frac{1}{2}\left(\left(\frac{\partial u_i}{\partial a_j}\frac{\partial u_i}{\partial a_k} + \frac{\partial u_k}{\partial a_j} + \frac{\partial u_j}{\partial a_k} + \delta_{jk}\right) - \delta_{jk}\right) \\
&= \frac{1}{2}\left(\frac{\partial u_k}{\partial a_j} + \frac{\partial u_j}{\partial a_k} + \frac{\partial u_i}{\partial a_j}\frac{\partial u_i}{\partial a_k}\right) \qquad (3.18)
\end{aligned}
$$

となる．コーシーのひずみは

$$
a_k(x_i) = x_k - u_k(x_i)
$$

なので

$$
\frac{\partial a_k}{\partial x_i} = \delta_{ki} - \frac{\partial u_k}{\partial x_i}
$$

となり

$$
\begin{aligned}
e_{ij} &= \frac{1}{2}\left(\delta_{ij} - \left(\delta_{ki} - \frac{\partial u_k}{\partial x_i}\right)\left(\delta_{kj} - \frac{\partial u_k}{\partial x_j}\right)\right) \\
&= \frac{1}{2}\left(\delta_{ij} - \left(\delta_{ij} - \frac{\partial u_i}{\partial x_j} - \frac{\partial u_j}{\partial x_i} + \frac{\partial u_k}{\partial x_i}\frac{\partial u_k}{\partial x_j}\right)\right) \\
&= \frac{1}{2}\left(\frac{\partial u_i}{\partial x_j} + \frac{\partial u_j}{\partial x_i} - \frac{\partial u_k}{\partial x_i}\frac{\partial u_k}{\partial x_j}\right) \qquad (3.19)
\end{aligned}
$$

と表される．変形が無限小な場合，式 (3.18) と式 (3.19) の 2 次の項を無視すると両者は同一となり

$$
\epsilon_{ij} \equiv \frac{1}{2}\left(\frac{\partial u_i}{\partial x_j} + \frac{\partial u_j}{\partial x_i}\right) \qquad (3.20)
$$

となる．式 (3.20) は微小ひずみと呼ばれる．工学ではせん断ひずみは

$$
\gamma_{xy} = \frac{\partial u}{\partial y} + \frac{\partial v}{\partial x}
$$

のように定義されているため，式 (3.20) とは 1/2 だけ異なる点に注意する．

例1　図3.9に示すように，矩形を第1象限から第3象限に回転するときひずみを求める．

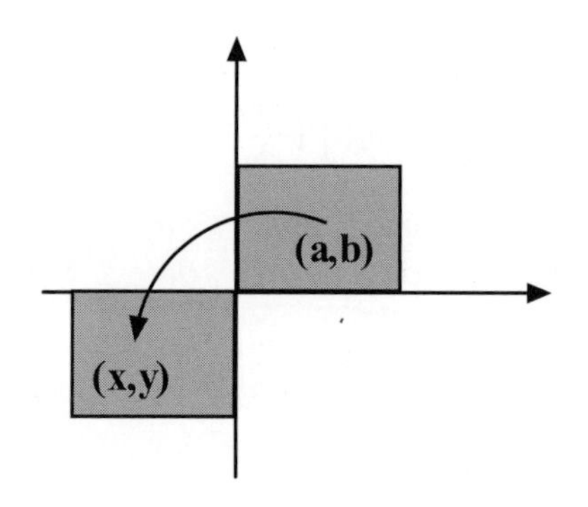

図3.9　90度の剛体回転

解　(x, y) と (a, b) の関係は

$$x = -a, \quad y = -b$$

なので

$$u = -x - (-x) = 2x, \quad v = -y - (-y) = 2y$$

となり

$$\epsilon_{11} = \frac{\partial u}{\partial x} = 2, \quad \epsilon_{12} = \frac{1}{2}\left(\frac{\partial u}{\partial y} + \frac{\partial v}{\partial x}\right) = 0, \quad \epsilon_{22} = \frac{\partial v}{\partial y} = 2$$

を得る．しかし剛体回転は変形を伴わないため，この結論は明らかに誤りである．

訂正　回転に伴う変位は無限小ではないため，E_{ij}（グリーンのひずみ）または e_{ij}（コーシーのひずみ）を使って有限ひずみを計算する必要がある．例えばグリーンのひずみ E_{ij} は

$$u = -2a, \quad v = -2b$$

なので

$$\begin{aligned}
E_{11} &= \frac{1}{2}\left(\frac{\partial u_1}{\partial a_1} + \frac{\partial u_1}{\partial a_1} + \frac{\partial u_k}{\partial a_1}\frac{\partial u_k}{\partial a_1}\right) \\
&= \frac{1}{2}\left(\frac{\partial u}{\partial a} + \frac{\partial u}{\partial a} + \left(\frac{\partial u}{\partial a}\right)^2 + \left(\frac{\partial v}{\partial a}\right)^2\right) = \frac{1}{2}((-2) + (-2) + (-2)^2) = 0
\end{aligned}$$

となり，他の E_{ij} 成分も 0 となる．

例 2 図 3.10 でグリーンのひずみとオイラーのひずみを計算する．

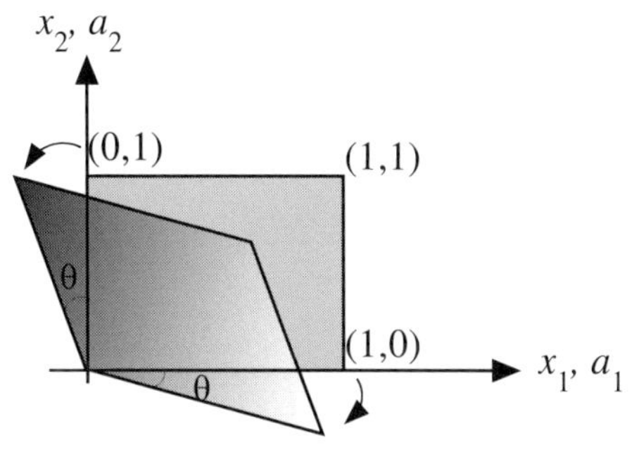

図 3.10 ひずみの計算

解

$$u_1 = x_1 - a_1 = \cos\theta a_1 + \sin\theta a_2 - a_1 = (\cos\theta - 1)a_1 + \sin\theta a_2,$$

$$u_2 = x_2 - a_2 = \sin\theta a_1 + \cos\theta a_2 - a_2 = \sin\theta a_1 + (\cos\theta - 1)a_2$$

よってグリーンのひずみは

$$E_{11} = (\cos\theta - 1) + \frac{1}{2}\left((\cos\theta - 1)^2 + \sin^2\theta\right) = 0,$$

$$E_{22} = (\cos\theta - 1) + \frac{1}{2}\left(\sin^2\theta + (\cos\theta - 1)^2\right) = 0,$$

$$E_{12} = \sin\theta + \frac{1}{2}((\cos\theta - 1)\sin\theta + \sin\theta(\cos\theta - 1)) = \cos\theta\sin\theta$$

となる．無限小変形では

$$\epsilon_{ij} = \begin{pmatrix} 0 & \theta \\ \theta & 0 \end{pmatrix}$$

となる．オイラーのひずみは

$$e_{ij} =$$

$$\begin{pmatrix} -\frac{\cos^2\theta}{2(\cos^2\theta - \sin^2\theta)^2} - \frac{\sin^2\theta}{2(\cos^2\theta - \sin^2\theta)^2} + \frac{1}{2} & \frac{\cos\theta\sin\theta}{(\cos^2\theta - \sin^2\theta)^2} \\ \frac{\cos\theta\sin\theta}{(\cos^2\theta - \sin^2\theta)^2} & -\frac{\cos^2\theta}{2(\cos^2\theta - \sin^2\theta)^2} - \frac{\sin^2\theta}{2(\cos^2\theta - \sin^2\theta)^2} + \frac{1}{2} \end{pmatrix}$$

と計算できる．無限小変形では

$$\epsilon_{ij} = \begin{pmatrix} 0 & \theta \\ \theta & 0 \end{pmatrix}$$

となる．

Mathematica **コーディング**　グリーンのひずみは添字の関数として

```
In[14]:= Eij[i_, j_] := 1/2(Sum[D[x[α], a[i]] D[x[α], a[j]], {α, 1, 2}]
         - IdentityMatrix[2][[i, j]])
```

と入力できる．

(x_1, x_2) と (a_1, a_2) の関係は

```
In[15]:= {x[1], x[2]} = {{Cos[θ], Sin[θ]}, {Sin[θ], Cos[θ]}}.{a[1], a[2]}
Out[15]= {a[1] Cos[θ] + a[2] Sin[θ], a[2] Cos[θ] + a[1] Sin[θ]}
```

で入力できる．よってグリーンのひずみの成分は

```
In[16]:= Table[Eij[i, j], {i, 2}, {j, 2}] // Simplify
Out[16]= {{0, Cos[θ] Sin[θ]}, {Cos[θ] Sin[θ], 0}}
```

で計算できる．

コーシーのひずみは

```
In[17]:= eij[i_, j_] := 1/2(IdentityMatrix[2][[i, j]]
         - Sum[D[a[α], x[i]] D[a[α], x[j]], {α, 1, 2}])
```

で定義される．(x_1, x_2) と (a_1, a_2) の関係は

```
In[18]:= Clear[a, x]
         {a[1], a[2]} =
         Inverse[{{Cos[θ], Sin[θ]}, {Sin[θ], Cos[θ]}}].{x[1], x[2]}
```

$$\text{Out[18]=} \left\{\frac{\text{Cos}[\theta]\,\text{x}[1]}{\text{Cos}[\theta]^2 - \text{Sin}[\theta]^2} - \frac{\text{Sin}[\theta]\,\text{x}[2]}{\text{Cos}[\theta]^2 - \text{Sin}[\theta]^2}, -\frac{\text{Sin}[\theta]\,\text{x}[1]}{\text{Cos}[\theta]^2 - \text{Sin}[\theta]^2} + \frac{\text{Cos}[\theta]\,\text{x}[2]}{\text{Cos}[\theta]^2 - \text{Sin}[\theta]^2}\right\}$$

で入力できる．

コーシーのひずみは

```
In[19]:= Table[eij[i, j], {i, 2}, {j, 2}] // Simplify
```

$$\text{Out[19]=} \left\{\left\{-\frac{1}{2}\text{Tan}[2\theta]^2, \text{Cos}[\theta]\,\text{Sec}[2\theta]^2\,\text{Sin}[\theta]\right\}, \left\{\text{Cos}[\theta]\,\text{Sec}[2\theta]^2\,\text{Sin}[\theta], -\frac{1}{2}\text{Tan}[2\theta]^2\right\}\right\}$$

で計算できる.

無限小ひずみは上記の結果をテイラー級数で展開することにより

```
In[20]:= Series[%, {θ, 0, 1}]
Out[20]= {{O[θ]^2, θ + O[θ]^2}, {θ + O[θ]^2, O[θ]^2}}
```

と計算できる.

3.3 適合条件

ひずみと変位との関係は

$$u_{i,j} + u_{j,i} = 2\epsilon_{ij} \tag{3.21}$$

であるので, ϵ_{ij} が既知で u_i が未知の微分方程式とみなせる. 式 (3.21) は, 3 次元で 3 個の未知関数 u_i に対し 6 個の式がある (2 次元では 2 個の未知関数に対し 3 個の式がある) 過剰方程式となる[12]. すなわち ϵ_{ij} の全ての要素が独立ではなく, 3 次元では ϵ_{ij} の要素間に 3 個 (2 次元では 1 個) の制約条件があるはずである. こうした制約条件, またあるいは同等であるが式 (3.21) で解 u_i が存在する条件を「適合条件」と呼ぶ. この説明のために以下の 2 個の新しい演算子を導入しよう.

定義

1. 対称化演算子
   指標が丸括弧で囲まれている場合, 指標に関する対称化を実行する. すなわち
   $$a_{(ij)} \equiv \frac{1}{2}(a_{ij} + a_{ji})$$
2. 反対称化演算子
   指標が角括弧で囲まれている場合, 指標に関する反対称化を実行する. すなわち
   $$a_{[ij]} \equiv \frac{1}{2}(a_{ij} - a_{ji})$$

以上の定義から

$$a_{(ij)} = a_{(ji)}, \quad a_{[ij]} = -a_{[ji]}$$

[12] 対称関係 $\epsilon_{ij} = \epsilon_{ji}$ のため, 3 次元で ϵ_{ij} の独立な要素は 6 個 (2 次元では 3 個) になる

は明らかである．一般に2個の指標を有する任意の量は，対称部分と反対称部分に一意に分解される．

$$v_{ij} = \frac{1}{2}(v_{ij} + v_{ji}) + \frac{1}{2}(v_{ij} - v_{ji}) = v_{(i,j)} + v_{[ij]}$$

例として変位の勾配 $u_{i,j}$ は

$$u_{i,j} = \frac{1}{2}(u_{i,j} + u_{j,i}) + \frac{1}{2}(u_{i,j} - u_{j,i}) = \epsilon_{ij} + \omega_{ij}$$

と分解できる．ϵ_{ij} はひずみテンソルで，ω_{ij} は回転である．すなわち，ひずみとは変位勾配の対称部分であり，回転とは変位勾配の反対称部分と定義できる．流体力学で u_i を粒子の速度とすると，ϵ_{ij} はひずみ率，ω_{ij} は渦度となる．

一般に適合条件とは，連立偏微分方程式

$$u_{,i} = g_i$$

の解 u が存在する条件として

$$g_{[i,j]} = 0 \tag{3.22}$$

と表せる．これは解 u_i が存在するための必要条件であるが，実は十分条件でもある [15] ことが証明されているので，式 (3.22) は解 u_i の存在の必要十分条件である．これをひずみ変位関係に拡張すると

$$u_{(i,j)} = \epsilon_{ij}$$

の適合条件は式 (3.22) を参照して

$$\epsilon_{[i[j,k]l]} = 0 \tag{3.23}$$

と書ける．具体的には

$$\epsilon_{[i[j,k]l]} = \frac{1}{4}(\epsilon_{ij,kl} + \epsilon_{kl,ij} - \epsilon_{lj,ki} - \epsilon_{ik,jl}) = 0$$

となる．式 (3.23) は，2次元では独立な式が1個のみで

$$\epsilon_{11,22} + \epsilon_{22,11} - 2\epsilon_{12,12} = 0$$

と書ける．3 次元では独立な式が 6 個あり

$$\epsilon_{11,23} + \epsilon_{23,11} - \epsilon_{13,12} - \epsilon_{12,13} = 0$$

$$\epsilon_{22,13} + \epsilon_{13,22} - \epsilon_{12,23} - \epsilon_{23,12} = 0$$

$$\epsilon_{33,12} + \epsilon_{12,33} - \epsilon_{12,13} - \epsilon_{13,23} = 0$$

$$2\epsilon_{12,12} - \epsilon_{11,22} - \epsilon_{22,11} = 0$$

$$2\epsilon_{23,23} - \epsilon_{22,33} - \epsilon_{33,22} = 0$$

$$2\epsilon_{13,13} - \epsilon_{33,11} - \epsilon_{11,33} = 0$$

となる．しかしながら，上記の 6 個の式は互いに独立ではない．リーマン幾何学でビアンキの恒等式と呼ばれる 3 個の制約条件があり [15]，3 次元の適合条件の独立な式の数は 3 個になる．よって 2 次元，3 次元ともに独立なひずみ成分の数は方程式の数と一致する．

3.4　構成方程式，等方性，異方性

応力 σ_{ij} とひずみ ϵ_{ij} の最も簡単な関係は共に比例関係

$$\sigma = C\epsilon \tag{3.24}$$

にあると仮定することであろう．商法則によれば比例定数 C は 4 階のテンソルであることが必要であり，式 (3.24) は

$$\sigma_{ij} = C_{ijkl}\epsilon_{kl}$$

と書ける．C_{ijkl} はひずみの (kl) 要素に対する応力の (ij) 要素を意味して弾性定数[13] と呼ばれる．

添字の対称性を考慮しなければ C_{ijkl} の要素数は 81 $(= 3 \times 3 \times 3 \times 3)$ 個あるが，以下の対称性を考慮すると独立な要素数は 21 個となる．

1. $C_{ijkl} = C_{jikl}$

　C_{ijkl} はひずみの (kl) 成分に対する応力の (ij) 成分であり，C_{jikl} はひずみの

[13] 英語では elastic modulus で複数形は elastic moduli となることに注意．

(kl) 成分に対する応力の (ji) 成分であるが，$\sigma_{ij} = \sigma_{ji}$ のため $C_{ijkl} = C_{jikl}$ が成立する．

2. $C_{ijkl} = C_{ijlk}$

C_{ijkl} はひずみ (kl) 成分に対する応力の (ij) 成分であり，C_{ijlk} はひずみ (lk) 成分に対する応力の (ij) 成分であるが，$\epsilon_{kl} = \epsilon_{lk}$ のため $C_{ijkl} = C_{ijlk}$ が成立する．

3. $C_{ijkl} = C_{jikl}$

この対称性の証明にはひずみエネルギの存在を仮定する[14]．応力ひずみ関係 $\sigma_{ij} = C_{ijkl}\epsilon_{kl}$ から

$$C_{ijkl} = \frac{\partial \sigma_{ij}}{\partial \epsilon_{kl}}$$

が成立する．一方，ひずみエネルギ U の定義は

$$dU = \sigma_{ij} d\epsilon_{ij}$$

で与えられるので

$$\frac{\partial U}{\partial \epsilon_{ij}} = \sigma_{ij}$$

となり

$$C_{ijkl} = \frac{\partial}{\partial \epsilon_{kl}} \left(\frac{\partial U}{\partial \epsilon_{ij}} \right) = \frac{\partial^2 U}{\partial \epsilon_{kl} \partial \epsilon_{ij}} = C_{klij}$$

が成立し

$$C_{ijkl} = C_{klij}$$

となる．

3.4.1　等方性

等方性 (isotropy) とは回転と反転で不変な性質を指し，均質性 (homogeneity) とは平行移動で不変な性質を指す．等方でない性質を異方性 (anisotropy)，均質でない性質を非均質 (inhomogeneity) という[15]．異方性材料の例として，複合材料の他に木，液晶などがある．

---

14) 適合条件に相当する．

15) isotropy の語源はギリシャ語なので否定形は an を付けて anisotropy となる．一方，homogeneity の語源はラテン語なので，文法上，否定形には non を付けて nonhomogeneity となるはずだが，一般的には inhomogeneity の方が広く使われているようである．

テンソルが等方となるためには，テンソルの階数が偶数であることが必要である．

1. 0階のテンソル

   0階のテンソル（スカラー）はいかなる座標系でも同じ値をとるため，当然等方である．

2. 1階のテンソル

   1階のテンソル（ベクトル）は0テンソル以外では等方に成り得ない．これを示すため，以下の y 軸に関する反転変換を考える．

$$\beta_{ij} = \begin{pmatrix} -1 & 0 \\ 0 & 1 \end{pmatrix} \tag{3.25}$$

   これを1階のテンソル v_i の成分 v_1 に適用すると

$$\begin{aligned} \overline{v}_{\bar{1}} = \beta_{1j}v_j = \beta_{11}v_1 + \beta_{12}v_2 &= -v_1 \quad \text{（反転変換）} \\ &= v_1 \quad \text{（等方性）} \end{aligned}$$

   となるので最後の2式から

$$v_1 = 0$$

   となり，同様に

$$v_2 = 0$$

   も示されるので，v_i が等方なら全ての成分が0のテンソルでなければならない．

3. 2階のテンソル

   v_{ij} が2階のテンソルであり，かつ等方なら，v_{ij} はクロネッカーのデルタ δ_{ij} に限られることが示される．

   （証明）最初に，v_{ij} が等方なら v_{ij} は対角行列

$$v_{12} = v_{21} = 0$$

   である必要を示す．式 (3.25) を適用すると

$$\begin{aligned} \overline{v}_{\bar{1}\bar{2}} = \beta_{1i}\beta_{2j}v_{ij} = \beta_{11}\beta_{22}v_{12} &= -v_{12} \quad \text{（テンソル変換）} \\ &= v_{12} \quad \text{（等方性）} \end{aligned}$$

となり

$$v_{12} = 0$$

が示され，同様に

$$v_{21} = 0$$

も示されるので v_{ij} は対角行列となる．

$$v_{ij} = \begin{pmatrix} v_{11} & 0 \\ 0 & v_{22} \end{pmatrix}$$

次に，v_{ij} に回転変換を適用すると変換行列

$$\beta_{ij} = \begin{pmatrix} \cos\theta & \sin\theta \\ -\sin\theta & \cos\theta \end{pmatrix}$$

を使い

$$\begin{aligned} \overline{v}_{\bar{1}\bar{1}} = \beta_{1i}\beta_{1j}v_{ij} = \beta_{11}\beta_{11}v_{11} + \beta_{12}\beta_{12}v_{22} &= \cos^2\theta v_{11} + \sin^2\theta v_{22} \quad \text{（回転変換）} \\ &= v_{11} \quad \text{（等方性）} \end{aligned}$$

を得て，最後の2式から

$$v_{11} = \cos^2\theta v_{11} + \sin^2\theta v_{22}$$

または

$$\sin^2\theta(v_{22} - v_{11}) = 0$$

となるので

$$v_{ij} = \begin{pmatrix} v_{11} & 0 \\ 0 & v_{11} \end{pmatrix} = v_{11}\begin{pmatrix} 1 & 0 \\ 0 & 1 \end{pmatrix} = v_{11}\delta_{ij}$$

が示される．

4.　3階のテンソル

1階のテンソルと同様に，3階のテンソルで等方なものは存在しないことが示される．

5.　4階のテンソル

v_{ijkl} が4階のテンソルで等方な場合，v_{ijkl} はクロネッカーのデルタの結合

$$v_{ijkl} = A\delta_{ij}\delta_{kl} + B\delta_{ik}\delta_{jl} + C\delta_{il}\delta_{jk} \tag{3.26}$$

で表されることが示される．

6.　高階のテンソル

以上の結果は高階のテンソルにも適用でき，等方のテンソルは偶数階に限られることが示される．

3.4.2　弾性係数

一般に，等方で4階のテンソルは式 (3.26) に示されるように3個の独立な定数で記述できる．しかし等方材料の弾性係数 C_{ijkl} に関しては，独立な成分の数は $C_{ijkl} = C_{ijlk}$ の対称性により2個となることが示される．このため C_{ijkl} と C_{ijlk} を

$$C_{ijkl} = A\delta_{ij}\delta_{kl} + B\delta_{ik}\delta_{jl} + C\delta_{il}\delta_{jk} \tag{3.27}$$

$$C_{ijlk} = A\delta_{ij}\delta_{lk} + B\delta_{il}\delta_{jk} + C\delta_{ik}\delta_{lj} \tag{3.28}$$

並べて書き，式 (3.28) を式 (3.27) から引くと

$$(B - C)(\delta_{il}\delta_{lj} - \delta_{il}\delta_{kk}) = 0$$

または

$$B = C$$

となり

$$C_{ijkl} = A\delta_{ij}\delta_{kl} + B(\delta_{ik}\delta_{jl} + \delta_{il}\delta_{jk})$$

を得る．弾性力学では A と B の代わりに λ と μ が使用され，ラメ定数と呼ばれる．

$$C_{ijkl} = \lambda\delta_{ij}\delta_{kl} + \mu(\delta_{ik}\delta_{jl} + \delta_{il}\delta_{jk}) \tag{3.29}$$

μ は剛性率（工学では G が使われている）に等しく，λ はポアソン比と関連している．

式 (3.29) を使うと線形弾性物質の応力ひずみ関係（構成方程式）は

$$\begin{aligned}\sigma_{ij} = C_{ijkl}\epsilon_{kl} &= \lambda\delta_{ij}\delta_{kl}\epsilon_{kl} + \mu\delta_{ik}\delta_{jl}\epsilon_{kl} + \mu\delta_{il}\delta_{jk}\epsilon_{kl} \\ &= \mu\epsilon_{ij} + \mu\epsilon_{ji} + \lambda\delta_{ij}\epsilon_{ll} = 2\mu\epsilon_{ij} + \lambda\delta_{ij}\epsilon_{kk}\end{aligned} \tag{3.30}$$

と書ける．

式 (3.30) はひずみについて

$$\epsilon_{ij} = \frac{1}{2\mu}\sigma_{ij} - \frac{\lambda}{2\mu(2\mu+3\lambda)}\delta_{ij}\sigma_{kk} \tag{3.31}$$

と解ける．

（証明） σ_{ij} と ϵ_{ij} を偏差成分と静水圧成分に分解する．

$$\sigma_{ij} = \sigma'_{ij} + \frac{1}{3}\delta_{ij}\sigma_{kk} \tag{3.32}$$

$$\epsilon_{ij} = \epsilon'_{ij} + \frac{1}{3}\delta_{ij}\epsilon_{kk} \tag{3.33}$$

式 (3.30) で $i = j$ とすると

$$\sigma_{ii} = (2\mu + 3\lambda)\epsilon_{ii}$$

または

$$\sigma_{ii} = 3K\epsilon_{ii}$$

を得る．ここに

$$K \equiv \frac{2\mu + 3\lambda}{3}$$

は体積弾性率と呼ばれる．式 (3.32) と式 (3.33) を式 (3.30) に代入すると

$$\sigma'_{ij} + \frac{1}{3}\delta_{ij}\sigma_{kk} = 2\mu(\epsilon'_{ij} + \frac{1}{3}\delta_{ij}\epsilon_{kk}) + \lambda\delta_{ij}\epsilon_{kk}$$

すなわち

$$\sigma'_{ij} + \frac{2\mu+3\lambda}{3}\delta_{ij}\epsilon_{kk} = 2\mu\epsilon'_{ij} + \frac{2\mu+3\lambda}{3}\delta_{ij}\epsilon_{kk}$$

これは

$$\sigma'_{ij} = 2\mu\epsilon'_{ij}$$

となるので

$$\epsilon'_{ij} = \frac{1}{2\mu}\sigma'_{ij}, \quad \epsilon_{kk} = \frac{1}{3K}\sigma_{kk}$$

となり式 (3.31) と同じになる．

$(i,j)=(1,1)$ とすると式 (3.31) は

$$\epsilon_{11} = \frac{1}{2\mu}\sigma_{11} - \frac{\lambda}{2\mu(2\mu+3\lambda)}\delta_{ij}\sigma_{kk}$$
$$= \frac{\mu+\lambda}{\mu(2\mu+3\lambda)}\sigma_{11} - \frac{\lambda}{2\mu(2\mu+3\lambda)}(\sigma_{22}+\sigma_{33})$$

となり，工学で使われているひずみ応力関係と比べて

$$\epsilon_{11} = \frac{1}{E}\sigma_{11} - \frac{\nu}{E}(\sigma_{22}+\sigma_{33})$$

を得る．ここに E はヤング率，ν はポアソン比である．よって工学定数とラメ定数との関係は

$$\frac{1}{E} = \frac{\mu+\lambda}{\mu(2\mu+3\lambda)}$$
$$\frac{\nu}{E} = \frac{\lambda}{2\mu(2\mu+3\lambda)}$$

と求められる．弾性定数 C_{ijkl} の逆は弾性コンプライアンスと呼ばれ

$$\epsilon_{ij} = S_{ijkl}\sigma_{kl}$$

で定義される．弾性係数とコンプライアンスとの関係は

$$C_{ijkl}S_{klmn} = I_{ijmn}$$

で表される．ここに I は4階の単位テンソル[16] で

$$I_{ijmn} = \frac{1}{2}\left(\delta_{im}\delta_{jn} + \delta_{in}\delta_{jm}\right)$$

で定義される．

等方物質の弾性コンプライアンスは

$$S_{ijkl} = \frac{1}{4\mu}(\delta_{ik}\delta_{jl} + \delta_{il}\delta_{jk}) - \frac{\lambda}{2\mu(3\lambda+2\mu)}\delta_{ij}\delta_{kl}$$

と表される．

[16] a_{ij} が対称テンソルの場合 $I_{ijkl}a_{kl} = a_{ij}$ となる．

3.4.3　直交異方性

直交異方性とは，材料の弾性定数が x, y および z 軸に関して対称な性質として定義される．直交異方性の弾性体の弾性定数 C_{ijkl} は，繰り返された指標の数が奇数であれば0になることが示される．例えば x_2-x_3 平面に関する反転変換

$$\beta_{ij} = \begin{pmatrix} -1 & 0 & 0 \\ 0 & 1 & 0 \\ 0 & 0 & 1 \end{pmatrix}$$

を C_{1323} に施すと

$$\begin{aligned} \overline{C}_{\bar{1}\bar{3}\bar{2}\bar{3}} = \beta_{1i}\beta_{3j}\beta_{2k}\beta_{3l}C_{ijkl} = \cdots &= \beta_{11}\beta_{33}\beta_{22}\beta_{33}C_{1323} \\ &= -C_{1323} \quad \text{（テンソル変換）} \\ &= C_{1323} \quad \text{（直交異方性）} \end{aligned}$$

よって

$$C_{1323} = 0$$

となる．この結果は一般化され，C_{ijkl} の要素が0にならないためには重複する指標は偶数でなければならないことが容易に示される．これにより重複する指標成分を除外すると，直交異方性材料の弾性定数の独立な要素は

$$C_{1111},\ C_{2222},\ C_{3333},\ C_{1122},\ C_{2233},\ C_{3311},\ C_{1212},\ C_{2323},\ C_{3131}$$

に限られる．工学定数を使って直交異方性材料のひずみ応力関係は

$$\begin{pmatrix} \epsilon_x \\ \epsilon_y \\ \epsilon_y \end{pmatrix} = \begin{pmatrix} \frac{1}{E_x} & -\frac{\nu_{xy}}{E_x} & -\frac{\nu_{xz}}{E_x} \\ -\frac{\nu_{yx}}{E_y} & \frac{1}{E_y} & -\frac{\nu_{yz}}{E_y} \\ -\frac{\nu_{zx}}{E_z} & -\frac{\nu_{zy}}{E_z} & \frac{1}{E_z} \end{pmatrix} \begin{pmatrix} \sigma_x \\ \sigma_y \\ \sigma_z \end{pmatrix}$$

$$\epsilon_{xy} = \frac{1}{2G_{xy}}\sigma_{xy}, \quad \epsilon_{yz} = \frac{1}{2G_{yz}}\sigma_{yz}, \quad \epsilon_{zx} = \frac{1}{2G_{zx}}\sigma_{zx}$$

と表されるが，添字の対称関係

$$S_{ijkl} = S_{klij}$$

を考慮すると以下の関係が成立する．

$$\frac{\nu_{xy}}{E_x} = \frac{\nu_{yx}}{E_y}, \quad \frac{\nu_{xz}}{E_x} = \frac{\nu_{zx}}{E_z}, \quad \frac{\nu_{yz}}{E_y} = \frac{\nu_{zy}}{E_z}$$

よって 3 次元の直交異方性物質の独立な要素数は 9 $(= 12 - 3)$ となる．

2 次元直交異方性材料

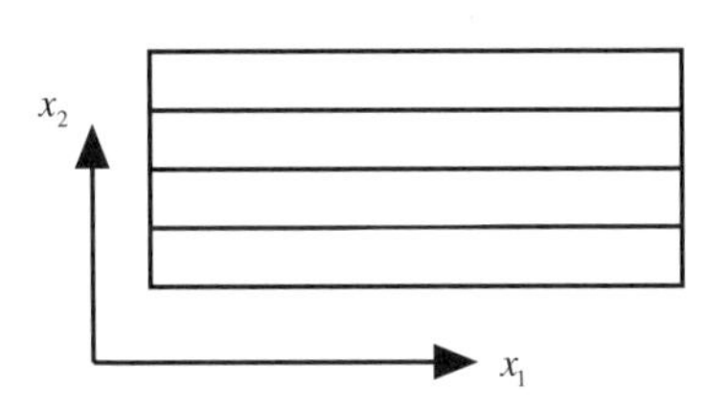

図 3.11　2 次元直交異方性材料

2 次元直交異方性材料の構成方程式は

$$\begin{pmatrix} \epsilon_{11} \\ \epsilon_{22} \end{pmatrix} = \begin{pmatrix} \frac{1}{E_1} & -\frac{\nu_{12}}{E_1} \\ -\frac{\nu_{21}}{E_2} & \frac{1}{E_2} \end{pmatrix} \begin{pmatrix} \sigma_{11} \\ \sigma_{22} \end{pmatrix}$$

$$\epsilon_{12} = \frac{1}{2G_{12}}\sigma_{12}$$

となる．よって弾性コンプライアンス S_{ijkl} を使えば

$$S_{1111} = \frac{1}{E_1}, \quad S_{2222} = \frac{1}{E_2}$$

$$S_{1122} = S_{2211} = -\frac{\nu_{12}}{E_1} = -\frac{\nu_{21}}{E_2}$$

$$S_{1212} = S_{2112} = S_{2121} = S_{1221} = \frac{1}{4G_{12}}$$

と表され，他の S_{ijkl} の成分は 0 である．2 次元では独立な要素の数は 4 個ある．

横断等方性

横断等方性は直交異方性の部分集合であり，3 個の面のうちの 1 個の面に関して等方な性質として定義される．例えば x-y 平面が等方面である場合，x 軸と y

軸方向は同等なので

$$C_{1111}=C_{2222},\quad C_{1133}=C_{2233},\quad C_{1313}=C_{2323}$$

が成立し，横断等方性材料の独立な要素数は5個となる．

横断等方性材料の例として一方向炭素繊維強化複合材料がある [23].

3.5　流体の構成方程式

流体に関する構成方程式を導くには，以下の点を考慮して固体の構成方程式を修正すればよい．

1. 固体での変位 u_i は流体では速度 v_i に置き換える．
2. 固体のひずみ (ϵ_{ij}) は流体ではひずみ率 (V_{ij}) に置き換える．
3. 流体では V_{ij} が0でも常に静水圧 $(-p\delta_{ij})$ が存在することを考慮する．

以上により流体の構成方程式は以下のように書かれる．

$$\sigma_{ij}=D_{ijkl}V_{kl}-p\delta_{ij} \tag{3.34}$$

流体が等方性の場合 D_{ijkl} は弾性材料と同様に

$$D_{ijkl}=\lambda\delta_{ij}\delta_{kl}+\mu(\delta_{ik}\delta_{jl}+\delta_{il}\delta_{jk})$$

と表されるので[17] 式 (3.34) は

$$\sigma_{ij}=2\mu V_{ij}+\lambda\delta_{ij}V_{kk}-p\delta_{ij} \tag{3.35}$$

となる．

「ストークスの仮説」によると [7]

$$\sigma_{kk}=-3P$$

は実験的に正しいことが検証されているので式 (3.35) で $i=j$ とすると

$$\sigma_{ii}=2\mu V_{ii}+3\lambda V_{kk}-3P$$

[17] ただし λ と μ は弾性体のラメ定数 λ と μ とは異なる．

を得る．よってμとλは独立ではなく

$$2\mu + 3\lambda = 0$$

の関係がある．このため式 (3.35) は

$$\sigma_{ij} = 2\mu V_{ij} - \frac{2\mu}{3}\delta_{ij}V_{kk} - p\delta_{ij}$$

となる．この構成方程式に従う流体はストークス流体と呼ばれる．ただ一つの定数μは粘性である．

流体が非圧縮性なら$V_{kk} = 0$が成立するので構成方程式は

$$\sigma_{ij} = 2\mu V_{ij} - p\delta_{ij} \tag{3.36}$$

となる．非粘性流体では$\mu = 0$なので式 (3.36) は

$$\sigma_{ij} = -p\delta_{ij}$$

となる．

熱応力

一般に，材料に熱を供給して温度が上昇すれば，応力を加えなくても変形を生じる．変形ϵ_{ij}と温度差ΔTとの最も単純な関係は共に比例すると仮定することで

$$\epsilon_{ij} = \alpha_{ij}\Delta T$$

と書ける．ここに比例係数α_{ij}は2階のテンソルで熱膨張係数と呼ばれる．材料が等方ならα_{ij}はクロネッカーのデルタδ_{ij}のスカラー倍として

$$\alpha_{ij} = \alpha\delta_{ij}$$

と書ける．材料の全変形は弾性による変形と熱応力による変形の和であるので

$$\epsilon_{ij}^{\text{total}} = \epsilon_{ij}^{\text{elastic}} + \epsilon_{ij}^{\text{thermal}}$$

が成立する．ここに$\epsilon_{ij}^{\text{elastic}}$は応力に直接比例するひずみ部分を示す．したがって応力とひずみの関係式は

$$\begin{aligned}\sigma_{ij} = C_{ijkl}\epsilon_{kl}^{\text{elastic}} &= C_{ijkl}(\epsilon_{kl}^{\text{total}} - \epsilon_{kl}^{\text{thermal}}) \\ &= C_{ijkl}(\epsilon_{kl}^{\text{total}} - \alpha_{kl}\Delta T)\end{aligned} \tag{3.37}$$

となる．式 (3.37) が熱応力を考慮する場合に修正された構成方程式である．

3.6　場の方程式

3.6.1　発散定理（ガウスの定理）

場の方程式を導くために，ガウスの発散定理が重要な役割を担う．ガウスの発散定理は，微分と積分は互いに逆の演算であることを主張する「微積分学の基本定理」の2次元，3次元版である．1次元で $[a, b]$ の線分では

$$\int_a^b f'(x)\,dx = [f]_a^b \tag{3.38}$$

が成立する．式 (3.38) の右辺は

$$\begin{aligned}[f]_a^b &= -f|_{x=a} + f|_{x=b} = (-1)\times f|_{x=a} + (+1)\times f|_{x=b} \\ &= n_a f|_{x=a} + n_b f|_{x=b} = (nf)|_{x=a} + (nf)|_{x=b} = \sum_{\text{境界}} nf\end{aligned}$$

と書ける．ここに n は $x = a, b$ での外向け垂直ベクトル（1次元なので $x = a$ で $n = -1$，$x = b$ で $n = 1$ に限られる）を表わす．この記法を使い，式 (3.38) は

$$\int_a^b f'(x)\,dx = \sum_{\text{境界}} nf \tag{3.39}$$

と書ける．

式 (3.39) を2次元，3次元に拡張したものがガウスの定理である．2次元では，1次元の積分線分区間は2次元領域に，x に関する微分は x_i に関する微分に，垂直成分 n はベクトル n_i にそれぞれ置き換えられるので式 (3.39) は

$$\iint_S f_{,i}\,dS = \oint_{\partial S} n_i f\,d\ell \tag{3.40}$$

と書ける．ここに dS は面要素，$d\ell$ は線分要素である．式 (3.40) は2次元のガウスの発散定理である．2次元から3次元の拡張は容易で

$$\iiint_V f_{,i}\,dV = \iint_{\partial V} n_i f\,dS$$

となる．dV は体積要素である．ガウスの発散定理は，垂直単位ベクトルを含む境界積分を体積積分に変換するために使用されることが多い．

3.6.2　物質微分

移動かつ変形する物体上の点で定義される関数 $f(x_j, t)$ の $t + \Delta t$ での変動 $f(x_j + \Delta x_j, t + \Delta t)$ はテイラー展開で

$$f(x_j + \Delta x_j, t + \Delta t) = f(x_j, t) + \left(f_{,j} \Delta x_j + \frac{\partial f}{\partial t} \Delta t \right) + \cdots$$

と表される．したがって時間の変化率は

$$\frac{f(x_j + \Delta x_j, t + \Delta t) - f(x_j, t)}{\Delta t} \sim f_{,j} \frac{\Delta x_j}{\Delta t} + \frac{\partial f}{\partial t} \tag{3.41}$$

で表される．$\Delta t \to 0$ の極限をとると，式 (3.41) は

$$\frac{Df}{Dt} \equiv \frac{\partial f}{\partial t} + f_{,i} v_i \tag{3.42}$$

と書ける．ここに v_i は物体の速度を示す．式 (3.42) は，物質微分またはラグランジュ微分と呼ばれ，通常の時間に関する偏微分 $\frac{\partial}{\partial t}$ と区別するために，$\frac{D}{Dt}$ を使う．物質微分は，移動する物体上の点で定義された量の実質的な時間変化率を表わす．式 (3.42) の右辺の第 2 項は流れと共に運ばれる対流項を表わす．

積分で定義される量の物質微分

式 (3.42) は，変形して移動する物体の各点で定義された量 $f(x, t)$ の実質変化率を表わすものだが，$f(x, t)$ を物体全体で積分した量の実質変化率も計算できる．例えば $f(x, t)$ を質量密度とすると，この量を物体全体で積分した量は総質量となる．

まず 1 次元の場合を考える．1 次元物体が $[a(t), b(t)]$ の区間を占めているとして，この区間で $f(x, t)$ を積分した量を $I(t)$ と定義する．

$$I(t) \equiv \int_{a(t)}^{b(t)} f(x, t) dx$$

$I(t + \Delta t)$ は $f(x, t)$ を $[a(t + \Delta t), b(t + \Delta t)]$ 間で積分した量で，これは図 3.12 から，$f(x, t + \Delta t)$ の $[a, b]$ での積分に $[b, b + \Delta b]$ での積分を加えた後に $[a, a + \Delta a]$ での積分を引いたものなので

図3.12　積分で定義される量の物質微分（1次元）

$$
\begin{aligned}
I(t+\Delta t) &= \int_{a+\Delta a}^{b+\Delta b} f(x,t+\Delta t)\,dx \\
&= \int_a^b f(x,t+\Delta t)\,dx + \int_b^{b+\Delta b} f(x,t+\Delta t)\,dx \\
&\quad - \int_a^{a+\Delta} f(x,t+\Delta t)\,dx \\
&\sim \int_a^b f(x,t+\Delta t)\,dx + f|_b \Delta b - f|_a \Delta a
\end{aligned}
$$

と表される．$(b, b+\Delta b)$ 間と $(a, a+\Delta a)$ 間では $f(x,t)$ の変動は一定と仮定した．$f|_a$ と $f|_b$ は，f を a と b で評価した値である．したがって $I(t)$ の時間変化率は

$$
\frac{I(t+\Delta t)-I(t)}{\Delta t} \sim \int_a^b \frac{f(x,t+\Delta t)-f(x,t)}{\Delta t}\,dx + f|_b \frac{\Delta b}{\Delta t} - f|_a \frac{\Delta a}{\Delta t} \tag{3.43}
$$

と書ける．Δt を0に近づけて極限をとると，式 (3.43) は

$$
\begin{aligned}
\frac{DI}{Dt} &= \lim_{\Delta t\to 0} \frac{I(t+\Delta t)-I(t)}{\Delta t} \\
&= \int_a^b \frac{\partial f}{\partial t}\,dx + (-1)fv|_a + (+1)fv|_b = \int_a^b \frac{\partial f}{\partial t}\,dx + \sum_{\text{境界}} nfv
\end{aligned} \tag{3.44}
$$

となる．式 (3.44) はライプニッツの積分公式と呼ばれている．この結果は2次元に拡張でき

$$
I(t) \equiv \iint f(x_j,t)\,dS
$$

と定義すると，$I(t)$ の物質微分は

$$
\begin{aligned}
\frac{DI}{Dt} &= \iint \frac{\partial f}{\partial t}\,dS + \oint n_i f v_i\,d\ell \\
&= \iint \frac{\partial f}{\partial t}\,dS + \iint (fv_i)_{,i}\,dS = \iint \left(\frac{\partial f}{\partial t} + (fv_i)_{,i}\right) dS
\end{aligned} \tag{3.45}
$$

となる．式 (3.45) は場の方程式の導きに使われる．

3.6.3 連続の方程式

式 (3.45) で f を質量密度 ρ と選ぶ．

$$f(x_j, t) = \rho(x_j, t)$$

この全体積分は全質量で

$$M(t) = \iint \rho(x_j, t)\, dS$$

で定義される．全質量の物質微分は

$$\frac{DM}{Dt} = \iint \left(\frac{\partial \rho}{\partial t} + (\rho v_i)_{,i} \right) dS$$

となる．一方，古典力学では全質量が保存されるので

$$\frac{DM}{Dt} = 0$$

が成立する．上の 2 式を等しくすると

$$\iint \left(\frac{\partial \rho}{\partial t} + (\rho v_i)_{,i} \right) dS = 0$$

または

$$\frac{\partial \rho}{\partial t} + (\rho v_i)_{,i} = 0 \tag{3.46}$$

が成立し，「連続の方程式」として知られている．ρ が定数なら（非圧縮性）式 (3.46) は

$$v_{i,i} = 0$$

となる．

3.6.4 運動方程式

式 (3.45) で $f = \rho v_i$（運動量）と選ぶと，物体上の全体積分は全運動量 $I(t)$ を表わす．

$$I(t) \equiv \iint \rho v_i\, dS$$

全運動量の物質微分は

$$\frac{DI}{Dt} = \iint \left(\frac{\partial}{\partial t}(\rho v_i) + (\rho v_i v_j)_{,j} \right) dS \tag{3.47}$$

となる．運動の第2法則によれば，全運動量の変化率は物体に加えられた力（面力と体積力）によるので

$$\frac{DI}{Dt} = \oint t_i \, d\ell + \iint b_i \, dS = \oint \sigma_{ij} n_j \, d\ell + \iint b_i \, dS = \iint (\sigma_{ij,j} + b_i) \, dS \tag{3.48}$$

が成立する．式 (3.47) と式 (3.48) を等しくすると

$$\begin{aligned} \sigma_{ij,j} + b_i = \frac{\partial}{\partial t}(\rho v_i) + (\rho v_i v_j)_{,j} &= \frac{\partial \rho}{\partial t} v_i + \rho \frac{\partial v_i}{\partial t} + (\rho v_j)_{,j} v_i + \rho v_j v_{i,j} \\ &= v_i \left(\frac{\partial \rho}{\partial t} + (\rho v_j)_{,j} \right) + \rho \left(\frac{\partial v_i}{\partial t} + v_j v_{i,j} \right) \\ &= \rho \left(\frac{\partial v_i}{\partial t} + v_j v_{i,j} \right) = \rho \frac{D v_i}{Dt} \end{aligned}$$

が成立する．ここに式 (3.46) が使用された．よって運動方程式は

$$\rho \frac{D v_i}{Dt} = \sigma_{ij,j} + b_i \tag{3.49}$$

と表される．式 (3.49) は変形する任意の物体に適用できる．

3.6.5　エネルギ方程式

エネルギ保存の式は

$$\frac{D}{Dt} \iint \left(\frac{1}{2} \rho v_i v_i + \rho E \right) dS = \iint b_i v_i \, dS + \oint t_i v_i \, d\ell - \oint h_i n_i \, d\ell \tag{3.50}$$

と表される．ここに v_i は速度，E は内部エネルギ，h_i は熱束，$1/2 \rho v_i v_i$ は運動エネルギを表わす．式 (3.50) の左辺最初の項の物質微分は

$$
\begin{aligned}
&\frac{D}{Dt}\iint \frac{1}{2}\rho v_i v_i \, dS \\
&\quad = \iint \left\{ \frac{\partial}{\partial t}\left(\frac{1}{2}\rho v_i v_i\right) + \left(\frac{1}{2}\rho v_i v_i v_j\right)_{,j} \right\} dS \\
&\quad = \iint \left\{ \frac{1}{2}\frac{\partial}{\partial t}(\rho v_i) v_i + \frac{1}{2}\rho v_i \frac{\partial v_i}{\partial t} + \frac{1}{2}\left(\rho v_i v_j\right)_{,j} v_i + \frac{1}{2}\rho v_i v_j v_{i,j} \right\} dS \\
&\quad = \iint \left\{ \frac{1}{2} v_i \left(\frac{\partial}{\partial t}(\rho v_i) + (\rho v_i v_j)_{,j} \right) + \frac{1}{2}\rho v_i \left(\frac{\partial v_i}{\partial t} + v_{i,j} v_j \right) \right\} dS \\
&\quad = \iint \left\{ \frac{1}{2} v_i \left(v_i \frac{\partial \rho}{\partial t} + \rho \frac{\partial v_i}{\partial t} + (\rho v_j)_{,j} v_i + \rho v_j v_{i,j} \right) + \frac{1}{2}\rho v_i \frac{D v_i}{Dt} \right\} dS \\
&\quad = \iint \left\{ \left\{ \frac{1}{2}\rho v_i \left(\frac{\partial v_i}{\partial t} + v_{i,j} v_j \right) + \frac{1}{2} v_i v_i \left(\frac{\partial \rho}{\partial t} + (\rho v_j)_{,j} \right) \right\} + \frac{1}{2}\rho v_i \frac{D v_i}{Dt} \right\} dS \\
&\quad = \iint \left\{ v_i \rho \frac{D v_i}{Dt} + \frac{1}{2} v_i v_i \left(\frac{\partial \rho}{\partial t} + (\rho v_j)_{,j} \right) \right\} dS \\
&\quad = \iint v_i \rho \frac{D v_i}{Dt} \, dS \\
&\quad = \iint v_i \left(\sigma_{ij,j} + b_i \right) dS
\end{aligned}
$$

となる．ここに式 (3.46) と式 (3.49) が使われた．式 (3.50) の左辺第 2 式の物質微分は

$$
\begin{aligned}
\frac{D}{Dt}\iint \rho E \, dS &= \iint \left\{ \frac{\partial}{\partial t}(\rho E) + (\rho E v_i)_{,i} \right\} dS \\
&= \iint \left\{ \rho \frac{\partial E}{\partial t} + \frac{\partial \rho}{\partial t} E + (\rho v_i)_{,i} E + \rho v_i E_{,i} \right\} dS \\
&= \iint \left\{ \rho \left(\frac{\partial E}{\partial t} + E_{,i} v_i \right) + E \left(\frac{\partial \rho}{\partial t} + (\rho v_i)_{,i} \right) \right\} dS \\
&= \iint \rho \frac{DE}{Dt} \, dS
\end{aligned}
$$

となる．ここに式 (3.46) が使われた．式 (3.50) の右辺第 3 項は

$$
\oint t_i v_i \, d\ell = \oint \sigma_{ij} n_j v_i \, d\ell = \iint \left(\sigma_{ij} v_i\right)_{,j} dS = \iint \left(\sigma_{ij,j} v_i + \sigma_{ij} v_{i,j}\right) dS,
$$

および

$$\oint -h_i n_i \, d\ell = -\iint h_{i,i} \, dS$$

と書ける．したがって式 (3.50) は

$$\iint \left\{ v_i \sigma_{ij,j} + v_i b_i + \rho \frac{DE}{Dt} \right\} dS = \iint \{ v_i b_i + \sigma_{ij,j} v_i + \sigma_{ij} v_{i,j} - h_{i,i} \} \, dS$$

または

$$\rho \frac{DE}{Dt} = -h_{i,i} + \sigma_{ij} v_{i,j} \tag{3.51}$$

を得る．式 (3.51) は「エネルギ方程式」と呼ばれている．

例　物体が静止状態にある場合は $v_i = 0$ となり，C_p を比熱として $E = C_p T$ が成立する．フーリエの法則によると，熱束と温度勾配は熱伝導率 k_{ij} を比例定数とし比例するので

$$h_i = -k_{ij} T_{,j}$$

が成立する．したがって式 (3.51) は

$$\rho C_p \frac{\partial T}{\partial t} = \left(k_{ij} T_{,j} \right)_{,i} \tag{3.52}$$

となる．式 (3.52) は非定常熱伝導方程式として知られている．

3.6.6　等方性物質の運動方程式

等方性物質では

$$\sigma_{ij} = 2\mu \epsilon_{ij} + \lambda \delta_{ij} \epsilon_{kk}$$

$$\epsilon_{ij} = \frac{1}{2}(u_{i,j} + u_{j,i})$$

を合わせて

$$\sigma_{ij} = \mu u_{i,j} + \mu u_{j,i} + \lambda \delta_{ij} u_{k,k}$$

となる．したがって

$$\begin{aligned} \sigma_{ij,j} &= \mu u_{i,jj} + \mu u_{j,ij} + \lambda \delta_{ij} u_{k,kj} \\ &= \mu u_{i,jj} + \mu u_{j,ji} + \lambda u_{k,ki} = \mu u_{i,jj} + (\mu + \lambda) u_{j,ji} \end{aligned}$$

から等方性物質の運動方程式は

$$\rho\frac{Dv_i}{Dt} = \mu u_{i,jj} + (\mu+\lambda)u_{k,ki} + b_i \tag{3.53}$$

または

$$\rho\frac{D\mathbf{v}}{Dt} = \mu\Delta\mathbf{u} + (\mu+\lambda)\nabla\nabla\cdot\mathbf{u} + \mathbf{b} \tag{3.54}$$

と書ける．式 (3.53) または式 (3.54) は「ナビエの方程式」と呼ばれる．

3.6.7　等方流体

等方流体では

$$\begin{aligned}\sigma_{ij} &= -p\delta_{ij} + 2\mu V_{ij} - \frac{2}{3}\mu V_{kk}\delta_{ij}\\ V_{ij} &= \frac{1}{2}(v_{i,j}+v_{j,i})\end{aligned}$$

を合わせて

$$\sigma_{ij} = -p\delta_{ij} + \mu(v_{i,j}+v_{j,i}) - \frac{2}{3}\mu\delta_{ij}v_{k,k}$$

を得る．したがって

$$\begin{aligned}\sigma_{ij,j} &= -p_{,j}\delta_{ij} + \mu(v_{i,jj}+v_{j,ij}) - \frac{2}{3}\mu\delta_{ij}v_{k,kj}\\ &= -p_{,i} + \mu v_{i,jj} + \mu v_{j,ij} - \frac{2}{3}\mu v_{k,ki} = -p_{,i} + \mu v_{i,jj} + \frac{\mu}{3}v_{j,ji}\end{aligned}$$

となり，運動方程式は

$$\rho\frac{Dv_i}{Dt} = \mu v_{i,jj} + \frac{\mu}{3}v_{j,ji} - p_{,i} + b_i \tag{3.55}$$

または

$$\rho\frac{D\mathbf{v}}{Dt} = \mu\Delta\mathbf{v} + \frac{\mu}{3}\nabla\nabla\cdot\mathbf{v} - \nabla P + \mathbf{b} \tag{3.56}$$

となる．式 (3.55) または式 (3.56) は「ナビエ・ストークス方程式」と呼ばれる．

3.6.8 熱応力効果

式 (3.37) と式 (3.53) を組み合わせると，熱応力効果を考慮したナビエの方程式が得られる．

$$\rho\frac{Dv_i}{Dt} = \left(C_{ijkl}u_{k,l}\right)_{,j} + b_i - \left(C_{ijkl}\alpha_{kl}\Delta T\right)_{,j} \tag{3.57}$$

式 (3.57) で熱応力 $-(C_{ijkl}\alpha_{kl}\Delta T)_{,j}$ の項は仮想の体積力とみなすことができる．

3.7 一般座標系

3.7.1 テンソル解析[18)]

これまで全ての量は直交座標系で定義され記述されて，極座標のような曲線座標系でのテンソル方程式の導出，記述は扱わなかった．

直交座標系では基本ベクトルの長さは1で変化しない．しかし，極座標系のような一般の曲線座標系では基本ベクトルの長さが1とは限らず，位置の関数となる[19)]．例えば，極座標系では原点から離れるにつれ接線方向の基本ベクトルの長さは増加する．

一般の曲線座標系で有効なテンソル方程式を導くためには，上付き指標（例：a^i）で代表される共変量と，下付き指標（例：b_i）で代表される反変量という異なる量を区別することが必要である．共変量は物理量の成分，反変量は物理量の単位に相当する．例えば長さ「1 cm」の「1」は成分で「cm」は単位である．同じ長さを「$\frac{1}{100}$ m」と表示したときに，成分は100分の1になるが，単位は100倍されることから，成分と単位の変換法則はお互いに逆であることがわかる．任意の物理量は成分（共変量）と単位（反変量）の組み合わせであるため，上記の例はテンソル量にも拡張できる．

共変量と反変量を定義するため以下の規則を適用する．

座標成分の指標は上付き指標（例：x^i）で表わす．

座標系が x^j から $x^{\bar{i}}$ に変わると以下の関係が成立する．

$$x^{\bar{i}} = x^{\bar{i}}\left(x^j\right) \tag{3.58}$$

---

18) テンソル解析とテンソル代数の差は前者はテンソルの微積分が含まれることにある．

19) 本章で使う記号，用語は微分幾何学で使用されるものだが，本書で扱う空間は常にユークリッド空間であり，曲率は存在しない．

式 (3.58) の全微分をとると

$$dx^{\bar{i}} = \frac{\partial x^{\bar{i}}}{\partial x^j}\,dx^j = \beta^{\bar{i}}_j\,dx^j \tag{3.59}$$

となる．ここに

$$\beta^{\bar{i}}_j \equiv \frac{\partial x^{\bar{i}}}{\partial x^j} \tag{3.60}$$

一方，基本ベクトル $\mathbf{e}_i$ は

$$\mathbf{e}_i \equiv \frac{\partial \mathbf{R}}{\partial x^i}$$

で定義される．ここに $\mathbf{R}$ は位置ベクトルで直交座標系では

$$\mathbf{R} = (x_1, x_2, x_3)$$

となる．座標系が x^i から $x^{\bar{j}}$ に変わると，新しい基本ベクトル $\mathbf{e}_{\bar{i}}$ は以下の変換を受ける．

$$\mathbf{e}_{\bar{i}} = \frac{\partial \mathbf{R}}{\partial x^{\bar{i}}} = \frac{\partial \mathbf{R}}{\partial x^j}\,\frac{\partial x^j}{\partial x^{\bar{i}}} = \beta^j_{\bar{i}}\mathbf{e}_j \tag{3.61}$$

ここに

$$\beta^j_{\bar{i}} \equiv \frac{\partial x^j}{\partial x^{\bar{i}}} \tag{3.62}$$

式 (3.59) と式 (3.61) から，dx^i と $\mathbf{e}_i$ の変換法則は以下のように互いに逆であることがわかる．

$$\beta^i_{\bar{j}}\beta^{\bar{j}}_k = \delta^i_k$$

に注意する．上記の変換法則に基づき以下の規約を採用する．

- 座標成分は上付き指標で x^i のように表わす．
- 任意の量が式 (3.59) のような変換に従う場合，上付き指標を使い「共変量」と呼ぶ．
- 任意の量が式 (3.61) のような変換に従う場合，下付き指標を使い「反変量」と呼ぶ．
- 総和規約は常に共変量と反変量間で適用する．

この規約を導入する理由は，一般の曲線座標系では基本ベクトルの長さは必ずしも正規化されておらず，成分と単位の変換法則は異なるので共変成分と反変成分を区別する必要があることに拠る．

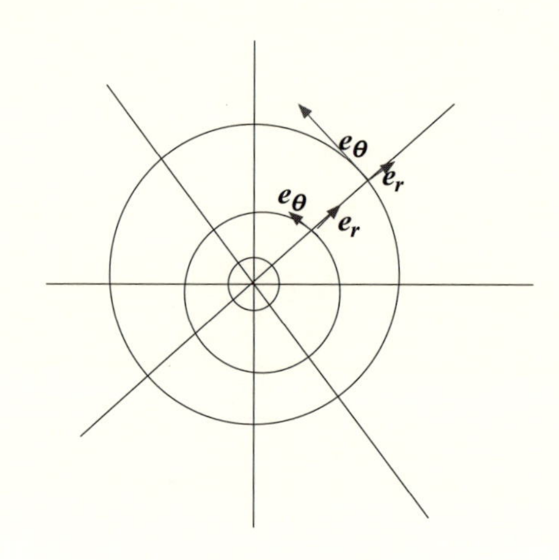

図3.13　曲線座標系での基本ベクトル

3.7.2　曲線座標系でのテンソルの定義

変換行列 (3.60) と (3.62) を使用して，曲線座標系でテンソルは以下のように定義できる．

1. スカラー（0階のテンソル）
   単一の量 $\Phi(x^i)$ が座標変換

$$\overline{\Phi}(x^{\bar{i}}) = \Phi(x^i)$$

   で不変なとき，Φ はスカラーと定義される．

2. ベクトル（1階のテンソル）
   (a) 反変ベクトル
   v^i は変換法則が

$$\overline{v}^{\bar{i}} = \beta^{\bar{i}}_j v^j$$

   に従うとき，反変ベクトルと呼ばれる．

   (b) 共変ベクトル
   v_i は変換法則が

$$\overline{v}_{\bar{i}} = \beta^j_{\bar{i}} v_j$$

   に従うとき，共変ベクトルと呼ばれる．

$\beta^{\bar{i}}_{j}$ は $\beta^{i}_{\bar{j}}$ の逆行列であることに注意.

3. 2階のテンソル
   (a) 2階反変テンソル
   v^{ij} は変換法則が

$$\overline{v}^{\bar{i}\bar{j}} = \beta^{\bar{i}}_{i}\beta^{\bar{j}}_{j}v^{ij}$$

   に従うとき，2階反変テンソルと呼ばれる.

   (b) 2階共変テンソル
   v_{ij} は変換法則が

$$\overline{v}_{\bar{i}\bar{j}} = \beta^{i}_{\bar{i}}\beta^{j}_{\bar{j}}v_{ij}$$

   に従うとき，2階共変テンソルと呼ばれる.

   (c) 2階混合テンソル
   v^{i}_{j} は変換法則が

$$\overline{v}^{\bar{i}}_{\bar{j}} = \beta^{\bar{i}}_{i}\beta^{j}_{\bar{j}}v^{i}_{j}$$

   に従うとき，2階混合テンソルと呼ばれる.

4. 他の高階のテンソルも同様に定義できる.

計量テンソル[20] g_{ij}

計量テンソル g_{ij} は2個の基本ベクトル $\mathbf{e}_i$ と $\mathbf{e}_j$ の内積として以下のように定義される.

$$g_{ij} \equiv \mathbf{e}_i \cdot \mathbf{e}_j$$

ここに $\mathbf{e}_i$ は

$$\mathbf{e}_i \equiv \frac{\partial \mathbf{R}}{\partial x^i}$$

で定義される基本ベクトル，$\mathbf{R}$ は位置ベクトルである．計量テンソル g_{ij} は，2階共変テンソルであることが容易に示される.

---

[20] 計量テンソル g_{ij} は微分幾何学で重要な役割を果たすが，本書での使用は便宜上に限定する.

例1　直交座標系 (x, y, z)

$\mathbf{R} = (x, y, z)$ なので $\partial\mathbf{R}/\partial x = (1, 0, 0)$, $\partial\mathbf{R}/\partial y = (0, 1, 0)$, $\partial\mathbf{R}/\partial z = (0, 0, 1)$ を使い

$$g_{ij} = \begin{pmatrix} 1 & 0 \\ 0 & 1 \end{pmatrix}$$

となる．計量テンソルは単位行列となる．

例2　極座標系 (r, θ)

$\mathbf{R} = (r\cos\theta, r\sin\theta)$ なので $\partial\mathbf{R}/\partial r = (\cos\theta, \sin\theta)$ および $\partial\mathbf{R}/\partial\theta = (-r\sin\theta, r\cos\theta)$ を使い

$$g_{ij} = \begin{pmatrix} 1 & 0 \\ 0 & r^2 \end{pmatrix}$$

となる．

計量テンソル g_{ij} とその逆行列 g^{ij} $(\equiv (g_{ij})^{-1})$ を使用して，任意のテンソルの共変成分と反変成分を交換できる．例えば，反変ベクトル v^i は共変ベクトル v_j に

$$v_j = v^i g_{ij}$$

により変換できる．2階共変ベクトル v_{ij} は2階反変ベクトル v^{kl} に

$$v^{kl} = g^{ki} g^{lj} v_{ij}$$

により変換できる．高階テンソルも同様に変換が可能である．共変成分と反変成分の差は本質的なものではなく，g_{ij} または g^{ij} を使用して常に変換可能であることに注意する．

共変微分

直交座標系ではテンソルを偏微分すると結果はまたテンソルとなる．しかし，一般の曲線座標系ではテンソルを微分すると，その結果はもはやテンソルではなくなる．例えば v^i が1階の反変テンソルの場合，変換法則は

$$\overline{v}^{\bar{i}} = \beta^{\bar{i}}_i v^i$$

となり $\beta_i^{\bar{i}}$ は場所の関数であるため，$x^{\bar{j}}$ に関する偏微分は

$$\bar{v}^{\bar{i}}_{,\bar{j}} = \beta^{\bar{i}}_{i,\bar{j}} v^i + \beta^{\bar{i}}_i v^i_{,\bar{j}} \tag{3.63}$$

となる．式 (3.63) の右辺第 1 項のため，$v^{\bar{i}}_{,\bar{j}}$ は最早テンソルではない．このため，一般の曲線座標系では，テンソルの偏微分がテンソルではないので，テンソル方程式を記述することは難しくなる．

これを解決するため，偏微分を拡張した共変微分の概念を導入する．共変微分では，クリストッフェル記号[21] Γ^i_{jk} と呼ばれる量を修正項として導入し，偏微分とこの修正項の和が全体としてテンソルになるようにする[22]．上記の例で，修正項は比例項 Γ^i_{jk} と v^k から

$$v^i{}_{,j} + \Gamma^i_{jk} v^k$$

のように書ける．クリストッフェル記号の成分は

$$\Gamma^i_{jk} \equiv \frac{1}{2} g^{il} (g_{lj,k} + g_{lk,j} - g_{jk,l}) \tag{3.64}$$

で計算できる．

クリストッフェル記号の例

1. 極座標系 (r, θ)

   極座標系 (r, θ) では，位置ベクトル $\mathbf{R}$ と基本ベクトルは

   $$\mathbf{R} = (r\cos\theta, r\sin\theta)$$

   $$\mathbf{e}_1 = \frac{\partial \mathbf{R}}{\partial r} = (\cos\theta, \sin\theta), \quad \mathbf{e}_2 = \frac{\partial \mathbf{R}}{\partial \theta} = (-r\sin\theta, r\cos\theta)$$

   と表されるので，計量テンソル g_{ij} とその逆行列 g^{ij} は

   $$g_{ij} = \begin{pmatrix} 1 & 0 \\ 0 & r^2 \end{pmatrix}, \quad g^{ij} = \begin{pmatrix} 1 & 0 \\ 0 & \frac{1}{r^2} \end{pmatrix}$$

   となる．したがって式 (3.64) を使い Γ^i_{jk} の非零成分は

   $$\Gamma^1_{22} = -r, \quad \Gamma^2_{21} = \Gamma^2_{12} = 1/r$$

---

[21] クリストッフェル記号はテンソルではない．

[22] この証明は本書では割愛する．

となり，他の全ての成分は0である．

2. 球座標系

球座標系は

$$\mathbf{R} = (r\sin\theta\cos\phi, r\sin\theta\sin\phi, r\cos\theta)$$

で定義される．基本ベクトルは

$$\mathbf{e}_1 = (\cos\phi\sin\theta, \sin\phi\sin\theta, \cos\theta)$$

$$\mathbf{e}_2 = (r\cos\phi\cos\theta, r\cos\theta\sin\phi, -r\sin\theta)$$

$$\mathbf{e}_3 = (-r\sin\phi\sin\theta, r\cos\phi\sin\theta, 0)$$

と表される．計量テンソル g_{ij} とその逆行列 g^{ij} は

$$g_{ij} = \begin{pmatrix} 1 & 0 & 0 \\ 0 & r^2 & 0 \\ 0 & 0 & r^2\sin^2\theta \end{pmatrix}, \quad g^{ij} = \begin{pmatrix} 1 & 0 & 0 \\ 0 & \frac{1}{r^2} & 0 \\ 0 & 0 & \frac{1}{r^2\sin^2\theta} \end{pmatrix}$$

と表される．クリストッフェル記号の非零成分は

$$\Gamma^1_{22} = -r, \qquad \Gamma^1_{33} = -r\sin^2\theta$$

$$\Gamma^2_{12} = \Gamma^2_{21} = \frac{1}{r}, \qquad \Gamma^2_{33} = -\cos\theta\sin\theta$$

$$\Gamma^3_{13} = \Gamma^3_{31} = \frac{1}{r}, \qquad \Gamma^3_{23} = \Gamma^3_{32} = \cot\theta$$

である．

Mathematica コードを以下に示す：

最初に球座標系を定義する．

```
In[21]:= Clear[x]
         x = {r, θ, ϕ};
         R = {r Sin[θ] Cos[ϕ], r Sin[θ] Sin[ϕ], r Cos[θ]};
```

次に基本ベクトル，計量テンソルを計算する．

```
In[22]:= e = Table[D[R, x[[i]]], {i, 3}]
         g = Table[e[[i]].e[[j]] // Simplify, {i, 3}, {j, 3}]
Out[22]= {{Cos[ϕ] Sin[θ], Sin[ϕ] Sin[θ], Cos[θ]},
          {r Cos[ϕ] Cos[θ], r Cos[θ] Sin[ϕ], -r Sin[θ]},
          {-r Sin[ϕ] Sin[θ], r Cos[ϕ] Sin[θ], 0}}
```

```
Out[23]= {{1, 0, 0}, {0, r^2, 0}, {0, 0, r^2 Sin[θ]^2}}
```

計量テンソルの逆行列とクリストッフェル記号の成分を計算する.

```
In[24]:= ginv = Inverse[g]
         gamma = Table[Sum[1/2 ginv[[i, l]]
             (D[g[[l, j]], x[[k]]] + D[g[[l, k]], x[[j]]] -
              D[g[[j, k]], x[[l]]]), {l, 3}], {i, 3}, {j, 3}, {k, 3}]

Out[24]= {{1, 0, 0}, {0, 1/r^2, 0}, {0, 0, Csc[θ]^2/r^2}}

Out[25]= {{{0, 0, 0}, {0, -r, 0}, {0, 0, -r Sin[θ]^2}},
          {{0, 1/r, 0}, {1/r, 0, 0}, {0, 0, -Cos[θ] Sin[θ]}},
          {{0, 0, 1/r}, {0, 0, Cot[θ]}, {1/r, Cot[θ], 0}}}
```

共変微分は，通常の偏微分に使用されたコンマ (,) の代わりにセミコロン (;) を使用する．共変微分の修正項は，上付き指標量（反変成分）には加算，下付き指標（共変成分）には減算となる．

以下に異なる階数のテンソルの共変微分を示す．

1. スカラー v の共変微分：

$$v_{;i} \equiv v_{,i} \quad \text{偏微分と同じ}$$

2. v^i の共変微分：

$$v^i_{;j} \equiv v^i_{,j} + \Gamma^i_{jk} v^k$$

3. v_i の共変微分：

$$v_{i;j} \equiv v_{i,j} - \Gamma^k_{ij} v_k$$

4. v^{ij} の共変微分：

$$v^{ij}_{;k} \equiv v^{ij}_{,k} + \Gamma^i_{kl} v^{lj} + \Gamma^j_{kl} v^{il}$$

5. v_{ij} の共変微分：

$$v_{ij;k} \equiv v_{ij,k} - \Gamma^l_{ik} v_{lj} - \Gamma^l_{jk} v_{il}$$

6. v^i_j の共変微分：

$$v^i_{j;k} \equiv v^i_{j,k} + \Gamma^i_{lk} v^l_j - \Gamma^l_{jk} v^i_l$$

物理成分とテンソル成分

全ての物理量は成分と単位から成る[23]．曲線座標系では基本ベクトル $\mathbf{e}_i$ の長さが必ずしも正規化されていないため，物理量成分の値は実際に測定された値と一致しない．これではテンソルの成分と実測量が異なるため不便である．テンソルの成分を実測値と等しくするには基本ベクトル $\mathbf{e}_i$ を正規化すればよい．$\sqrt{g_{ii}}$（i について和はとらない）は $\mathbf{e}_i$ の長さを表わすので，基本ベクトル $\mathbf{e}_i$ を $\sqrt{g_{ii}}$（i について和はとらない）で割ることにより正規化される．例えばベクトル $\mathbf{v}$ は

$$\mathbf{v} = v^1\mathbf{e}_1 + v^2\mathbf{e}_2 = v^1\sqrt{g_{11}}\left(\frac{\mathbf{e}_1}{\sqrt{g_{11}}}\right) + v^2\sqrt{g_{22}}\left(\frac{\mathbf{e}_2}{\sqrt{g_{22}}}\right)$$

のように表わされる．ここに $v^1\sqrt{g_{11}}$ と $v^2\sqrt{g_{22}}$ は物理的な量を表わす．$v^1\sqrt{g_{11}}$ と $v^2\sqrt{g_{22}}$ は「物理成分」，v^1 や v^2 などの量は「テンソル成分」と呼ばれる．物理成分は実際の物理的な量（測定できる量）を表わすが，テンソル変換には従わない．表3.1は物理成分とテンソル成分の関係を示している．

表3.1　物理成分とテンソル成分の関係

テンソル成分	物理成分
v^1	$v^1\sqrt{g_{11}}$
v^{11}	$v^{11}\sqrt{g_{11}}\sqrt{g_{11}}$
v^{12}	$v^{12}\sqrt{g_{11}}\sqrt{g_{22}}$
v_1	$v_1\sqrt{g^{11}}$
v_{11}	$v_{11}\sqrt{g^{11}}\sqrt{g^{11}}$
v_{12}	$v_{12}\sqrt{g^{11}}\sqrt{g^{22}}$
v_1^2	$v_1^2\sqrt{g^{11}}\sqrt{g_{22}}$
$\vdots$	$\vdots$

以上をまとめて，直交座標系で書かれたテンソル方程式を曲線座標系の方程式に書き換えるには，以下のステップが必要である．

1. 偏微分のコンマ「,」を共変微分のセミコロン「;」に置き換える．
2. クロネッカーのデルタ δ_{ij} を計量テンソル g_{ij} に置き換える．
3. ダミー指標を調整して，総和は上付き指標と下付き指標間同士になるようにする．

[23] 簡単な例として長さが10 m とすると，10は成分で m は単位である．

4.　テンソル成分を物理成分に変換する.

例1　応力平衡方程式

直交座標系での応力平衡方程式

$$\sigma_{ij,j} = 0 \tag{3.65}$$

を曲線座標系で書き換える. 式 (3.65) を一般曲線座標系で有効な式とするには

$$\sigma^{j}_{i;j} = 0$$

と書き換える. 極座標系 (r, θ) では計量テンソルとクリストッフェル記号は

$$g_{ij} = \begin{pmatrix} 1 & 0 \\ 0 & r^2 \end{pmatrix}, \quad g^{ij} = \begin{pmatrix} 1 & 0 \\ 0 & \frac{1}{r^2} \end{pmatrix}$$

$$\Gamma^1_{22} = -r, \quad \Gamma^2_{12} = \Gamma^2_{21} = \frac{1}{r}, \quad \text{他の}\,\Gamma\,\text{成分は}\,0$$

で表されるので, 例えば $i = 1$ に対しては

$$\begin{aligned} \sigma^{j}_{1;j} = \sigma^1_{1;1} + \sigma^2_{1;2} &= (\sigma^1_{1,1} + \Gamma^1_{1i}\sigma^i_1 - \Gamma^i_{11}\sigma^1_i) + (\sigma^2_{1,2} + \Gamma^2_{2i}\sigma^i_1 - \Gamma^i_{12}\sigma^2_i) \\ &= \sigma^1_{1,1} + \sigma^2_{1,2} + \Gamma^2_{21}\sigma^1_1 - \Gamma^2_{12}\sigma^2_2 = \sigma^1_{1,1} + \sigma^2_{1,2} + \frac{1}{r}\sigma^1_1 - \frac{1}{r}\sigma^2_2 \end{aligned}$$

となる. 最後のステップとして, 以下の表を使ってテンソル成分を対応する物理成分に書き換える.

テンソル成分	物理成分
σ^1_1	$\sigma^1_1\sqrt{g_{11}}\sqrt{g^{11}} \equiv \tilde{\sigma}_{rr}$
σ^2_1	$\sigma^2_1\sqrt{g_{22}}\sqrt{g^{11}} \equiv \tilde{\sigma}_{\theta r}$
σ^2_2	$\sigma^2_2\sqrt{g^{22}}\sqrt{g_{22}} \equiv \tilde{\sigma}_{\theta\theta}$

テンソル成分と対応する物理成分の以下の関係式

$$\sigma^1_1 = \tilde{\sigma}_{rr}, \quad \sigma^2_1 = \frac{1}{r}\tilde{\sigma}_{\theta r}, \quad \sigma^2_2 = \tilde{\sigma}_{\theta\theta}$$

から3個の応力平衡方程式で最初の式は

$$\frac{\partial}{\partial r}\tilde{\sigma}_{rr} + \frac{\partial}{\partial \theta}\left(\frac{1}{r}\tilde{\sigma}_{\theta r}\right) + \frac{1}{r}(\tilde{\sigma}_{rr} - \tilde{\sigma}_{\theta\theta}) = 0$$

と書ける．

例2　ひずみ—変位関係

変形が微小である場合，ひずみ—変位関係は直交座標系で

$$\epsilon_{ij} = \frac{1}{2}(u_{i,j} + u_{j,i})$$

と書ける．これを一般曲線座標系に書き直すと

$$\epsilon_{ij} = \frac{1}{2}(u_{i;j} + u_{j;i})$$

となる．例えば極座標系で (r, θ) 成分は

$$\begin{aligned}\epsilon_{12} = \frac{1}{2}(u_{1;2} + u_{2;1}) &= \frac{1}{2}(u_{1,2} - \Gamma^i_{12}u_i + u_{2,1} - \Gamma^i_{21}u_i) \\ &= \frac{1}{2}\left(u_{1,2} - \frac{1}{r}u_2 + u_{2,1} - \frac{1}{r}u_2\right) = \frac{1}{2}(u_{1,2} + u_{2,1}) - \frac{u_2}{r}\end{aligned}$$

となる．テンソル成分と対応する物理成分の以下の関係式

テンソル成分	物理成分
ϵ_{12}	$\epsilon_{12}\sqrt{g^{11}}\sqrt{g^{22}} \equiv \tilde{\epsilon}_{r\theta}$
u_1	$u_1\sqrt{g^{11}} \equiv \tilde{u}_r$
u_2	$u_2\sqrt{g^{22}} \equiv \tilde{u}_\theta$

すなわち

$$\epsilon_{12} = r\tilde{\epsilon}_{r\theta}, \quad u_1 = \tilde{u}_r, \quad u_2 = r\tilde{u}_\theta$$

を使って，ひずみ—変位関係式は

$$r\tilde{\epsilon}_{r\theta} = \frac{1}{2}\left(\frac{\partial \tilde{u}_r}{\partial \theta} + \frac{\partial}{\partial r}(r\tilde{u}_\theta)\right) - r\frac{\tilde{u}_\theta}{r}$$

と書ける．

第4章

無限材料中の介在物

本章では，無限材料中に介在物がある場合の弾性場の解析手法と *Mathematica* による実装を説明する．

物質を異なる相から成る非均質な材料とみなして，その変形を扱う力学の分野をマイクロメカニックスと呼ぶ．非均質要素として介在物，き裂，転位，空孔などがある．

一般に，マイクロメカニックスは1957年にEshelbyが発表した論文[4]に端を発するとされている．この論文は応用力学で最も引用された論文として知られている[1]．Eshelbyはこの論文で，無限遠で一様な応力を受ける無限媒体中に楕円球状の介在物がある場合，介在物内の弾性場は一様であることを示した．その後，1960年代から米国を中心に宇宙航空分野で複合材料の研究開発が進んだ．繊維強化複合材料の解析理論にEshelbyの結果が直接応用されて，介在物を研究する力学の分野を指してEshelbian Mechanicsという用語も使われている．ノースウェスタン大学の村外志夫はEshelbyの理論を発展させて介在物に関する多くの問題を解いた[22]．当然のことであるが，数式処理システムが存在しなかった時代には全ての計算が手動で行われていた．複雑なテンソル計算をこなす計算力は職人技とも言えるものであった．

Eshelbyの理論は単一介在物に適用されたものだが，これを多数の介在物がある場合に拡張する試みは枚挙に暇がなく，材料の有効定数（非均質な物質をマクロな性質が等価な均質な物質とみなしたときの材料定数）を求める多数の理論が提唱された．東工大の森勉と長岡技科大の田中紘一が提案した理論はMori-Tanaka theoryとして世界中で頻繁に引用されている[16]．

今日の複合材料に関する理論的研究の多くはEshelbyの論文が元になっている．Eshelbyの単一介在物を説明した書籍や論文は多数あるので，本書では詳しい導入は省略し，本質的な部分のみを取り上げて解説する．

4.1節では，Eshelbyの方法に基づき，単一の楕円球状介在物が母相中にある場合の応力場を求めて*Mathematica*による実際の計算方法を解説する．

4.2節では，応力に関する微分方程式を直接解き，単一球状の介在物がある場合に弾性場を求める手法を解説する．テンソル方程式を*Mathematica*で処理する好例である．

4.3節では，熱源がある場合の熱応力場を求める．高熱下の条件で複合材料が使用される場合，異なる相での熱膨張係数のミスマッチにより熱応力が生じ，界面で破壊が発生する可能性があるため，実用上，重要な問題である．熱応力問題は，一般の弾性体問題において体積力の特殊な場合に帰することが知られているが，介在物がある場合の熱応力解析は稀である．

4.4節では，Airyの応力関数を使用して2次元の弾性体問題を解析する手法を解説する．複素変数の扱いは手計算では限度があり，*Mathematica*なくして解析解は求められない．

4.5節では，多数の介在物を含む複合材料の有効弾性率を求める手法を説明する．Eshelbyの方法で求められた解は単一介在物に限られ，この解を多数の介在物がある場合に拡張するには介在物間の相互作用を考慮する必要があり，厳密解は困難で近似解を求めることになる．実用上，複合材料の特性を評価できるため重要な問題である．

4.1　楕円球介在物のEshelbyの解

Eshelbyの楕円球に関する解法[4]の概要は，以下の2段階から成る．まず，弾性定数が一様な物体中に固有ひずみが楕円球内に存在する場合の応力分布を求める．次に，弾性率の異なる介在物による応力場と，固有ひずみによる応力場が同等になるように，固有ひずみを選択できることを示す．これにより固有ひずみの問題を解くことで，介在物の問題を解くことが可能となる．この問題の解析にはグリーン関数の概念が必要であるためグリーン関数の簡単な入門を解説する．

力学で多くの式は

$$Lu + b = 0 \tag{4.1}$$

の形式で表わすことができる．ここにLは対称な2階の微分演算子[1]で，bは

[1] uとvが関数で$(.,.)$が内積として$(Lu, v) = (u, Lv)$が成立する場合，線形演算子Lを対

ソース項を表わす.

式 (4.1) と境界条件を併せて微分方程式での境界値問題が定義される. 例えば定常状態での熱伝導方程式は

$$LT + b = 0, \quad LT \equiv (k_{ij}T_{,i})_{,j}$$

と表される. ここに T は温度場, k_{ij} は熱伝導率, b は熱源を表わす.

静的な弾性場において変位 u_i に対する平衡方程式 (ナビエの方程式) は

$$(Lu)_i + b_i = 0, \quad (Lu)_i \equiv (C_{ijkl}u_{k,l})_{,j}$$

と表される. ここに C_{ijkl} は弾性率, b_i は体積力を示す.

式 (4.1) で表される境界値問題に対して, グリーン関数 g は以下の式で定義される.

$$L^*g + \delta = 0$$

ここに L^* は L に共役な演算子[2] である. グリーン関数 g は斉次境界条件を満たす必要がある.

微分方程式と, 対応するグリーン関数との関係は, 行列とその逆行列との関係として理解することができる. 例えば L を行列, $\mathbf{b}$ を既知のベクトルとして以下の線形方程式

$$L\mathbf{u} + \mathbf{b} = \mathbf{0}$$

の解は

$$\mathbf{u} = -L^{-1}\mathbf{b} = G\mathbf{b}, \quad G \equiv -L^{-1} \tag{4.2}$$

と表される. 同様に, 式 (4.1) の斉次境界条件の元での解は, グリーン関数 $g(\mathbf{x}, \mathbf{x}')$ とソース項 $b(\mathbf{x})$ との畳み込みとして

$$u(\mathbf{x}) = \int_\Omega g(\mathbf{x}, \mathbf{x}')b(\mathbf{x}')\, d\mathbf{x}' \tag{4.3}$$

で表される. 式 (4.3) の畳み込み積分は g と b との掛け算とも解釈されるので式 (4.3) は式 (4.2) に相当することがわかる.

称と呼ぶ.

[2] $(Lu, v) = (u, L^*v)$ が成立する場合, L^* は L の共役演算子と呼ばれ, $L = L^*$ が成立すれば L は自己共役演算子と呼ばれる.

線形弾性論では変位 u_k はナビエの方程式

$$(C_{ijkl}u_{k,l})_{,j} + b_i = 0 \tag{4.4}$$

を満たす必要がある．式 (4.4) に対応するグリーン関数は

$$\left(\left(C_{ijkl}(\mathbf{x})g_{km}(\mathbf{x},\mathbf{x}')\right)_{,l}\right)_{j} + \delta_{im}\delta(\mathbf{x}-\mathbf{x}') = 0 \tag{4.5}$$

で定義される．ここに δ_{im} はクロネッカーのデルタで，$\delta(\mathbf{x}-\mathbf{x}')$ はディラックのデルタ関数である．グリーン関数 $g_{km}(\mathbf{x},\mathbf{x}')$ は境界で斉次境界条件を満たす必要がある．

式 (4.5) の解析解は少数の例外を除き存在しない．解析解が求められる例として，物体が無限大に広がり，その弾性定数 C_{ijkl} が等方性な場合を取り上げる．境界がない場合[3]，グリーン関数 $g(\mathbf{x},\mathbf{x}')$ は並進運動に関して不変なので $g(\mathbf{x},\mathbf{x}') = g(\mathbf{x}-\mathbf{x}')$ が成立する．等方弾性定数 C_{ijkl} は

$$C_{ijkl} = \lambda\delta_{ij}\delta_{kl} + \mu(\delta_{ik}\delta_{jl} + \delta_{il}\delta_{jk})$$

と表せるので式 (4.5) は

$$\mu g_{im,jj} + (\mu+\lambda)g_{mj,ji} + \delta_{im}\delta(\mathbf{x}-\mathbf{x}') = 0 \tag{4.6}$$

となる．

物体は無限に広がっているのでフーリエ変換[4] を使用して，偏微分方程式 (4.6) を代数方程式に変換できる．

$$g_{im}(\mathbf{x}) = \frac{1}{(2\pi)^3}\iiint \hat{G}_{im}(\mathbf{k})e^{i\mathbf{k}\cdot\mathbf{x}}\,d\mathbf{k}$$

$$g_{im,j}(\mathbf{x}) = \frac{1}{(2\pi)^3}\iiint ik_j\hat{G}_{im}(\mathbf{k})e^{i\mathbf{k}\cdot\mathbf{x}}\,d\mathbf{k}$$

---

[3] 物体が無限に広がっているので境界は存在しないことになる．

[4] 関数 $g(\mathbf{x})$ のフーリエ変換は

$$\hat{G}(\mathbf{k}) \equiv \iiint g(x)e^{-i\mathbf{k}\cdot\mathbf{x}}\,d\mathbf{x}$$

で定義される．$\hat{G}(\mathbf{k})$ の逆変換は

$$g(\mathbf{x}) = \hat{F}^{-1}(\hat{G}) = \frac{1}{(2\pi)^3}\iiint \hat{G}(\mathbf{k})e^{i\mathbf{k}\cdot\mathbf{x}}\,d\mathbf{k}$$

で定義できる．フーリエ変換は関数が無限領域で定義されている場合に使われる．

に注意する．ここに $\hat{G}_{im}$ は g_{im} のフーリエ変換で，k_m はフーリエ変換領域の変数である．式 (4.6) のフーリエ変換は

$$-\mu\hat{G}_{im}k^2 - (\mu+\lambda)\hat{G}_{mj}k_jk_i + \delta_{im} = 0 \tag{4.7}$$

となる．ここに $k^2 = k_\ell k_\ell$ である．式 (4.7) を $\hat{G}_{im}$ について解くには k_i を両側に掛けると

$$\mu\hat{G}_{im}k_ik^2 + (\mu+\lambda)\hat{G}_{mj}k_jk^2 = k_m$$

または

$$\hat{G}_{im}k_ik^2(2\mu+\lambda) = k_m$$

となるので

$$\hat{G}_{im}k_i = \frac{1}{2\mu+\lambda}\frac{k_m}{k^2} \tag{4.8}$$

を得る．式 (4.8) を式 (4.7) に代入すると

$$\mu\hat{G}_{im}k^2 + \frac{\mu+\lambda}{2\mu+\lambda}\frac{k_mk_i}{k^2} = \delta_{im}$$

となり，$\hat{G}_{im}$ は

$$\hat{G}_{im} = \frac{1}{\mu}\frac{\delta_{im}}{k^2} - \frac{\mu+\lambda}{\mu(2\mu+\lambda)}\frac{k_ik_m}{k^4} \tag{4.9}$$

と解ける．式 (4.9) にフーリエ逆変換を施すと

$$g_{im}(\mathbf{x}) = \frac{1}{8\pi\mu(2\mu+\lambda)}\left\{(3\mu+\lambda)\frac{\delta_{ij}}{r} + \frac{x_ix_j}{r^3}\right\} \tag{4.10}$$

を得る．よって式 (4.4) の $u_i(\mathbf{x})$ の解は式 (4.10) を使い

$$u_i(\mathbf{x}) = \int_\Omega g_{ij}(\mathbf{x}-\mathbf{x}')b_j(\mathbf{x}')\,d\mathbf{x}'$$

と表せる．

4.1.1 固有ひずみ問題

無限に広がる物体内に弾性率が周囲の母相と異なる介在物が存在する場合に，弾性場を求めるための中間段階として，介在物が存在する場所に介在物の代わりに固有ひずみが存在する弾性問題を考える．

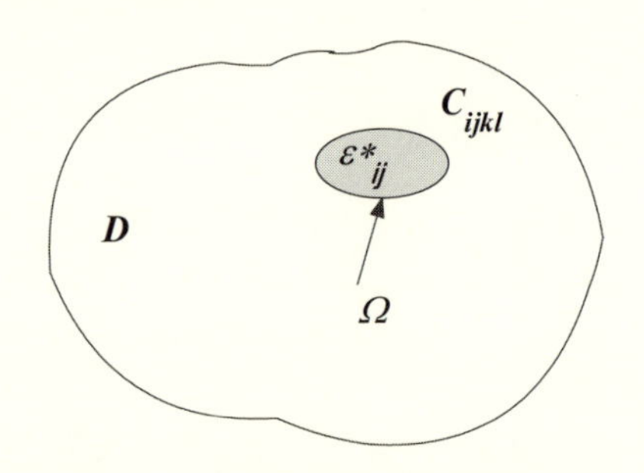

図 4.1　非弾性ひずみ（固有ひずみ）

固有ひずみは応力と独立なひずみと定義され，熱によるひずみや転位によるひずみなどがこれに該当する．

図4.1に示すように，固有ひずみ（非弾性源）ϵ^*_{ij} が領域 Ω に存在する弾性体を考える．弾性定数 C_{ijkl} は $D-\Omega$ と Ω 共に変化しない．応力に比例する弾性ひずみは，全ひずみから固有ひずみを引いた分であるため，応力—ひずみ関係は

$$\sigma_{ij} = C_{ijkl}\left(\epsilon_{kl} - \epsilon^*_{kl}\right)$$

となる．ここに ϵ_{kl} は ϵ^*_{kl} により発生した全ひずみで，変位と $\epsilon_{kl} = u_{(k,l)}$ の適合条件を満たす．これと応力平衡式 $\sigma_{ij,j} = 0$ を合わせて

$$C_{ijkl}u_{l,jk} - C_{ijkl}\epsilon^*_{kl,j} = 0 \tag{4.11}$$

を得る．式 (4.11) の $-C_{ijkl}\epsilon^*_{kl,j}$ 項は式 (4.4) の体積力 b_i に等価な項と見なされる．式 (4.11) は，式 (4.5) で定義される弾性グリーン関数 $g_{ij}(x,\xi)$ を使って解くことができるので，式 (4.11) と式 (4.5) を比較して，式 (4.11) の解は

$$u_m(\mathbf{x}) = -\int_\Omega C_{ijkl}g_{km}(\mathbf{x}-\mathbf{x}')\epsilon^*_{ji,l}(\mathbf{x}')\,d\mathbf{x}' \tag{4.12}$$

と表される．式 (4.12) の u_m を x_n に関して微分し，指標 m と n に関して対称化し，結果を部分積分すると

$$\epsilon_{mn}(\mathbf{x}) = -\int_\Omega C_{ijkl}g_{km,ln}(\mathbf{x}-\mathbf{x}')\epsilon^*_{ij}(\mathbf{x}')\,d\mathbf{x}' \tag{4.13}$$

を得る．式 (4.13) は記号的に

$$\epsilon_{mn} = S_{mnij}\epsilon^*_{ij} \tag{4.14}$$

と表される．ここに S_{mnij} は，任意の 2 階テンソル $f_{ij}(\mathbf{x})$ に作用する積分演算子で

$$S_{mnij}f_{ij}(\mathbf{x}) \equiv -\int_{\Omega} C_{ijkl}g_{km,ln}(\mathbf{x}-\mathbf{x}')f_{ij}(\mathbf{x}')d\mathbf{x}' \tag{4.15}$$

で定義される．Eshelby は (1) ϵ^*_{ij} が Ω 内で一様，(2) Ω の形状が回転楕円球，(3) C_{ijkl} が等方な場合，Ω 内のひずみ ϵ_{mn} は一様となり，式 (4.15) の演算子 S_{mnij} は 4 階のテンソルとなることを示した．この S_{mnij} は Eshelby のテンソルとして知られる．

証明は Eshelby の論文 [4] に示されているのでここでは省略するが，グリーン関数の 2 階微分に C_{ijkl} を乗じた量は，ディラックのデルタ関数と似た関数[5] となることに注意する．Eshelby のテンソルの具体的な式は以下の節で解説する．式 (4.14) で S_{ijkl} の対称性は C_{ijkl} の対称性とは異なり

$$S_{ijkl} = S_{ijlk} = S_{jikl} = S_{jilk}, \quad \text{しかし} \quad S_{ijkl} \neq S_{klij}$$

となることに注意する．

4.1.2　楕円球介在物の Eshelby テンソル

回転楕円球領域 Ω が

$$\left(\frac{x_1}{a_1}\right)^2 + \left(\frac{x_2}{a_2}\right)^2 + \left(\frac{x_3}{a_3}\right)^2 \leq 1$$

で表され，かつ Ω 内の固有ひずみ ϵ^*_{ij} が一様で C_{ijkl} が等方，横断等方性，または直交異方性の場合，式 (4.15) の Eshelby のテンソルも一様となる ([4], [14])．

材料が等方性なら Eshelby のテンソルは次節で示すように，閉じた式で表すことができる．しかし，等方でない場合は，Eshelby のテンソルの計算は煩雑となり，*Mathematica* が利用可能になる以前は数値積分を含む式で結果を表す他はなかった．今日では *Mathematica* で閉じた式が求められる．横断等方性の Eshelby のテンソルについても以下の節で示す．

等方材料の Eshelby のテンソル

材料の弾性定数 C_{ijkl} が等方の場合，Eshelby のテンソルは具体的に表される．Ω が x_3 を対称軸として扁長 $(a_1 = a_2 \leq a_3)$ または扁球 $(a_1 = a_2 \geq a_3)$ の楕円球

[5] デルタ関数のように任意の関数と畳み込み積分をすると，その関数を評価した値を返す．

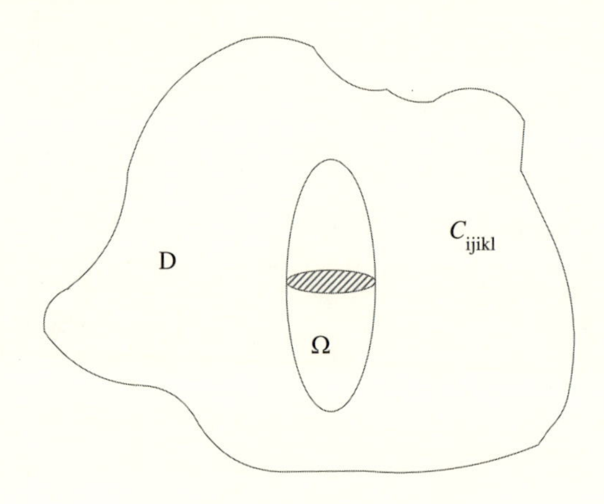

図 4.2　回転楕円球状の介在物

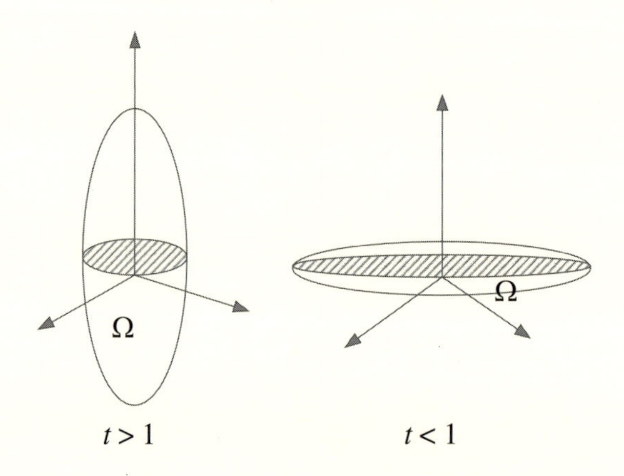

図 4.3　扁長と扁球の回転楕円体

の場合，Ω は

$$(x_1)^2 + (x_1)^2 + \left(\frac{x_3}{t}\right)^2 \leq a_1^2$$

で表される．ここに $t = a_3/a_1$ は楕円球のアスペクト比である．

$t > 1$ なら楕円球は扁長，$t < 1$ なら楕円球は扁球となる．$t \to \infty$ なら楕円球は円筒となる．Eshelby[4] は S_{ijkl} は

$$S_{iiii} = \frac{3}{8\pi(1-\nu)} a_i^2 I_{ii} + \frac{1-2\nu}{8\pi(1-\nu)} I_i$$

$$S_{iijj} = \frac{1}{8\pi(1-\nu)} a_j^2 I_{ii} - \frac{1-2\nu}{8\pi(1-\nu)} I_i$$

$$S_{ijij} = \frac{3}{16\pi(1-\nu)}(a_i^2 + a_j^2)I_{ij} + \frac{1-2\nu}{16\pi(1-\nu)}(I_i + I_j)$$

($i \neq j$, i と j に関して総和はとらない.)

と表されることを示した. ここに ν はポアソン比で I_{ij} と I_i は

$$\Delta \equiv \sqrt{a_1^2 + u}\sqrt{a_2^2 + u}\sqrt{a_3^2 + u}$$

として

$$I_{ij} = 2\pi a_1 a_2 a_3 \int_0^\infty \frac{du}{(a_i^2 + u)(a_j^2 + u)\Delta}$$

$$I_i = 2\pi a_1 a_2 a_3 \int_0^\infty \frac{du}{(a_i^2 + u)\Delta}$$

で定義される. I_{ij} と I_i を一般の楕円球 ($a_1 \neq a_2 \neq a_3$) に対して評価するには, 楕円積分を導入する必要がある. しかし $a_1 = a_2$（扁長または扁球）の場合, I_{ij} と I_i は具体的に

$$I_1 = I_2 = \frac{2\pi t\left(t - \frac{\cosh^{-1}(t)}{\sqrt{t^2-1}}\right)}{t^2 - 1}$$

$$I_3 = \frac{4\pi t\left(\sqrt{\frac{1}{t^2} - 1} - \cos^{-1}(t)\right)}{(1-t^2)^{3/2}}$$

$$I_{11} = I_{22} = -\frac{\pi t\left(-2t^3 - \frac{3\cosh^{-1}(t)}{\sqrt{t^2-1}} + 5t\right)}{2a_1^2\left(t^2-1\right)^2}$$

$$I_{33} = -\frac{4\pi t\left(4t^4 - 5t^2 - 3\sqrt{t^2-1}\,t^3\cosh^{-1}(t) + 1\right)}{3a_1^2\left(t^3 - t\right)^3}$$

$$I_{12} = -\frac{\pi t\left(-2t^3 - \frac{3\cosh^{-1}(t)}{\sqrt{t^2-1}} + 5t\right)}{2a_1^2\left(t^2-1\right)^2}$$

$$I_{13} = I_{23} = \frac{2\pi\left(t^2 - \frac{3t\cosh^{-1}(t)}{\sqrt{t^2-1}} + 2\right)}{a_1^2\left(t^2-1\right)^2}$$

と表される. 上記の式では, $\sqrt{t^2-1}$ が, 扁長楕円球 ($t > 1$) および扁球楕円球 ($t < 1$) に対して共に有効である. 扁球楕円球に対しては $\sqrt{t^2-1}$ が負になるが,

複素関数の主値をとり

$$\frac{\cosh^{-1} t}{\sqrt{t^2-1}} = \frac{\tan^{-1}\sqrt{\frac{1-t^2}{t^2}}}{\sqrt{1-t^2}}$$

を使う．左辺は $t>1$，右辺は $t<1$ の場合に使う．

以下に材料が等方な場合に，Eshelby のテンソル S_{ijkl} を計算する *Mathematica* のコードを示す．Eshelby のテンソルの成分はリスト `Sijkl[[i,j,k,l]]` に保存される．

```
In[1]:= Δ = Product[Sqrt[a[i]^2 + u], {i, 1, 3}];
        Q = 3/8/Pi/(1 - v); R = (1 - 2 v)/8/Pi/(1 - v);
        a[2] = a[1]; a[3] = t a[1];
        tmp1 = Table[2 Pi a[1] a[2] a[3]/(a[i]^2 + u)/Δ, {i, 3}];
        tmp2 = Table[2 Pi a[1] a[2] a[3]/(a[i]^2 + u)/(a[j]^2 + u)/Δ,
           {i, 3}, {j, 3}];
        iI = Assuming[a[1] > 0 && t > 0, Integrate[tmp1, {u, 0, ∞}]];
        iIij = Assuming[a[1] > 0 && t > 1, Integrate[tmp2, {u, 0, ∞}]];
        Sijkl = Table[0, {i, 3}, {j, 3}, {k, 3}, {l, 3}];
        Do[Sijkl[[i, i, i, i]] = Q a[i]^2 iIij[[i, i]] + R iI[[i]]
           // Simplify, {i, 3}]

In[2]:= Do[If[i ≠ j, Sijkl[[i, i, j, j]] = Q/3 a[j]^2 iIij[[i, j]] -
            R iI[[i]], {i, 3}, {j, 3}]
        Do[If[i ≠ j, Sijkl[[i, j, i, j]] = Q/6 (a[i]^2 + a[j]^2) iIij[[i, j]]
            + R/2 (iI[[i]] + iI[[j]])], {i, 3}, {j, 3}]
        Do[If[i ≠ j, Sijkl[[i, j, j, i]] = Sijkl[[i, j, i, j]]],
            {i, 3}, {j, 3}, {k, 3}, {l, 3}]

In[3]:= Sijkl[[1, 1, 1, 1]]
```

$$\text{Out[3]=}\ \frac{t\left(\frac{3\,i\left(t\sqrt{-1+t^2}(-5+2\,t^2)+3\,\mathrm{ArcCosh}[t]\right)}{(1-t^2)^{5/2}}+\frac{4(1-2\,\nu)\left(t-\frac{\mathrm{ArcCosh}[t]}{\sqrt{-1+t^2}}\right)}{-1+t^2}\right)}{16(1-\nu)}$$

楕円球が球 $(t=1)$ の場合は

$$S_{1111}=S_{2222}=S_{3333}=\frac{7-5\nu}{15(1-\nu)},$$

$$S_{1122}=S_{2211}=S_{1133}=S_{3311}=S_{2233}=S_{3322}=\frac{5\nu-1}{15(1-\nu)},$$

$$S_{1212}=S_{2323}=S_{1313}=\frac{4-5\nu}{15(1-\nu)},$$

$$他の全ての\ S_{ijkl} = 0$$

となるが，これは *Mathematica* で以下のように確認できる．

```
In[4]:= Limit[Sijkl[[3, 3, 3, 3]], t -> 1, Direction -> "FromAbove"]
```

Out[4]= $\dfrac{7-5\nu}{15-15\nu}$

```
In[5]:= Limit[Sijkl[[1, 2, 1, 2]], t -> 1, Direction -> "FromAbove"]
```

Out[5]= $\dfrac{4-5\nu}{15-15\nu}$

円筒状の介在物 $(t \to \infty)$ では

$$S_{1111} = S_{2222} = \frac{5-4\nu}{8(1-\nu)}, \quad S_{3333} = 0,$$

$$S_{1122} = S_{2211} = \frac{1-4\nu}{8(-1+\nu)},$$

$$S_{2233} = S_{1133} = \frac{\nu}{2(1-\nu)}, \quad S_{3322} = S_{3311} = 0,$$

$$S_{1212} = \frac{3-4\nu}{8(1-\nu)}, \quad S_{2323} = S_{1313} = \frac{1}{4},$$

$$他の全ての\ S_{ijkl} = 0$$

となり，*Mathematica* では

```
In[6]:= Limit[Sijkl[[1, 1, 1, 1]], t -> ∞]
```

Out[6]= $\dfrac{5-4\nu}{8-8\nu}$

```
In[7]:= Limit[Sijkl[[3, 3, 3, 3]], t -> ∞]
Out[7]= 0
```

```
In[8]:= Limit[Sijkl[[1, 1, 2, 2]], t -> ∞]
```

Out[8]= $\dfrac{1-4\nu}{8(-1+\nu)}$

```
In[9]:= Limit[Sijkl[[2, 2, 3, 3]], t -> ∞]
```

Out[9]= $\dfrac{\nu}{2-2\nu}$

```
In[10]:= Limit[Sijkl[[3, 3, 2, 2]], t -> ∞]
```

```
Out[10]= 0

In[11]:= Limit[Sijkl[[1, 2, 1, 2]], t -> ∞]
```

Out[11]= $\dfrac{3-4\nu}{8-8\nu}$

と確認できる．

円形板状の介在物 $(a_3 \to 0)$ では

$$S_{3333} = 1, \quad S_{3311} = S_{2211} = \frac{\nu}{1-\nu}, \quad S_{1313} = S_{2323} = \frac{1}{2},$$

$$\text{他の全ての } S_{ijkl} = 0$$

となり，*Mathematica* で

```
In[12]:= Limit[Sijkl[[3, 3, 3, 3]], t -> 0]
Out[12]= 1

In[13]:= Limit[Sijkl[[3, 3, 1, 1]], t -> 0]
```

Out[13]= $-\dfrac{\nu}{-1+\nu}$

```
In[14]:= Limit[Sijkl[[1, 3, 1, 3]], t -> 0]
```

Out[14]= $\dfrac{1}{2}$

と確認できる．

横断等方性材料の Eshelby のテンソル

横断等方性は直交異方性材料の特殊なケースであり，一つの面で等方な性質を指す．長繊維補強複合材料は横断等方性材料の例であり，実用上，重要な概念である．C_{ijkl} が横断等方性である場合，等方性の材料に比べて Eshelby のテンソルは当然複雑になる．Lin[14] は横断等方性材料の Eshelby のテンソルを数値積分を含む式で求めたが，今日では *Mathematica* を使用して S_{ijkl} を解析的に表わすことが可能である．以下に Lin による結果を示す．式の導出の詳細は元の論文を参照されたい．

横断等方性材料の弾性定数は5個の独立な成分があり，x_1-x_2 平面が横断面の場合，5個の成分は

$$C_{1111},\ C_{1122},\ C_{1313},\ C_{3333},\ C_{1133}$$

で代表される．Lin[14] によると，横断等方性材料の Eshelby のテンソルは ϵ^*_{ij} が定数のとき

$$S_{ijmn} = \frac{1}{8\pi} C_{pqmn} \left(\bar{G}_{ipjq} + \bar{G}_{jpiq} \right)$$

と表される．ここに 4 階のテンソル $\bar{G}_{ijkl}$ は C_{ijkl} と $\rho \equiv \frac{1}{t}$ の関数である．$\bar{G}_{ijkl}$ の非零な成分は

$$\begin{aligned}
\bar{G}_{1111} = \bar{G}_{2222} &= \frac{\pi}{2} \int_0^1 \Delta(1-x^2)\{[f(1-x^2)+h\rho^2 x^2] \\
&\quad \times [(3e+d)(1-x^2)+4f\rho^2 x^2] - g^2\rho^2 x^2(1-x^2)\}\, dx \\
\bar{G}_{3333} &= 4\pi \int_0^1 \Delta\rho^2 x^2 \left(d(1-x^2)+f\rho^2 x^2\right)\left(e(1-x^2)+f\rho^2 x^2\right) dx \\
\bar{G}_{1122} = \bar{G}_{2211} &= \frac{\pi}{2} \int_0^1 \Delta(1-x^2)\{[f(1-x^2)+h\rho^2 x^2] \\
&\quad \times [(e+3d)(1-x^2)+4f\rho^2 x^2] - 3g^2\rho^2 x^2(1-x^2)\}\, dx \\
\bar{G}_{1133} = \bar{G}_{2233} &= 2\pi \int_0^1 \Delta\rho^2 x^2\{[(d+e)(1-x^2)+2f\rho^2 x^2] \\
&\quad \times [f(1-x^2)+h\rho^2 x^2] - g^2\rho^2 x^2(1-x^2)\}\, dx \\
\bar{G}_{3311} = \bar{G}_{3322} &= 2\pi \int_0^1 \Delta(1-x^2)[d(1-x^2)+f\rho^2 x^2][e(1-x^2)+f\rho^2 x^2]\, dx \\
\bar{G}_{1212} &= \frac{\pi}{2} \int_0^1 \Delta(1-x^2)^2 \left(g^2\rho^2 x^2 - (d-e)\left(f(1-x^2)+h\rho^2 x^2\right)\right) dx \\
\bar{G}_{1313} = \bar{G}_{2323} &= (-2\pi) \int_0^1 \Delta g\rho^2 x^2(1-x^2)\left(e(1-x^2)+f\rho^2 x^2\right) dx
\end{aligned}$$

である．ここに

$$\Delta^{-1} \equiv [e(1-x^2)+f\rho^2 x^2]\{[d(1-x^2)+f\rho^2 x^2][f(1-x^2)+h\rho^2 x^2]-g^2\rho^2 x^2(1-x^2)\}$$

および

$$d = C_{1111} = C_{2222}, \quad e = (C_{1111} - C_{1122})/2, \quad f = C_{1313} = C_{2323},$$

$$g = C_{1133} + C_{1313}, \quad h = C_{3333}$$

上記の式は数式処理システムが誕生する前に導かれたものであるが，今日では *Mathematica* で積分を実行することが可能になった．以下に S_{ijkl} を C_{1111}, C_{1122}, C_{1313}, C_{3333}, C_{1133} および ρ の関数として計算した *Mathematica* のコードを示す．最初に積分内の関数は

```
In[15]:= d = c1111; e = (c1111 - c1122)/2;
         f = c1313; g = c1133 + c1313; h = c3333;
         Δ = 1/((e(1 - x^2) + f ρ^2 x^2) ((d(1 - x^2) + f ρ^2 x^2)
             (f(1 - x^2) + h ρ^2 x^2) - g^2 ρ^2 x^2 (1 - x^2)));
         tmp1111 = Pi/2 Δ (1 - x^2) ((f(1 - x^2) + h ρ^2 x^2)
             ((3 e + d) (1 - x^2) + 4 f ρ^2 x^2) - g^2 ρ^2 x^2 (1 - x^2));
         tmp3333 = 4 Pi Δ ρ^2 x^2 (d(1 - x^2) + f ρ^2 x^2)
             (e(1 - x^2) + f Δ^2 x^2);
         tmp1122 = Pi/2 Δ (1 - x^2) ((f(1 - x^2) + h ρ^2 x^2)
             ((e + 3 d) (1 - x^2) + 4 f ρ^2 x^2) - 3 g^2 ρ^2 x^2 (1 - x^2));
         tmp1133 = 2 Pi Δ ρ^2 x^2 (((d + e) (1 - x^2) + 2 f ρ^2 x^2)
             (f(1 - x^2) + h ρ^2 x^2) - g^2 ρ^2 x^2 (1 - x^2));
         tmp3311 = 2 Pi Δ (1 - x^2) (d(1 - x^2) + f ρ^2 x^2)
             (e(1 - x^2) + f ρ^2 x^2);
         tmp1212 = Pi/2 Δ (1 - x^2)^2
             (g^2 ρ^2 x^2 - (d - e) (f(1 - x^2) + h ρ^2 x^2));
         tmp1313 = (-2 Pi) Δ g ρ^2 x^2 (1 - x^2) (e(1 - x^2) + f ρ^2 x^2 ;
         g = {tmp1111, tmp3333, tmp1122, tmp1133, tmp3311, tmp1212, tmp1313};
```

で定義される．次に S_{ijkl} の成分は

```
In[16]:= tmp1 = Integrate[g, x];
         gijkl = (tmp1 /. x -> 1) - (tmp1 /. x -> 0);
         Gijkl = Table[0, {i, 3}, {j, 3}, {k, 3}, {l, 3}];
         Gijkl[[1, 1, 1, 1]] = Gijkl[[2, 2, 2, 2]] = gijkl[[1]];
         Gijkl[[3, 3, 3, 3]] = gijkl[[2]];
         Gijkl[[1, 1, 2, 2]] = Gijkl[[2, 2, 1, 1]] = gijkl[[3]];
         Gijkl[[1, 1, 3, 3]] = Gijkl[[2, 2, 3, 3]] = gijkl[[4]];
         Gijkl[[3, 3, 1, 1]] = Gijkl[[3, 3, 2, 2]] = gijkl[[5]];
         Gijkl[[1, 2, 1, 2]] = Gijkl[[1, 2, 2, 1]] =
           Gijkl[[2, 1, 2, 1]] = Gijkl[[2, 1, 1, 2]] = gijkl[[6]];
         Gijkl[[1, 3, 1, 3]] = Gijkl[[1, 3, 3, 1]] = Gijkl[[3, 1, 1, 3]] =
           Gijkl[[3, 1, 3, 1]] = Gijkl[[2, 3, 2, 3]] = Gijkl[[2, 3, 3, 2]] =
             Gijkl[[3, 2, 2, 3]] = Gijkl[[3, 2, 3, 2]] = gijkl[[7]];
         cijkl = Table[0, {i, 3}, {j, 3}, {k, 3}, {l, 3}];
         cijkl[[1, 1, 1, 1]] = cijkl[[2, 2, 2, 2]] = c1111;
         cijkl[[3, 3, 3, 3]] = c3333;
         cijkl[[1, 1, 2, 2]] = cijkl[[2, 2, 1, 1]] = c1122;
         cijkl[[1, 1, 3, 3]] = cijkl[[2, 2, 3, 3]] =
           cijkl[[3, 3, 1, 1]] = cijkl[[3, 3, 2, 2]] = c1133;
         cijkl[[1, 2, 1, 2]] = cijkl[[1, 2, 2, 1]] =
```

```
    cijkl[[2, 1, 2, 1]] = cijkl[[2, 1, 1, 2]] = (c1111 - c1122)/2;
  cijkl[[1, 3, 1, 3]] = cijkl[[1, 3, 3, 1]] = cijkl[[3, 1, 1, 3]] =
    cijkl[[3, 1, 3, 1]] = cijkl[[2, 3, 2, 3]] = cijkl[[2, 3, 3, 2]] =
      cijkl[[3, 2, 2, 3]] = cijkl[[3, 2, 3, 2]] = c1313;
  Sijkl = Table[Sum[cijkl[[p, q, m, n]] (Gijkl[[i, p, j, q]] +
    Gijkl[[j, p, i, q]])/(8 Pi), {p, 3}, {q, 3}],
      {i, 3}, {j, 3}, {m, 3}, {n, 3}];
```

で計算される．リスト `Sijkl[[i,j,k,l]]` は x_3 が対称軸の4階のテンソルである．この計算の実行は1分ほど要するため，結果はファイルに保存し，次回以降はファイルから読み込む方が効率が良い．ファイルの保存には `SetDirectory` 関数を使い，デフォルトディレクトリの場所を指定する．`Save` 関数で変数を指定すると，*Mathematica* はこのデフォルトディレクトリにファイルを保存する．

例えば，`Save` 関数で変数 `Sijkl` の内容を `SetDirectory` 関数で指定されたディレクトリ `c:\tmp` にファイル名 `eshelby-transverse-isotropic.m`[6] で保存するには

```
In[17]:= SetDirectory["c:\\tmp"];
         Save["eshelby-transverse-isotropic.m", Sijkl];
```

と入力する．Windows版でディレクトリの区切りを `SetDirectory` 関数で入力するには，ダブルバックスラッシュ (\\) を使用することに注意する[7]．

保存されたファイル `eshelby-transverse-isotropic.m` を新たな *Mathematica* セッションに読み込むには

```
In[18]:= SetDirectory["c:\\tmp"];
         << eshelby-transverse-isotropic.m;
```

を入力する．S_{ijkl} は非常に長い式となるため[8]，全てを表示する代わりに式の一部だけを表示するには `Short` 関数を

```
In[19]:= Short[Sijkl[[1, 2, 1, 2]], 15]
```

Out[19]//Short= $\frac{1}{8\pi}(\text{c1111} - \text{c1122})$

$(\frac{1}{2}\pi(-((2(\text{c1133} + \text{c1313})^2\rho^2 + \text{c1111}(\text{c1313} - \text{c3333}\rho^2)+$

$\text{c1122}(\text{c1313} - \text{c3333}\rho^2))/((\text{c1111} - \text{c1122}-$

$2\,\text{c1313}\,\rho^2)(\text{c1111}(\text{c1313} - \text{c3333}\,\rho^2) + \rho^2$

---

6) MATLABのm-fileと紛らわしいが，拡張子を `.m` で保存することで *Mathematica* のファイルであることがわかる．

7) Unixのスタイルで `SetDirectory["c:/tmp"]` と書くこともできる．

8) 保存されたファイル `eshelby-transverse-isotropic.m` のサイズは256 KBと相当大きい．

$$(\mathrm{c1133}^2 + 2\,\mathrm{c1133}\,\mathrm{c1313} + \mathrm{c1313}\,\mathrm{c3333}\,\rho^2))))-$$
$$\frac{\text{<<1>>}}{\sqrt{\text{<<1>>}}\,\text{<<1>>}} - \frac{\text{<<1>>}}{\text{<<1>>}} + (\mathrm{c1313}\,\rho^2(\text{<<1>>})$$
$$\mathtt{ArcTan}[\frac{\sqrt{2}\sqrt{\text{<<1>>} + \text{<<1>>}}}{\sqrt{\text{<<1>>}}}])/$$
$$(\sqrt{2}\sqrt{\mathrm{c1133}^2 - \mathrm{c1111}\,\text{<<5>>}}\sqrt{\text{<<1>>}}\sqrt{\text{<<1>>}}$$
$$(\mathrm{c1111}(\text{<<1>>}) + \text{<<1>>})^{3/2})) + \text{<<1>>})$$

のように使う．C_{ijkl} が等方の場合，上記の式は当然等方の場合の Eshelby のテンソルとなる．

4.1.3　非均質（介在物）問題

楕円球内に固有ひずみ ϵ_{ij}^* が存在する場合の Eshelby のテンソルは，上記の通り求めることができたので，次に，材料全体に無限遠で一定のひずみ $\langle\epsilon_{ij}\rangle$ を加えたときに，楕円球状の非均質な介在物が存在するときと同じ応力分布を発生させるように，この固有ひずみを選べることを示す．

ここで「非均質」は，領域 Ω 内での弾性定数 C_{ijkl}^i が周囲の材料の弾性定数 C_{ijkl}^o と異なる場合として定義され，例として複合材料や合金などがある．

図4.4 に示すように，固有ひずみ ϵ_{ij}^* が弾性定数 C_{ijkl}^o の無限領域内の楕円球状領域 Ω に存在する場合，前節で ϵ_{ij}^* によって生じた全ひずみ ϵ_{ij}' は

$$\epsilon_{ij}' = S_{ijkl}\epsilon_{kl}^*$$

となることが示された．ここに ϵ_{ij}' は適合条件を満たすひずみで S_{ijkl} は Eshelby のテンソルである．

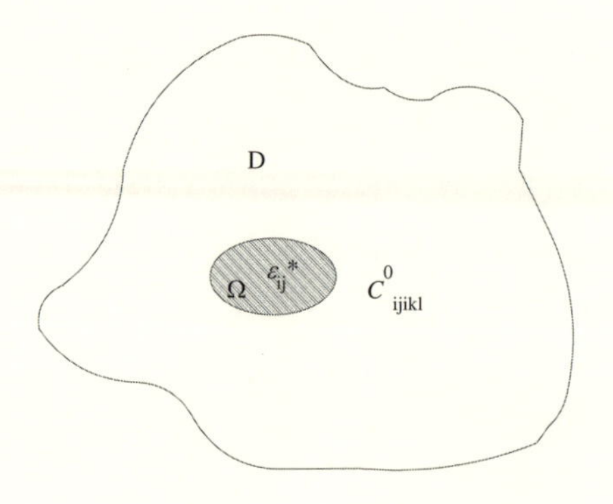

図4.4　介在物内に ϵ_{ij}^* が存在する物体．

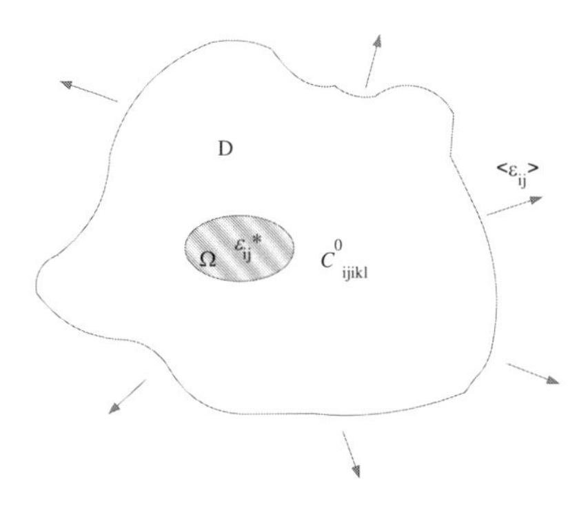

図4.5 無限遠で $\langle \epsilon_{ij} \rangle$ が加えられて介在物内に ϵ^*_{ij} が存在する物体.

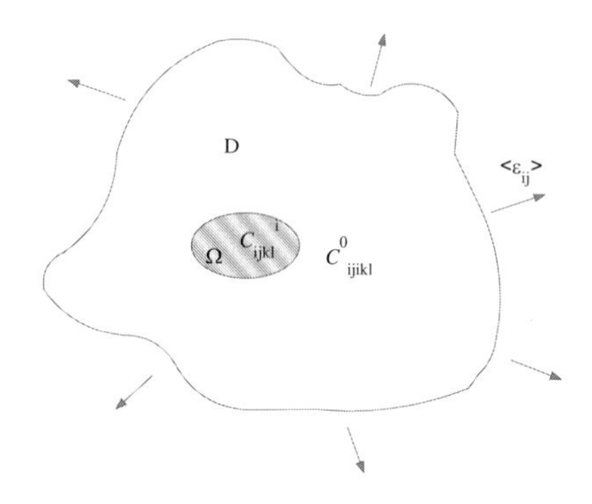

図4.6 無限遠で $\langle \epsilon_{ij} \rangle$ が加えられている介在物問題.

ここで図4.5に示すように，図4.4の物体に無限遠で一様なひずみ $\langle \epsilon_{ij} \rangle$ を受けている物体を考える．$\langle \epsilon_{ij} \rangle$ は一様で ϵ^*_{ij} とは独立なため，適合条件[9] を満たす Ω 内の全ひずみは $\langle \epsilon_{ij} \rangle$ の分だけ増加して，$\langle \epsilon_{ij} \rangle + \epsilon'_{ij}$ と書ける．ϵ^*_{ij} は全ひずみ ϵ_{ij} の非弾性部分なので，σ_{ij} に比例する全ひずみの弾性部分は Ω 内では $\langle \epsilon_{ij} \rangle + \epsilon'_{ij} - \epsilon^*_{ij}$ で与えられる．よって Ω 内の応力は

$$\sigma_{ij} = C^o_{ijkl} \left(\langle \epsilon_{kl} \rangle + \epsilon'_{kl} - \epsilon^*_{kl} \right) = C^o_{ijkl} \left(\langle \epsilon_{kl} \rangle + S_{klmn} \epsilon^*_{mn} - \epsilon^*_{kl} \right) \qquad (4.16)$$

で与えられる．

ここで領域 Ω において，周囲の材料 C^o_{ijkl} とは異なる弾性定数 C^i_{ijkl} を有する非均質な介在物問題を考える．固有ひずみは Ω 内に存在しない（図4.6）．物体に介在物が存在せず均質であれば，応力とひずみ分布は物体全体で一様であり $\langle \epsilon_{ij} \rangle$

[9] $\epsilon_{ij} = u_{(i,j)}$

に等しい．しかし弾性定数 C^i_{ijkl} の介在物の存在による ϵ'_{ij} だけの撹乱があるので，全ひずみ ϵ_{ij} は

$$\epsilon_{ij} = \langle \epsilon_{ij} \rangle + \epsilon'_{ij}$$

と表され，応力は

$$\sigma_{ij} = C^i_{ijkl} \left(\langle \epsilon_{kl} \rangle + \epsilon'_{kl} \right) \tag{4.17}$$

となる．Eshelby のアイデアは，固有ひずみ ϵ^*_{ij} による応力場である式 (4.16) が，非均質（介在物）による応力場である式 (4.17) と等しくなるよう，ϵ^*_{ij} を選択できることを示した点にある．このためには，以下の3個の連立方程式を解くこととなる．

$$\sigma_{ij} = C^o_{ijkl} \left(\langle \epsilon_{kl} \rangle + \epsilon'_{kl} - \epsilon^*_{kl} \right)$$

$$\sigma_{ij} = C^i_{ijkl} \left(\langle \epsilon_{kl} \rangle + \epsilon'_{kl} \right)$$

$$\epsilon'_{kl} = S_{klmn} \epsilon^*_{mn}$$

上記の連立方程式を解いて ϵ'_{ij} は形式的に

$$\epsilon' = S \left(\left(C^o - C^i \right) S - C^o \right)^{-1} \left(C^i - C^o \right) \langle \epsilon \rangle$$

と書ける．ここに4階対称テンソル v_{ijkl} の逆テンソル v^{-1}_{klmn} は

$$v_{ijkl} v^{-1}_{klmn} = I_{ijmn}, \quad I_{ijmn} \equiv \frac{1}{2} \left(\delta_{im} \delta_{jn} + \delta_{in} \delta_{jm} \right)$$

と定義される．よって無限遠に $\langle \epsilon \rangle$ がある介在物問題における介在物内部のひずみ ϵ^i は

$$\begin{aligned} \epsilon^i &= \epsilon' + \langle \epsilon \rangle \\ &= \left(I + S \left(\left(C^o - C^i \right) S - C^o \right)^{-1} \left(C^i - C^o \right) \right) \langle \epsilon \rangle = A \langle \epsilon \rangle \end{aligned} \tag{4.18}$$

と表される．ここに A は

$$A \equiv \left(I + S \left(\left(C^o - C^i \right) S - C^o \right)^{-1} \left(C^i - C^o \right) \right) \tag{4.19}$$

で定義され，ひずみ比例係数と呼ばれる．式 (4.18) のひずみ ϵ^i は Ω の形状が回転楕円体であり，C^i および C^o が等方または横断等方性の場合に，介在物内で一様となる．

式 (4.18) の具体的な計算には，*Mathematica* のパッケージを作成し，一括してロードし，介在物内の応力計算に必要な関数を内蔵関数のように呼び出すと効果的である．このため，*Mathematica* のパッケージである `micromech.m` が開発された．このパッケージには，2 階と 4 階の等方および横断等方性のテンソル間の演算に必要な全ての関数が含まれている．

`micromech.m` のソースコードは長いため，本書では掲載を割愛しているが，ウェブサイト (`http://zen.uta.edu/kyoritsu/`) からダウンロード可能である．

`micromech.m` を使用するには，ファイル `micromech.m` を作業用デフォルトディレクトリに保存して，以下のようにロードする．

```
In[20]:= SetDirectory["c:\\tmp"]

Out[20]= c:\tmp

In[21]:= << micromech.m
```

テンソル間の演算の例として，等方で 4 階のテンソルである A_{ijkl} と B_{klmn} は 3 個[10] の独立な定数で定義でき，A_{ijkl} と B_{klmn} の積 C_{ijkl} も，以下のように 3 個の独立な定数で表される．

$$
\begin{aligned}
A_{ijkl} &= a_1\delta_{ij}\delta_{kl} + a_2\delta_{ik}\delta_{jl} + a_3\delta_{il}\delta_{jk} \\
B_{ijkl} &= b_1\delta_{ij}\delta_{kl} + b_2\delta_{ik}\delta_{jl} + b_3\delta_{il}\delta_{jk} \\
C_{ijmn} &= A_{ijkl}B_{klmn} \\
&= ((a_2 + a_3)b_1 + a_1(3b_1 + b_2 + b_3))\,\delta_{ij}\delta_{mn} \\
&\quad + (a_2b_2 + a_3b_3)\delta_{im}\delta_{jn} + (a_3b_2 + a_2b_3)\delta_{in}\delta_{jm}
\end{aligned}
$$

以上から，A_{ijkl} と B_{ijkl} をそれぞれ (a_1, a_2, a_3) と (b_1, b_2, b_3) で代表する場合，その積 $A_{ijkl}B_{klmn}$ は

$$
(((a_2 + a_3)b_1 + a_1(3b_1 + b_2 + b_3)), (a_2b_2 + a_3b_3), (a_3b_2 + a_2b_3))
$$

で代表できる．この記法を使い，`micromech.m` では以下の関数が使用可能である．

[10] 弾性定数では独立な要素は 2 個である．

- `TransverseInverse[a]` は，4階の横断等方性テンソル `a`（成分では a_{ijkl}）の逆テンソルを出力する．横断等方面は x-y 平面で z 軸が対称軸である．4階の横断等方性テンソルを定義するには $\{c_{3333}, c_{1111}, c_{3311}, c_{1133}, c_{1122}, c_{1313}\}$ またはフォークト表記 (Voigt notation) で $\{c_{33}, c_{11}, c_{31}, c_{13}, c_{12}, c_{44}\}$ の6個の成分を必要とする．出力値も同じ形式および順序となる．
- `TransverseProduct[a, b]` は，4階の横断等方性テンソル a_{ijkl} および b_{klmn} の積である $a_{ijkl}b_{klmn}$ を出力する．結果も4階のテンソルとなる．横断等方面は x-y 面で z 軸が対称軸である．4階の横断等方性テンソルを定義するには $\{c_{3333}, c_{1111}, c_{3311}, c_{1133}, c_{1122}, c_{1313}\}$ またはフォークト表記 (Voigt notation) で $\{c_{33}, c_{11}, c_{31}, c_{13}, c_{12}, c_{44}\}$ の6個の成分を必要とする．出力値も同じ形式および順序となる．
- `Transverse24[a, b]` は2階の対称テンソル a_{ij} と4階の横断等方性テンソル b_{ijkl} の積を出力する．結果は2階のテンソルとなり $\{b_{11}, b_{22}, b_{33}, b_{23}, b_{13}, b_{12}\}$ で代表される．
- `Transverse42[a, b]` は，4階の横断等方性テンソル a_{ijkl} と2階の対称テンソル b_{kl} との積を出力する．結果は2階のテンソルとなり $\{b_{11}, b_{22}, b_{33}, b_{23}, b_{13}, b_{12}\}$ で代表される．
- `EngToModulus[E, v]` は，ヤング率 E とポアソン比 ν から c_{ijkl} を出力する．c_{ijkl} は $\{c_{3333}, c_{1111}, c_{3311}, c_{1133}, c_{1122}, c_{1313}\}$ または $\{c_{33}, c_{11}, c_{31}, c_{13}, c_{12}, c_{44}\}$ で代表される．
- `IsotropicProduct[c1, c2]` は，2個の4階等方テンソル $c1$ と $c2$ の積を出力する．$c1$ と $c2$ は $\{\lambda, \mu\}$ または $\{c_{1122}, c_{1212}\}$ で代表される．
- `IsotropicInverse[c]` は，4階等方テンソル c の逆テンソルを出力する．等方テンソル c は $\{c_{1122}, c_{1212}\}$ で代表される．
- `Lame[e,nu]` は，等方材料のヤング率 `e` とポアソン比 `nu` をラメ定数 $\lambda\ (= c_{1122})$ と $\mu\ (= c_{1212})$ に変換する．
- `IdentityTensor` は，4階の単位テンソルを出力する．
- `EshelbyIsotropic[t, nu]` は，ポアソン比が `nu`，アスペクト比が `t` の等方性材料の Eshelby のテンソルを出力する．出力は4階の横断等方性テンソルで $\{s_{3333}, s_{1111}, s_{3311}, s_{1133}, s_{1122}, s_{1313}\}$ または $\{s_{33}, s_{11}, s_{31}, s_{13}, s_{12}, s_{44}\}$ の形式である．
- `SphereStrainFactor[{λf, μf}, {λm, μm}]` は，球状介在物 $(t = 1)$ の式 (4.19) で定義されるひずみ比例係数を $\{A_{1122}, A_{1212}\}$ の形式で出力する．

- `SphereStressFactor[{`$\lambda_{\mathrm{f}}, \mu_{\mathrm{f}}$`}, {`$\lambda_{\mathrm{m}}, \mu_{\mathrm{m}}$`}]` は，無限遠での応力 σ^o_{ij} に対する球状介在物 $(t=1)$ 内応力の比例係数を $\{B_{1122}, B_{1212}\}$ の形式で出力する．
- `CylinderStrainFactor[cf, cm]` は，弾性定数 `cm` の母相内に弾性定数 `cf` の円筒状介在物がある場合について，無限遠での外部ひずみ ϵ^o_{ij} に対する内部ひずみ場の比例係数を出力する．4 階の等方テンソルは $\{c_{3333}, c_{1111}, c_{3311}, c_{1133}, c_{1122}, c_{1313}\}$ または $\{c_{33}, c_{11}, c_{31}, c_{13}, c_{12}, c_{44}\}$ の形式で入力する．`CylinderStrainFactor` × （**無限遠ひずみ**）が介在物内のひずみ場となる．
- `CylinderStressFactor[cf, cm]` は，弾性定数 `cm` の母相内に弾性定数 `cf` の円筒状介在物がある場合について，外部応力 σ^o_{ij} に対する内部応力場の無限遠での比例係数を出力する．4 階の等方テンソルは $\{c_{3333}, c_{1111}, c_{3311}, c_{1133}, c_{1122}, c_{1313}\}$ または $\{c_{33}, c_{11}, c_{31}, c_{13}, c_{12}, c_{44}\}$ の形式で入力する．`CylinderStressFactor` × （**無限遠応力**）が介在物内の応力場となる．

これらの関数の使用例として，`SphereStrainFactor` 関数は，介在物 Ω が球状であり，介在物と母相が共に等方性の場合に，式 (4.18) の A_{ijkl} を計算する．また，等方な C^m_{ijkl} の母相内に等方な C^i_{ijkl} の介在物があり，無限遠で $\sigma^o{}_{ij}$ の一様な応力下にあるとき，介在物内の応力場は

$$\sigma_{ij} = C^i_{ijkl} A_{klmn} \left(C^m\right)^{-1}_{mnpq} \sigma^o_{pq} = B_{ijkl} \sigma^o_{kl} \tag{4.20}$$

で与えられる．`SphereStressFactor` 関数は，Ω が球状であり，介在物と母相が共に等方性の場合に，式 (4.20) の B_{ijkl} を出力する．

```
In[22]:= SphereStressFactor[{λf, μf}, {λm, μm}]
```

Out[22]= $\{(3\,(\lambda\mathrm{m} + 2\,\mu\mathrm{m})\,(\mu\mathrm{f}^2\,(-6\,\lambda\mathrm{m} + 4\,\mu\mathrm{m}) + \lambda\mathrm{f}\,\mu\mathrm{m}\,(9\,\lambda\mathrm{m} + 14\,\mu\mathrm{m}) -$
$\mu\mathrm{f}\,(9\lambda\mathrm{f}\,\lambda\mathrm{m} - 6\,\lambda\mathrm{f}\,\mu\mathrm{m} + 14\,\lambda\mathrm{m}\,\mu\mathrm{m} + 4\,\mu\mathrm{m}^2)))/$
$((3\,\lambda\mathrm{m} + 2\,\mu\mathrm{m})\,(3\,\lambda\mathrm{f} + 2\,\mu\mathrm{f} + 4\,\mu\mathrm{m})$
$(6\,\lambda\mathrm{m}\,\mu\mathrm{f} + 9\,\lambda\mathrm{m}\,\mu\mathrm{m} + 16\,\mu\mathrm{f}\,\mu\mathrm{m} + 14\,\mu\mathrm{m}^2)),$
$\dfrac{15\,\mu\mathrm{f}\,(\lambda\mathrm{m} + 2\mu\mathrm{m})}{2\,(6\,\lambda\mathrm{m}\,\mu\mathrm{f} + 9\,\lambda\mathrm{m}\,\mu\mathrm{m} + 16\,\mu\mathrm{f}\,\mu\mathrm{m} + 14\,\mu\mathrm{m}^2)}\}$

この出力の意味は，球状介在物（図 4.7）内の応力場は

$$\sigma_{ij} = 2\beta\sigma^o_{ij} + \alpha\delta_{ij}\sigma^o_{kk}$$

となることを示している．ここに

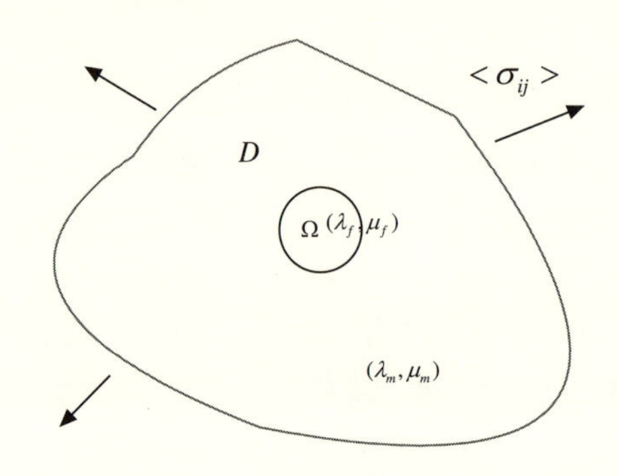

図 4.7　球状介在物内の応力

$$\alpha=\frac{15\mu_f(\lambda_m+2\mu_m)}{2(\lambda_m(6\mu_f+9\mu_m)+2\mu_m(8\mu_f+7\mu_m))}$$

および

$$\beta=$$

$$\frac{3(\lambda_m+2\mu_m)}{(3\lambda_m+2\mu_m)(3\lambda_f+2\mu_f+4\mu_m)(\lambda_m(6\mu_f+9\mu_m)+2\mu_m(8\mu_f+7\mu_m))}$$
$$\times\left(\frac{\lambda_f\left(-9\lambda_m\mu_f+9\lambda_m\mu_m+6\mu_f\mu_m+14\mu_m^2\right)}{(3\lambda_m+2\mu_m)(3\lambda_f+2\mu_f+4\mu_m)(\lambda_m(6\mu_f+9\mu_m)+2\mu_m(8\mu_f+7\mu_m))}\right.$$
$$\left.-\frac{2\mu_f(\lambda_m(3\mu_f+7\mu_m)+2\mu_m(\mu_m-\mu_f))}{(3\lambda_m+2\mu_m)(3\lambda_f+2\mu_f+4\mu_m)(\lambda_m(6\mu_f+9\mu_m)+2\mu_m(8\mu_f+7\mu_m))}\right)$$

である．例として，母相がエポキシ（ヤング率 = 4.3 GPa，ポアソン比 = 0.35）で介在物が E-glass（ヤング率 = 73 GPa，ポアソン比 = 0.3）の場合応力比例係数は

```
In[23]:= cm = Lame[4.3, 0.35]; cf = Lame[73, 0.3];

In[24]:= SphereStressFactor[cf, cm]

Out[24]= {−0.212153, 1.01609}
```

となる．これから球状介在物内の応力場は

$$\sigma_{ij}=2\times1.01609\,\sigma_{ij}^o-0.212153\,\delta_{ij}\sigma_{kk}^o$$

と表される．

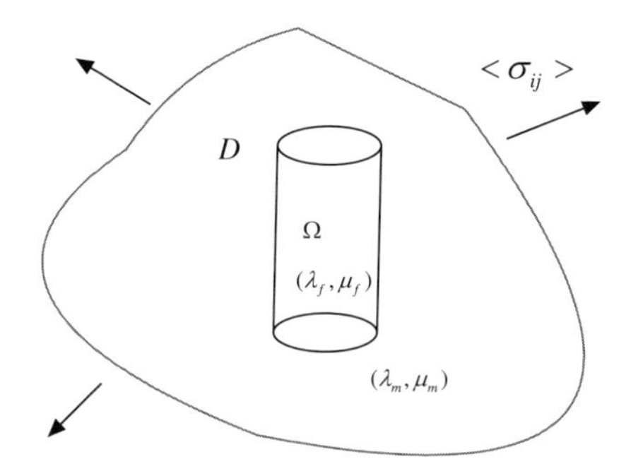

図 4.8　円筒状の介在物内の応力場

同様に，円筒状の介在物 $(t \to \infty)$ 内の応力場は `CylinderStressFactor` 関数を使って求められる．母相および介在物が共に等方性であり，ラメ定数がそれぞれ (λ_m, μ_m) および (λ_i, μ_i) の場合，円筒状介在物内の応力場は

$$\sigma_{ij} = B_{ijkl}\sigma^o_{kl}$$

と表される．B_{ijkl} の成分は以下のコードで求められる．

```
In[25]:= CylinderStressFactor[{cf33, cf11, cf31, cf31, cf12, cf44},
           {cm33, cm11, cm31, cm31, cm12, cm44}]
```

```
Out[25]= {((-2 cf31^2 + cf33 (cf11 + cf12 + cm11 - cm12)) (cm11 + cm12) +
           2 cf31 (-cm11 + cm12) cm31)/
           ((cf11 + cf12 + cm11 - cm12) (-2 cm31^2 + (cm11 + cm12) cm33)),
           ((cm11(3 cf11 (cm11 - cm12) (cm11 + cm12) + cf11^2 (5 cm11 + cm12) -
           cf12 (5 cf12 cm11 + cm11^2 + cf12 cm12 - cm12^2))))/
           (3 cf11 cm11 - 3 cf12 cm11 + cm11^2 - cf11 cm12 + cf12 cm12 - cm12^2) -
           ((cm11 - cm12) cm31 (cf31 (cm11 + cm12) - (cf11 + cf12) cm31))/
           (-2 cm31^2 + (cm11 + cm12) cm33))/
           ((cf11 + cf12 + cm11 - cm12) (cm11 + cm12)),
           (-cm31 (cf33 (cf11 + cf12 + cm11 - cm12) +
           2 cf31 (-cf31 + cm31)) + 2 cf31 cm11 cm33)/
           ((cf11 + cf12 + cm11 - cm12) (-2 cm31^2 + (cm11 + cm12) cm33)),
           ((cm11 - cm12) (cf31 (cm11 + cm12) - (cf11 + cf12) cm31))/
           ((cf11 + cf12 + cm11 - cm12) (-2 cm31^2 + (cm11 + cm12) cm33)),
           ((cm11 (cm11 (cf11^2 - cf12 (cf12 - 3 cm11) - cf11 cm11) +
           3 (-cf11^2 + cf12^2) cm12 + (cf11 - 3 cf12) cm12^2))/
           (3 cf11 cm11 - 3 cf12 cm11 + cm11^2 - cf11 cm12 + cf12 cm12 - cm12^2) -
```

```
((cm11 − cm12) cm31 (cf31 (cm11 + cm12) − (cf11 + cf12) cm31))/
−2 cm31^2 + (cm11 + cm12) cm33))/
((cf11 + cf12 + cm11 − cm12) (cm11 + cm12)),
   cf44
---------- }
cf44 + cm44
```

CylinderStressFactor 関数は円筒状介在物と母相の弾性定数を引数とする．弾性定数の順序は，添字規約では $\{c_{3333}, c_{1111}, c_{3311}, c_{1133}, c_{1122}, c_{1313}\}$，フォークト表記では $\{c_{33}, c_{11}, c_{31}, c_{13}, c_{12}, c_{44}\}$ の順である．出力は6個の成分で B_{3333}, B_{1111}, B_{3311}, B_{1133}, B_{1122}, B_{1313} に対応する．円筒状介在物と母相が等方性の場合，応力比例係数は

```
In[26]:= CylinderStressFactor[{2 μf + λf, 2 μf + λf, λf, λf, λf, μf},
           {2 μm + λm, 2μm + λm, λm, λm, λm, μm}] // Simplify
```

$$\text{Out[26]=}\ \Big\{\frac{2\,\mu f\,(\lambda m+\mu m)\,(\mu f+\mu m)+\lambda f\,(3\,\lambda m\,\mu f+\mu m\,(3\,\mu f+\mu m))}{\mu m\,(\lambda f+\mu f+\mu m)\,(3\,\lambda m+2\,\mu m)},$$

$$(\lambda f\,(\lambda m+\mu m)\,(3\,\lambda m\,(3\,\mu f+\mu m)+4\,\mu m\,(5\,\mu f+\mu m))+$$
$$2\mu f\,(5\,\lambda m^2\,(\mu f+\mu m)+4\,\lambda m\,\mu m\,(4\,\mu f+3\,\mu m)+2\,\mu m^2\,(5\,\mu f+3\,\mu m)))/$$
$$(2\,(\lambda f+\mu f+\mu m)\,(3\,\lambda m+2\,\mu m)\,(\lambda m\,(\mu f+\mu m)+\mu m\,(3\,\mu f+\mu m))),$$

$$\frac{-2\,\lambda m\,\mu f\,(\mu f+\mu m)+\lambda f\,(-3\lambda m\,\mu f+3\,\lambda m\,\mu m+4\,\mu m^2)}{2\mu m\,(\lambda f+\mu f+\mu m)\,(3\,\lambda m+2\mu m)},$$

$$\frac{-\lambda m\,\mu f+\lambda f\,\mu m}{(\lambda f+\mu f+\mu m)\,(3\,\lambda m+2\,\mu m)},$$

$$(-2\,\mu f\,(4\lambda m\,\mu m^2+2\mu m^2\,(-\mu f+\mu m)+\lambda m^2\,(\mu f+\mu m))+$$
$$\lambda f\,(-3\lambda m^2\,(\mu f-\mu m)+4\mu m^2\,(\mu f+\mu m)+\lambda m\,\mu m\,(-3\,\mu f+7\,\mu m)))/$$
$$(2\,(\lambda f+\mu f+\mu m)\,(3\,\lambda m+2\,\mu m)\,(\lambda m\,(\mu f+\mu m)+\mu m\,(3\,\mu f+\mu m))),$$

$$\frac{\mu f}{\mu f+\mu m}\Big\}$$

で計算できる．$C_{1111} = 2\mu + \lambda$, $C_{1122} = \lambda$ および $C_{1212} = \mu$ に注意する．

アスペクト比が $t = 1$ または $t \to \infty$ 以外の場合，等方性材料の Eshelby のテンソルは t をアスペクト比，nu をポアソン比として EshelbyIsotropic[t, nu] 関数で計算できる．EshelbyIsotropic[t, nu] からの出力は $\{S_{3333}, S_{1111}, S_{3311}, S_{1133}, S_{1122}, S_{1313}\}$ である．この出力は非常に長くなるが，Short 関数で出力の一部だけを表示することができる[11]．

```
In[27]:= Short[Eshelbyisotropic[t, nu], 7]
```

[11] この出力には複素数 i が含まれているが，実際の計算では主値をとることで実数となる

Out[27]=
$$\{-\frac{1}{2\,(1-\text{nu})\,(-1+\text{t}^2)^3}+\text{<<21>>}+$$
$$\text{i}\Big(\frac{3\,\text{t}^3\,((-1+\text{t}^2)^2)^{1/4}\,\text{Arg}[\text{t}+\sqrt{-1+\text{t}}\,\sqrt{1+\text{t}}]\,\text{Cos}[\frac{1}{2}\,\text{Arg}[-1+\text{t}^2]]}{2\,(1-\text{nu})\,(-1+\text{t}^2)^3}-$$
$$\Big(\text{t}\,\text{Cos}\Big[\frac{3}{2}\,\text{Arg}[1-\text{t}^2]\Big]\,\text{Log}\Big[\sqrt{\Big(\sqrt{(1-\text{t}^2)^2}\,\text{Cos}\Big[\frac{1}{2}\,\text{Arg}[1-\text{t}^2]\Big]^2+\Big(\text{t}+}$$
$$(\text{<<1>>}^2)^{1/4}\,\text{Sin}\Big[\frac{1}{2}\text{Arg}[1-\text{<<1>>}]\Big]\Big)^2\Big)}\Big]\Big)\Big/2\,((1-\text{nu})\,((1-\text{t}^2)^2)^{3/4})+$$
$$\frac{\text{nu}\,\text{t}\,\text{<<1>>}\,\text{Log}[\sqrt{\sqrt{(\text{<<1>>}\,\text{<<1>>}^2}\,\text{<<1>>}^2+\text{<<1>>}}]}{(1-\text{nu})\,(\text{<<1>>}^2)^{3/4}}+\text{<<8>>}+\frac{\text{<<1>>}}{\text{<<1>>}}-$$
$$\frac{\text{<<1>>}}{\text{<<1>>}}+\frac{\text{nu}\,((\text{<<1>>})^2)^{1/4}\,\text{t}\,\text{Cos}[\frac{1}{2}\,\text{Arg}[-1+\frac{1}{\text{t}^2}]]\,\text{Sin}[\frac{3}{2}\,\text{Arg}[1-\text{t}^2]]}{(1-\text{nu})\,((1-\text{<<1>>})^2)^{3/4}}+$$
$$\Big([3\,\text{t}^3\,((-1+\text{t}^2)^2)^{1/4}\,\text{Log}\Big[\sqrt{\Big(\Big(((-1+\text{t})^2)^{1/4}\,((\text{<<1>>})^2)^{1/4}}$$
$$\text{Cos}\Big[\frac{1}{2}\text{Arg}[1+\text{t}]\Big]\text{Sin}\Big[\frac{1}{2}\,\text{Arg}[-1+\text{t}]\Big]+\text{<<1>>}^{\text{<<1>>}}\,\text{<<3>>}\Big)^2+(\text{<<1>>})^2\Big)\Big]$$
$$\text{Sin}\Big[\frac{1}{2}\,\text{Arg}[-1+\text{t}^2]\Big]\Big)\Big/(2\,(1-\text{nu})\,(-1+\text{t}^2)^3)\Big),\text{<<4>>},\text{<<1>>}\}$$

式 (4.18) のひずみ比例係数 A_{ijkl} はさらに長くなるのでこのパッケージには含まれていない.

以下のコードは，パッケージ内の関数を使って式 (4.18) を評価する.

```
In[28]:= ei = Eshelbyisotropic[t, nu] /. {nu -> λm/(λm + μm)/2};
         cm = {2 μm + λm, 2μm + λm, λm, λm, λm, μm};
         ci = {2 μi +λi, 2μi + λi, λi, λi, λi,μi};
         afactor = IdentityTensor + TransverseProduct[
           TransverseProduct [ei, Transverseinverse[
             TransverseProduct[cm - ci, ei] -cm]], ci -cm];
```

例えば $t=2$ の場合，A_{3333} 成分は

```
In[29]:= afactor[[1]] /. t -> 2 // Simplify
```

Out[29]=
$$(3\,(\lambda\text{m}+2\,\mu\text{m})\,(\lambda\text{m}\,\mu\text{m}\,(18\,\mu\text{i}+6\mu\text{m}+7\,\sqrt{3}\,\mu\text{i}\,\text{Log}[2+\sqrt{3}]+$$
$$\sqrt{3}\,\mu\text{m}\,\text{Log}[2+\sqrt{3}]-6\,\lambda\text{i}\,(-6+\sqrt{3}\,\text{Log}[2+\sqrt{3}]))+$$
$$2\,\mu\text{m}^2\,(18\,\mu\text{i}-\sqrt{3}\,\mu\text{i}\,\text{Log}[2+\sqrt{3}]+\sqrt{3}\,\mu\text{m}\,\text{Log}[2+\sqrt{3}]-$$
$$4\,\lambda\text{i}\,(-6+\sqrt{3}\,\text{Log}[2+\sqrt{3}]))+$$
$$3\,\lambda\text{m}^2\,(\mu\text{m}\,(3-\sqrt{3}\,\text{Log}[2+\sqrt{3}])+3\,\mu\text{i}\,(-2+\sqrt{3}\,\text{Log}[2+\sqrt{3}]))))/$$
$$(3\,\lambda\text{i}\,(27\,\lambda\text{m}^2\,(\mu\text{m}\,(3-\sqrt{3}\,\text{Log}[2+\sqrt{3}])+\mu\text{i}\,(-2+\sqrt{3}\,\text{Log}[2+\sqrt{3}]))+$$

$$
\begin{aligned}
&2\,\mu\mathrm{m}^2\,(\mu\mathrm{i}\,(-66+45\sqrt{3}\,\mathrm{Log}[2+\sqrt{3}]-14\,\mathrm{Log}[2+\sqrt{3}]^2)+\\
&\mu\mathrm{m}\,(108-49\sqrt{3}\,\mathrm{Log}[2+\sqrt{3}]+14\,\mathrm{Log}[2+\sqrt{3}]^2))+\\
&\lambda\mathrm{m}\,\mu\mathrm{m}\,(\mu\mathrm{i}\,(-186+117\sqrt{3}\,\mathrm{Log}[2+\sqrt{3}]-28\,\mathrm{Log}[2+\sqrt{3}]^2)+\\
&\mu\mathrm{m}\,(282-121\sqrt{3}\,\mathrm{Log}[2+\sqrt{3}]+28\,\mathrm{Log}[2+\sqrt{3}]^2)))+\\
&2\,(3\,\lambda\mathrm{m}^2\,(9\,\mu\mathrm{i}^2\,(-2+\sqrt{3}\,\mathrm{Log}[2+\sqrt{3}])+\\
&2\,\mu\mathrm{m}^2\,(-6+9\sqrt{3}\,\mathrm{Log}[2+\sqrt{3}]-7\,\mathrm{Log}[2+\sqrt{3}]^2)+\\
&\mu\mathrm{i}\,\mu\mathrm{m}\,(45-25\sqrt{3}\,\mathrm{Log}[2+\sqrt{3}]+14\,\mathrm{Log}[2+\sqrt{3}]^2))+\\
&2\,\mu\mathrm{m}^2\,(\mu\mathrm{i}^2\,(-66+45\sqrt{3}\mathrm{Log}[2+\sqrt{3}]-14\,\mathrm{Log}[2+\sqrt{3}]^2)+\\
&2\,\mu\mathrm{m}^2\,(-6+9\sqrt{3}\,\mathrm{Log}[2+\sqrt{3}]-7\,\mathrm{Log}[2+\sqrt{3}]^2)+\\
&\mu\mathrm{i}\,\mu\mathrm{m}\,(132-63\sqrt{3}\,\mathrm{Log}[2+\sqrt{3}]+28\,\mathrm{Log}[2+\sqrt{3}]^2))+\\
&\lambda\mathrm{m}\,\mu\mathrm{m}\,(\mu\mathrm{i}^2\,(-186+117\sqrt{3}\,\mathrm{Log}[2+\sqrt{3}]-28\,\mathrm{Log}[2+\sqrt{3}]^2)+\\
&10\,\mu\mathrm{m}^2\,(-6+9\sqrt{3}\,\mathrm{Log}[2+\sqrt{3}]-7\,\mathrm{Log}[2+\sqrt{3}]^2)+\\
&\mu\mathrm{i}\,\mu\mathrm{m}\,(390-195\sqrt{3}\,\mathrm{Log}[2+\sqrt{3}]+98\,\mathrm{Log}[2+\sqrt{3}]^2))))
\end{aligned}
$$

となる．

Eshelbyは介在物外部の応力場の計算方法も示したが[5]，実際の計算は容易でなく，また数値積分も必要となる．

4.2 多相の同心状介在物がある場合の応力場

Eshelbyは洗練された手法を使って，無限大に拡がる母相内にある楕円球上介在物内の弾性場を求めた．Eshelbyの貢献は，介在物内の材料定数が等方または横断等方性の場合，介在物内の応力場が一様になることを示した点にある．しかしEshelbyの方法では介在物外の弾性場を解析的に求めることは困難であり，数値積分が必要となる[5]．また，図4.9に示すように介在物が同心の別の介在物で囲まれているような場合，Eshelbyの方法では対応できず，異なる解析方法を導入する必要がある．この問題に関してはChristensen and Lo[3]，Christensen[24]の論文が有名であり，球状の介在物を同心の別の層が囲んでいる場合の応力場が求められた．ただし，同論文では解は具体的な形式で求められていない．

大島[17]は，同様な問題をより洗練された方法で解いたが，解は具体的に表されていない．本節では大島[17]の手法に従い，微分方程式を直接解くことにより，任意の数の同心介在物に適用される解析法を解説する．これは，*Mathematica*を使用しなければ解析解が求められない一例である．

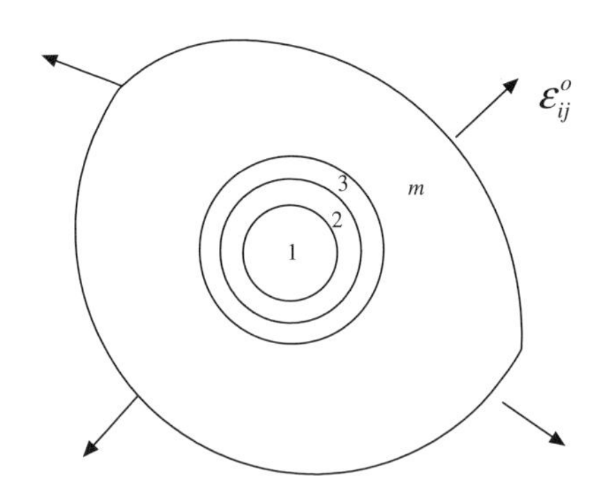

図 4.9　多相の媒体（4 相）

4.2.1　*Mathematica* の指標規約の実装

Mathematica では，テンソルの指標演算がネイティブではサポートされていないが，ユーザー定義の規則を追加することで，指標演算を自動的に実行することが可能である．

1. 対称テンソル

   応力やひずみなどの力学で使用される 2 階のテンソルの多くは対称である．*Mathematica* でテンソル量が対称であることを明示するには `SetAttributes` 関数を使う．`Orderless` の属性を加えると，自動的にアルファベット順または数字順にテンソルの指標を並び替える．例えば `a[3,2]` を入力すると自動的に `a[2,3]` となり，`a[j,i]` と入力すると自動的に `a[i,j]` に変換される．クロネッカーのデルタ δ_{ij} や一般の 2 階のテンソル X_{ij} で指標が対称であることを宣言するには以下のコードを入力する．

```
In[30]:= SetAttributes[δ, Orderless];
         SetAttributes[X, Orderless];
         δ[i_Integer, j_Integer] := If[i = j, 1, 0];
         δ[i_Symbol, i_Symbol] := 3;

In[31]:= X[3, 2]
Out[31]= X[2, 3]

In[32]:= δ[2, 1]
Out[32]= 0

In[33]:= δ[k, k]
Out[33]= 3
```

SetAttributes 関数により X_{ji} は自動的に X_{ij} に変換される．δ[i, j] はクロネッカーのデルタを表わし，δ[i_Integer, j_Integer] は i と j が共に整数の場合のみ右辺を実行することを意味し，δ[i_Symbol, j_Symbol] は i と j が共に数値ではなく記号の場合のみ右辺を実行することを意味する．よって δ[k, k] は 3 を返すが δ[3, 3] は 1 を返す．

2. δ_{ij} に関する総和規約

δ_{ij} と他のテンソルとの積に関する総和規約を実装するには，*Mathematica* の内蔵関数 Times にユーザー定義の規則を追加する必要がある．Times は *Mathematica* で乗算の際に内部で使われる関数であり，通常は明示的には使用されない．Times 関数はシステムで保護されているため，一旦 Unprotect 関数で乗算の新規則を追加してから，Protect 関数でこれ以上新しい規則を追加できないようにする．

```
In[34]:= Unprotect[Times];
         Times[x[j_Symbol], δ[i_, j_Symbol]] := x[i];
         Times[X[i_Symbol, j_], δ[i_Symbol, k_]] := X[k, j];
         Times[δ[i_Symbol, j_], δ[i_Symbol, k_]] := δ[j, k];
         Protect[Times];
```

これにより $\delta_{ij}x_j = x_i$, $\delta_{ij}\delta_{jk} = \delta_{ik}$ などが自動的に実行される．

```
In[35]:= δ[i, k] x[k]
Out[35]= x[i]

In[36]:= δ[i, k] x[k] y[i]
Out[36]= x[i] y[i]

In[37]:= δ[i, j] δ[j, k] δ[k, l]
Out[37]= δ[i, l]
```

$x_i x_i = r^2$ を自動的に実行するには，内蔵関数 Power のシステム保護を一時的に Unprotect 関数で解除し，新しい規則を追加して Protect によりこれ以上新しい規則を追加できないようにする．

```
In[38]:= Unprotect[Power];
         Power[x[i_Symbol], 2] := r^2;
         Protect[Power];

In[39]:= x[k] x[k]
Out[39]= r^2
```

```
In[40]:= δ[i, j] x[i] x[j]
Out[40]= r^2
```

$r\ (=\sqrt{x_i x_i})$ を含むテンソルの微分を自動的に実行するには，内蔵関数 D（微分）のシステム保護を一時的に Unprotect 関数で解除し，新しい規則を追加して Protect によりこれ以上新しい規則を追加できないようにする．

以下の関数の偏微分に関する規則を追加する．最後の規則はリストと微分の交換に必要である．

$$(ar^n + b)_{,i} = a_{,i} r^n + an(n-1)\frac{x_i}{r} + b_{,i},$$

$$(ax_i + b)_{,j} = a_{,j} x_i + a\delta_{ij} + b_{,j},$$

$$(ax_i^n + b)_{,j} = anx_i^{n-1}\delta_{ij} + b_{,j},$$

$$(af(r)^n + b)_{,i} = a_i f(r)^n + anf(r)^{n-1} f'(r)\frac{x_i}{r} + b_i,$$

$$(ab)_{,i} = a_{,i} b + ab_{,i},$$

$$\{a_1, a_2, a_3, \ldots\}_{,i} = \{a_{1,i}, a_{2,i}, a_{3,i}, \ldots\}$$

```
In[41]:= Unprotect[D];
         D[a_.r^n_.  + b_., x[i_]] :=
           D[a, x[i]] r^n + n r^(n - 1) x[i]/r a + D[b, x[i]];
         D[a_.x[i_] + b_., x[j_]] :=
           D[a, x[j]] x[i] + a δ[i, j] + D[b, x[j]];
         D[a_.x[i_Integer]^n_.  + b_., x[j_]] :=
           a n x[i]^(n - 1) δ[i, j] + D[b, x[j]];
         D[a_.f_[r]^n_.  + b_., x[i_]] := D[a, x[i]] f[r]^n +
           a n f[r]^(n - 1) f'[r] x[i]/r + D[b, x[i]];
         D[Times[a_, b_], x[i_]] := D[a, x[i]] b + a D[b, x[i]];
         D[a_List, b_] := Map[D[#, b] &, a]
         Protect[D];
```

上記の規則により r を含むテンソルの微分が自動的に実行される．例えば

$$\left(ar^4 + \frac{1}{r}\right)_{,i} = -\frac{x_i}{r^3} + 4ar^2 x_i,$$

$$\left(ar^4 + \frac{1}{r}\right)_{,ij} = 8ax_i x_j + \frac{3x_i x_j}{r^5} - \frac{\delta_{ij}}{r^3} + 4ar^2\delta_{ij},$$

は以下のコードで実行される．

```
In[42]:= D[D[a r^4 + 1 / r, x[i]], x[j]]
```

$$\text{Out[42]= } 8\,a\,x[i]\,x[j] + \frac{3\,x[i]\,x[j]}{r^5} - \frac{\delta[i,\ j]}{r^3} + 4\,a\,r^2\,\delta[i,\ j]$$

上記の規則を保存して，次回のセッションで必要な場合は << でロードする．

4.2.2　ナビエの方程式の一般解

本節では図 4.9 に示すように，球状の介在物が同心で複数存在する場合に，弾性体の変位に関するナビエの方程式を *Mathematica* で解く方法を解説する．

最初に単一介在物問題の解を導く．これは Eshelby の解でアスペクト比が 1 の場合に相当するが，Eshelby の方法では介在物の外部の応力場を扱うことができない．

無限遠で一様なひずみ場の下で，球状の介在物が存在する物体を考える．体積力がない場合の変位に関する応力平衡式（ナビエの方程式）は，

$$\mu u_{i,jj} + (\mu + \lambda)\epsilon_{,i} = 0 \tag{4.21}$$

で表せる．ここに λ と μ はラメの定数，u_i は変位，ϵ はひずみの対角和で

$$\epsilon = \epsilon_{jj} = u_{j,j}$$

で定義される．境界条件は，以下のようにひずみ ϵ_{ij} が無限遠で一様の ϵ^o_{ij} になることである．

$$\epsilon_{ij} \to \epsilon^o_{ij} \quad (r \to \infty)$$

連続体力学で多用される手法は，場の量をせん断部分と静水圧部分に分解することであり，これによりせん断部分に対する式と静水圧部分に対する式は互いに独立となる．したがって，無限遠での一様なひずみ ϵ^o_{ij} をせん断部分と静水圧部分の和として

$$\epsilon^o_{ij} = \gamma^o_{ij} + \frac{1}{3}\epsilon^o\,\delta_{ij}$$

のように分解する．ここに

$$\epsilon^o = \epsilon^o_{ii}$$

で定義され，無限遠で一様なひずみの静水圧部分を表わす．γ^o_{ij} は ϵ^o_{ij} のせん断部分を表わす．

$$\gamma^o_{ii} = 0$$

に注意する．静水圧とせん断部分は互いに独立であるため，式 (4.21) に対する解も，ϵ^o と γ^o_{ij} に対して独立な解として個々に求められる．

ϵ^o に対する式 (4.21) の解

最初に ϵ^o に対する方程式 (4.21) の解を求める．物体内部に発生する応力のソースは ϵ^o のみであるため，式 (4.21) の変位は ϵ^o に比例すると想定できる．そこで変位の一般的な式として

$$u_i = h(r)x_i\epsilon^o \tag{4.22}$$

を仮定する．ここに $h(r)$ は r $(= \sqrt{x_i x_i})$ だけの関数である．式 (4.22) 右辺の x_i は u_i が 1 階のテンソルであり，右辺も同じ階数である必要があるために導入された．式 (4.22) を x_i と x_j で 2 度微分すると

$$\epsilon \equiv u_{i,i} = \left(3h(r) + rh'(r)\right)\epsilon^o \tag{4.23}$$

$$\epsilon_{,j} = u_{i,ij} = \left(h''(r) + \frac{4h'(r)}{r}\right)x_j\epsilon^o \tag{4.24}$$

を得る．この計算は *Mathematica* で以下のように自動化できる．

```
In[43]:= ui = h[r] x[i] ϵo
Out[43]= ϵo h[r] x[i]

In[44]:= ϵ = D[ui, x[i]]
Out[44]= 3 ϵo h[r] + r ϵo h′[r]

In[45]:= θi = D[ϵ, x[i]] // Simplify
Out[45]= ϵo x[i] (4 h′[r] + r h″[r])
         ----------------------------
                      r
```

式 (4.23) と (4.24) を式 (4.21) に代入すると

$$(2\mu + \lambda)\left(\frac{rh''(r) + 4h'(r)}{r}\right)x_i\epsilon^o = 0$$

を得る．したがって $h(r)$ は

$$rh''(r) + 4h'(r) = 0$$

を満たす必要がある．この微分方程式は

```
In[46]:= sol1 = DSolve[4 h'[r] + r h''[r] == 0, h[r], r][[1]]
```

Out[46]= $\{h[r] \to -\frac{C[1]}{3 r^3} + C[2]\}$

と解けて解は以下のようになる．

$$h(r) = -\frac{c_1}{3r^3} + c_2$$

ここに c_1 と c_2 は積分定数である．

よって ϵ^o に対する変位 u_i，ひずみ ϵ_{ij}，応力 σ_{ij} および面張力 t_i は2個の積分定数を含んで

$$u_i = \left(-\frac{c_1}{3r^3} + c_2\right) x_i \, \epsilon^o \tag{4.25}$$

$$\epsilon_{ij} = c_1 \left(\frac{x_i x_j}{r^5} - \frac{\delta_{ij}}{3r^3}\right) \epsilon^o + c_2 \delta_{ij} \epsilon^o$$

$$\sigma_{ij} = -\frac{2c_1\mu\left(r^2\delta_{ij} - 3x_i x_j\right)}{3r^5}\epsilon^o + c_2(3\lambda + 2\mu)\delta_{ij}\epsilon^o$$

$$t_i = \frac{4c_1\mu x_i}{3r^4}\epsilon^o + \frac{c_2 x_i(3\lambda + 2\mu)}{r}\epsilon^o \tag{4.26}$$

と表される．

以下の *Mathematica* のコードで上記の式が導ける．

```
In[47]:= Ui = ui /. sol1
```

Out[47]= $\epsilon o \left(-\frac{C[1]}{3 r^3} + C[2]\right) x[i]$

```
In[48]:= Uj = Ui /. i -> j
```

Out[48]= $\epsilon o \left(-\frac{C[1]}{3 r^3} + C[2]\right) x[j]$

```
In[49]:= Eijtmp = (D[Ui, x[j]] + D[Uj, x[i]])/2
```

Out[49]= $\frac{1}{2}\left(\frac{2\,\epsilon o\, C[1]\, x[i]\, x[j]}{r^5} + 2\epsilon o \left(-\frac{C[1]}{3 r^3} + C[2]\right)\delta[i, j]\right)$

```
In[50]:= Eij = Collect[Eijtmp, {C[1], C[2], Simplify}]
```

Out[50]= $\epsilon o\, C[2]\, \delta[i, j] + \frac{1}{2} C[1] \left(\frac{2\,\epsilon o\, x[i]\, x[j]}{r^5} - \frac{2\,\epsilon o\, \delta[i, j]}{3 r^3}\right)$

```
In[51]:= Sijtmp = 2 μ Eij + μ δ[i, j] (Eij /. i -> j)
```

$$\text{Out[51]= } 3\,\epsilon\text{o}\,\text{C}[2]\,\delta[\text{i},\text{j}] + 2\mu\left(\epsilon\text{o}\,\text{C}[2]\,\delta[\text{i},\text{j}] + \frac{1}{2}\text{C}[1]\left(\frac{2\,\epsilon\text{o}\,\text{x}[\text{i}]\,\text{x}[\text{j}]}{\text{r}^5} - \frac{2\,\epsilon\text{o}\,\delta[\text{i},\text{j}]}{3\,\text{r}^3}\right)\right)$$

```
In[52]:= Sij = Collect[Sijtmp, {C[1], C[2]}, Simplify]
```

$$\text{Out[52]= } \epsilon\text{o}\,(3\,\lambda + 2\mu)\,\text{C}[2]\,\delta[\text{i},\text{j}] - \frac{2\,\epsilon\text{o}\,\mu\,\text{C}[1]\,(-3\,\text{x}[\text{i}]\,\text{x}[\text{j}] + \text{r}^2\,\delta[\text{i},\text{j}])}{3\,\text{r}^5}$$

```
In[53]:= Titmp = Sij x[j]/r
```

$$\text{Out[53]= } \frac{\text{x}[\text{j}]\left(\epsilon\text{o}\,(3\,\lambda + 2\mu)\,\text{C}[2]\,\delta[\text{i},\text{j}] - \frac{2\,\epsilon\text{o}\,\mu\,\text{C}[1]\,(-3\,\text{x}[\text{i}]\,\text{x}[\text{j}]+\text{r}^2\,\delta[\text{i},\text{j}])}{3\,\text{r}^5}\right)}{\text{r}}$$

```
In[54]:= Ti = Collect[Titmp, {C[1], C[2]}, Simplify]
```

$$\text{Out[54]= } \frac{4\,\epsilon\text{o}\,\mu\,\text{C}[1]\,\text{x}[\text{i}]}{3\,\text{r}^4} + \frac{\epsilon\text{o}\,(3\,\lambda + 2\mu)\,\text{C}[2]\,\text{x}[\text{i}]}{\text{r}}$$

Collect 関数を使うと，同じべき乗の項をまとめることが可能であり，出力が見やすくなる．2 個の未知数は各境界での変位と表面張力の連続性から決定できる．

γ^o_{ij} に対する解

本節では，無限遠でひずみが一様な γ^o_{ij} である場合の方程式 (4.21) の変位を求める．ナビエの方程式は線形微分方程式であり，変位 u_i のソースは外部ひずみ γ^o_{ij} のみであるため，u_i と γ^o_{ij} は比例関係にあると想定できる．u_i は 1 階のテンソルで γ^o_{ij} は 2 階のテンソルなので，比例定数 U_{ijk} はテンソルの商法則から 3 階のテンソルとなり

$$u_i = U_{ijk}\gamma^o_{jk}$$

と書ける．3 階のテンソルである U_{ijk} は x_i と δ_{ij} の組み合わせであることを必要とし，そのような全ての組み合わせは以下に限られる．

$$U_{ijk} = \frac{f_1(r)}{r^2}x_ix_jx_k + f_2(r)\delta_{ij}x_k + f_3(r)\delta_{ik}x_j + f_4(r)\delta_{jk}x_i$$

ここに $f_1(r) \sim f_4(r)$ は r のみの関数で，$f_1(r)$ は他の関数と次元を同じくするために r^2 で割られている．よって

$$u_i = U_{ijk}\gamma^o_{jk} = \frac{f_1(r)}{r^2}x_ix_jx_k\gamma^o_{jk} + f_2(r)x_k\gamma^o_{ik} + f_3(r)x_j\gamma^o_{ij} + f_4(r)x_i\gamma^o_{jj}$$

となる．$\gamma^o_{jj}=0$ のため最後の項は寄与しない．$\gamma^o_{ij}=\gamma^o_{ji}$ のため第2項と第3項はまとめられる．よって u_i は

$$u_i = U_{ijk}\gamma^o_{jk} = \left(\frac{f_1(r)}{r^2}x_ix_j + (f_2(r)+f_3(r))\delta_{ij}\right)x_k\gamma^o_{jk}$$
$$\equiv \left(\frac{f(r)}{r^2}x_ix_j + g(r)\delta_{ij}\right)x_k\gamma^o_{jk} \tag{4.27}$$

と表される．ここに $f_1(r)$ と $f_2(r)+f_3(r)$ は $f(r)$ と $g(r)$ に置き換えられた．式 (4.27) を式 (4.21) に代入すると，$f(r)$ と $g(r)$ が満たす微分方程式が得られる．この計算は手計算では煩瑣であるが，*Mathematica* でいくつかの規則を導入すると自動的に微分方程式を導出してくれる．

以下に導入する規則は指標に関する演算で有用である．この規則により $x_ix_j\gamma^o_{ij}$ のようなスカラー項を $x_px_q\gamma^o_{pq}$ に置き換え，総和規約でのダミー指標の重複による混乱をなくす．

```
In[55]:= myrule = {x[i_] x[j_] γo[i_, j_] -> x[p] x[q] γo[p, q],
           γo[k_, k_] -> 0, x[i_] γo[i_, j_] -> x[m] γo[j, m]}

Out[55]= {x[i_] x[j_] γo[i_, j_] → x[p] x[q] γo[p, q],
           γo[k_, k_] → 0, x[i_] γo[i_, j_] → x[m] γo[j, m]}

In[56]:= x[a] x[b] γo[a, b] /. myrule

Out[56]= x[p] x[q] γo[p, q]
```

式 (4.27) は

```
In[57]:= ui = f[r] x[i] x[j] x[k]/r^2 γo[j, k] + g[r] δ[i, j] x[k] γo[j, k]
```

$$\text{Out[57]= } \mathrm{g[r]\,x[k]\,\gamma o[i,k]} + \frac{\mathrm{f[r]\,x[i]\,x[j]\,x[k]\,\gamma o[j,k]}}{\mathrm{r}^2}$$

として入力できる．$\epsilon=u_{j,j}$ と $\epsilon_{,i}$ は

```
In[58]:= ϵ = (D[ui, x[i]] // Expand) /. myrule
```

$$\text{Out[58]= } \frac{\mathrm{3\,f[r]\,x[p]\,x[q]\,\gamma o[p,q]}}{\mathrm{r}^2} + \frac{\mathrm{x[p]\,x[q]\,\gamma o[p,q]\,f'[r]}}{\mathrm{r}} + \frac{\mathrm{x[p]\,x[q]\,\gamma o[p,q]\,g'[r]}}{\mathrm{r}}$$

```
In[59]:= ϵi = Expand[D[ϵ, x[i]]] /. myrule
```

$$\text{Out[59]= } \frac{\mathrm{6\,f[r]\,x[m]\,\gamma o[i,m]}}{\mathrm{r}^2} - \frac{\mathrm{6\,f[r]\,x[i]\,x[p]\,x[q]\,\gamma o[p,q]}}{\mathrm{r}^4} +$$
$$\frac{\mathrm{2\,x[m]\,\gamma o[i,m]\,f'[r]}}{\mathrm{r}} + \frac{\mathrm{2\,x[i]\,x[p]\,x[q]\,\gamma o[p,q]\,f'[r]}}{\mathrm{r}^3} +$$

$$\frac{2\,x[m]\,\gamma o[i,m]\,g'[r]}{r} - \frac{x[i]\,x[p]\,x[q]\,\gamma o[p,q]\,g'[r]}{r^3} + \frac{x[i]\,x[p]\,x[q]\,\gamma o[p,q]\,f''[r]}{r^2} + \frac{x[i]\,x[p]\,x[q]\,\gamma o[p,q]\,g''[r]}{r^2}$$

で計算できる．$u_{i,jj}$ は

```
In[60]:= Δui = (D[D[ui, x[n]], x[n]] // Expand) /. myrule
```

$$\text{Out[60]=}\ \frac{4\,f[r]\,x[m]\,\gamma o[i,m]}{r^2} - \frac{10\,f[r]\,x[i]\,x[p]\,x[q]\,\gamma o[p,q]}{r^4} + \frac{4\,x[i]\,x[p]\,x[q]\,\gamma o[p,q]\,f'[r]}{r^3} + \frac{4\,x[m]\,\gamma o[i,m]\,g'[r]}{r} + \frac{x[i]\,x[p]\,x[q]\,\gamma o[p,q]\,f''[r]}{r^2} + x[m]\,\gamma o[i,m]\,g''[r]$$

で計算できる．式 (4.27)（ナビエの方程式）は $f(r)$ と $g(r)$ により

```
In[61]:= navier = μ Δui + (μ + λ) ϵi
```

$$\text{Out[61]=}\ \mu\left(\frac{4\,f[r]\,x[m]\,\gamma o[i,m]}{r^2} - \frac{10\,f[r]\,x[i]\,x[p]\,x[q]\,\gamma o[p,q]}{r^4} + \frac{4\,x[i]\,x[p]\,x[q]\,\gamma o[p,q]\,f'[r]}{r^3} + \frac{4\,x[m]\,\gamma o[i,m]\,g'[r]}{r} + \frac{x[i]\,x[p]\,x[q]\,\gamma o[p,q]\,f''[r]}{r^2} + x[m]\,\gamma o[i,m]\,g''[r]\right) + (\lambda+\mu)\left(\frac{6\,f[r]\,x[m]\,\gamma o[i,m]}{r^2} - \frac{6\,f[r]\,x[i]\,x[p]\,x[q]\,\gamma o[p,q]}{r^4} + \frac{2\,x[m]\,\gamma o[i,m]\,f'[r]}{r} + \frac{2\,x[i]\,x[p]\,x[q]\,\gamma o[p,q]\,f'[r]}{r^3} + \frac{2\,x[m]\,\gamma o[i,m]\,g'[r]}{r} - \frac{x[i]\,x[p]\,x[q]\,\gamma o[p,q]\,g'[r]}{r^3} + \frac{x[i]\,x[p]\,x[q]\,\gamma o[p,q]\,f''[r]}{r^2} + \frac{x[i]\,x[p]\,x[q]\,\gamma o[p,q]\,g''[r]}{r^2}\right)$$

と表される．上記の式は $x_m\gamma^o_{im}$ に比例する項と $x_ix_px_q\gamma^o_{pq}$ に比例する項の独立した2項から成るが，これらを Coefficient 関数により分離することができる．

```
In[62]:= eq1 = Coefficient[navier, x[m] γo[i, m]]
```

$$\text{Out[62]=}\ (\lambda+\mu)\left(\frac{6\,f[r]}{r^2} + \frac{2\,f'[r]}{r} + \frac{2\,g'[r]}{r}\right) + \mu\left(\frac{4\,f[r]}{r^2} + \frac{4\,g'[r]}{r} + g''[r]\right)$$

```
In[63]:= eq2 = Coefficient[navier, x[i] x[p] x[q] γo[p, q]]
```

$$\text{Out[63]=}\ \mu\left(-\frac{10\,f[r]}{r^4} + \frac{4\,f'[r]}{r^3} + \frac{f''[r]}{r^2}\right) +$$

$$(\lambda+\mu)\left(-\frac{6\,\mathrm{f[r]}}{\mathrm{r}^4}+\frac{2\,\mathrm{f'[r]}}{\mathrm{r}^3}-\frac{\mathrm{g'[r]}}{\mathrm{r}^3}+\frac{\mathrm{f''[r]}}{\mathrm{r}^2}+\frac{\mathrm{g''[r]}}{\mathrm{r}^2}\right)$$

よって $f(r)$ と $g(r)$ が満たす微分方程式は

$$(\lambda+\mu)\left(\frac{2f'(r)}{r}+\frac{6f(r)}{r^2}+\frac{2g'(r)}{r}\right)$$
$$+\mu\left(\frac{4f(r)}{r^2}+g''(r)+\frac{4g'(r)}{r}\right)=0, \tag{4.28}$$
$$(\lambda+\mu)\left(\frac{f''(r)}{r^2}+\frac{2f'(r)}{r^3}-\frac{6f(r)}{r^4}+\frac{g''(r)}{r^2}-\frac{g'(r)}{r^3}\right)$$
$$+\mu\left(\frac{f''(r)}{r^2}+\frac{4f'(r)}{r^3}-\frac{10f(r)}{r^4}\right)=0 \tag{4.29}$$

と導ける．$f(r)$ と $g(r)$ に関する連立微分方程式 (4.28) と (4.29) は，*Mathematica* の微分方程式を解く DSolve 関数により解析的に解ける．

```
In[64]:= sol1 = DSolve[{eq1 == 0, eq2 == 0}, {f[r], g[r]}, r][[1]]
```

Out[64]=
$$\left\{\mathrm{f[r]}\to\frac{\mathrm{C[1]}}{\mathrm{r}^5}+\frac{\mathrm{C[2]}}{\mathrm{r}^3}+\mathrm{r}^2\,\mathrm{C[3]},\right.$$
$$\left.\mathrm{g[r]}\to-\frac{2\,\mathrm{C[1]}}{5\,\mathrm{r}^5}+\frac{2\,\mu\,\mathrm{C[2]}}{3\,\mathrm{r}^3\,(\lambda+\mu)}-\frac{\mathrm{r}^2\,(5\,\lambda+7\,\mu)\,\mathrm{C[3]}}{2\,\lambda+7\,\mu}+\mathrm{C[4]}\right\}$$

$$f(r)=\frac{c_1}{r^5}+\frac{c_2}{r^3}+c_3r^2 \tag{4.30}$$

$$g(r)=-\frac{2c_1}{5r^5}+\frac{2c_2\mu}{3r^3(\lambda+\mu)}-\frac{c_3r^2(5\lambda+7\mu)}{2\lambda+7\mu}+c_4 \tag{4.31}$$

ここに $c_1\sim c_4$ は積分定数である．上記の $f(r)$ と $g(r)$ に関する解は，変位，ひずみ，応力および表面力には4個の独立な解があることを示す．(4.30) 式と (4.31) 式を (4.27) 式に代入すると，変位の4個の独立な解は

```
In[65]:= Ui = ui /. sol1 /. myrule
```

Out[65]=
$$\left(-\frac{2\,\mathrm{C[1]}}{5\,\mathrm{r}^5}+\frac{2\,\mu\,\mathrm{C[2]}}{3\,\mathrm{r}^3\,(\lambda+\mu)}-\frac{\mathrm{r}^2\,(5\,\lambda+7\,\mu)\,\mathrm{C[3]}}{2\,\lambda+7\,\mu}+\mathrm{C[4]}\right)\mathrm{x[m]}\gamma\mathrm{o[i,m]}+$$
$$\frac{1}{\mathrm{r}^2}\left(\frac{\mathrm{C[1]}}{\mathrm{r}^5}+\frac{\mathrm{C[2]}}{\mathrm{r}^3}+\mathrm{r}^2\,\mathrm{C[3]}\right)\mathrm{x[i]}\,\mathrm{x[p]}\,\mathrm{x[q]}\,\gamma\mathrm{o[p,q]}$$

```
In[66]:= Uj = Ui /. i -> j
```

Out[66]=
$$\left(-\frac{2\,\mathtt{C}[1]}{5\,\mathtt{r}^5}+\frac{2\,\mu,\mathtt{C}[2]}{3\,\mathtt{r}^3\,(\lambda+\mu)}-\frac{\mathtt{r}^2\,(5\,\lambda+7\,\mu)\,\mathtt{C}[3]}{2\,\lambda+7\,\mu}+\mathtt{C}[4]\right)\mathtt{x}[\mathtt{m}]\gamma\mathtt{o}[\mathtt{j},\mathtt{m}]+\frac{1}{\mathtt{r}^2}\left(\frac{\mathtt{C}[1]}{\mathtt{r}^5}+\frac{\mathtt{C}[2]}{\mathtt{r}^3}+\mathtt{r}^2\,\mathtt{C}[3]\right)\mathtt{x}[\mathtt{j}]\,\mathtt{x}[\mathtt{p}]\,\mathtt{x}[\mathtt{q}]\,\gamma\mathtt{o}[\mathtt{p},\mathtt{q}]$$

となる．よってひずみ成分 ϵ_{ij} は

```
In[67]:= Eij = Expand D[Ui, x[j]] + D[Uj, x[i]]) / 2] /. myrule
```

Out[67]=
$$-\frac{2\,\mathtt{C}[1]\,\gamma\mathtt{o}[\mathtt{i},\mathtt{j}]}{5\,\mathtt{r}^5}+\frac{2\,\mathtt{C}[2]\,\gamma\mathtt{o}[\mathtt{i},\mathtt{j}]}{3\,\mathtt{r}^3\,(\lambda+\mu)}-\frac{5\,\mathtt{r}^2\,\lambda\,\mathtt{C}[3]\,\gamma\mathtt{o}[\mathtt{i},\mathtt{j}]}{2\,\lambda+7\,\mu}-\frac{7\,\mathtt{r}^2\,\mu\,\mathtt{C}[3]\,\gamma\mathtt{o}[\mathtt{i},\mathtt{j}]}{2\,\lambda+7\,\mu}+$$
$$\mathtt{C}[4]\,\gamma\mathtt{o}[\mathtt{i},\mathtt{j}]+\frac{2\,\mathtt{C}[1]\,\mathtt{x}[\mathtt{j}]\,\mathtt{x}[\mathtt{m}]\,\gamma\mathtt{o}[\mathtt{i},\mathtt{m}]}{\mathtt{r}^7}+\frac{\mathtt{C}[2]\,\mathtt{x}[\mathtt{j}]\,\mathtt{x}[\mathtt{m}]\,\gamma\mathtt{o}[\mathtt{i},\mathtt{m}]}{\mathtt{r}^5}-$$
$$\frac{\mu\,\mathtt{C}[2]\,\mathtt{x}[\mathtt{j}]\,\mathtt{x}[\mathtt{m}]\,\gamma\mathtt{o}[\mathtt{i},\mathtt{m}]}{\mathtt{r}^5\,(\lambda+\mu)}+\mathtt{C}[3]\,\mathtt{x}[\mathtt{j}]\,\mathtt{x}[\mathtt{m}]\,\gamma\mathtt{o}[\mathtt{i},\mathtt{m}]-\frac{5\,\mathtt{C}[3]\,\mathtt{x}[\mathtt{j}]\,\mathtt{x}[\mathtt{m}]\,\gamma\mathtt{o}[\mathtt{i},\mathtt{m}]}{2\,\lambda+7\,\mu}-$$
$$\frac{7\,\mu\,\mathtt{C}[3]\,\mathtt{x}[\mathtt{j}]\,\mathtt{x}[\mathtt{m}]\,\gamma\mathtt{o}[\mathtt{i},\mathtt{m}]}{2\,\lambda+7\,\mu}+\frac{2\,\mathtt{C}[1]\,\mathtt{x}[\mathtt{i}]\,\mathtt{x}[\mathtt{m}]\,\gamma\mathtt{o}[\mathtt{j},\mathtt{m}]}{\mathtt{r}^7}+\frac{\mathtt{C}[2]\,\mathtt{x}[\mathtt{i}]\,\mathtt{x}[\mathtt{m}]\,\gamma\mathtt{o}[\mathtt{j},\mathtt{m}]}{\mathtt{r}^5}-$$
$$\frac{\mu\,\mathtt{C}[2]\,\mathtt{x}[\mathtt{i}]\,\mathtt{x}[\mathtt{m}]\,\gamma\mathtt{o}[\mathtt{j},\mathtt{m}]}{\mathtt{r}^5\,(\lambda+\mu)}+\mathtt{C}[3]\,\mathtt{x}[\mathtt{i}]\,\mathtt{x}[\mathtt{m}]\,\gamma\mathtt{o}[\mathtt{j},\mathtt{m}]-\frac{5\,\lambda\,\mathtt{C}[3]\,\mathtt{x}[\mathtt{i}]\,\mathtt{x}[\mathtt{m}]\,\gamma\mathtt{o}[\mathtt{j},\mathtt{m}]}{2\,\lambda+7\,\mu}-$$
$$\frac{7\,\mu\,\mathtt{C}[3]\,\mathtt{x}[\mathtt{i}]\,\mathtt{x}[\mathtt{m}]\,\gamma\mathtt{o}[\mathtt{j},\mathtt{m}]}{2\,\lambda+7\,\mu}-\frac{1}{\mathtt{r}^9}\,7\,\mathtt{C}[1]\,\mathtt{x}[\mathtt{i}]\,\mathtt{x}[\mathtt{j}]\,\mathtt{x}[\mathtt{p}]\,\mathtt{x}[\mathtt{q}]\,\gamma\mathtt{o}[\mathtt{p},\mathtt{q}]-$$
$$\frac{1}{\mathtt{r}^7}\,5\,\mathtt{C}[2]\,\mathtt{x}[\mathtt{i}]\,\mathtt{x}[\mathtt{j}]\,\mathtt{x}[\mathtt{p}]\,\mathtt{x}[\mathtt{q}]\,\gamma\mathtt{o}[\mathtt{p},\mathtt{q}]+\frac{\mathtt{C}[1]\,\mathtt{x}[\mathtt{p}]\,\mathtt{x}[\mathtt{q}]\,\gamma\mathtt{o}[\mathtt{p},\mathtt{q}]\,\delta[\mathtt{i},\mathtt{j}]}{\mathtt{r}^7}+$$
$$\frac{\mathtt{C}[2]\,\mathtt{x}[\mathtt{p}]\,\mathtt{x}[\mathtt{q}]\,\gamma\mathtt{o}[\mathtt{p},\mathtt{q}]\,\delta[\mathtt{i},\mathtt{j}]}{\mathtt{r}^5}+\mathtt{C}[3]\,\mathtt{x}[\mathtt{p}]\,\mathtt{x}[\mathtt{q}]\,\gamma\mathtt{o}[\mathtt{p},\mathtt{q}]\,\delta[\mathtt{i},\mathtt{j}]$$

と表される．応力成分 σ_{ij} は

```
In[68]:= Eii = Expand[Eij /. i -> j] /. myrule // Simplify
```

Out[68]=
$$(\mu\,(-4\,\lambda\,\mathtt{C}[2]-14\,\mu\,\mathtt{C}[2]+21\,\mathtt{r}^5\,\lambda\,\mathtt{C}[3]+21\,\mathtt{r}^5\,\mu\,\mathtt{C}[3])\,\mathtt{x}[\mathtt{p}]\,\mathtt{x}[\mathtt{q}]\,\gamma\mathtt{o}[\mathtt{p},\mathtt{q}])/$$
$$(\mathtt{r}^5\,(\lambda+\mu)\,(2\,\lambda+7\,\mu))$$

```
In[69]:= Sij = Expand[2 μ Eij + λ δ[i, j] Eii] /. myrule // Simplify
```

Out[69]=
$$-\frac{1}{15\,\mathtt{r}^9\,(\lambda+\mu)\,(2\,\lambda+7\,\mu)}$$
$$\mu\,(2\,\mathtt{r}^4\,(\lambda\,\mu\,(54\,\mathtt{C}[1]-20\,\mathtt{r}^2\,\mathtt{C}[2]+180\,\mathtt{r}^7\,\mathtt{C}[3]-135\,\mathtt{r}^5\,\mathtt{C}[4])+$$
$$7\,\mu^2\,(6\,\mathtt{C}[1]-10\,\mathtt{r}^2\,\mathtt{C}[2]+15\,\mathtt{r}^7\,\mathtt{C}[3]-15\,\mathtt{r}^5\,\mathtt{C}[4])+$$
$$3\,\lambda^2\,(4\,\mathtt{C}[1]+25\,\mathtt{r}^7\,\mathtt{C}[3]-10\,\mathtt{r}^5\,\mathtt{C}[4]))\,\gamma\mathtt{o}[\mathtt{i},\mathtt{j}]+$$
$$15\,(2\,\mathtt{x}[\mathtt{j}]\,(\mathtt{r}^2\,(-14\,\mu^2\,\mathtt{C}[1]+\lambda\,\mu\,(-18\,\mathtt{C}[1]-7\,\mathtt{r}^2\,\mathtt{C}[2]+3\,\mathtt{r}^7\,\mathtt{C}[3])+$$
$$\lambda^2\,(-4\,\mathtt{C}[1]-2\,\mathtt{r}^2\,\mathtt{C}[2]+3\,\mathtt{r}^7\,\mathtt{C}[3]))\,\mathtt{x}[\mathtt{m}]\,\gamma\mathtt{o}[\mathtt{i},\mathtt{m}]+$$
$$(2\,\lambda^2+9\,\lambda\,\mu+7\,\mu^2)\,(7\,\mathtt{C}[1]+5\,\mathtt{r}^2\,\mathtt{C}[2])\,\mathtt{x}[\mathtt{i}]\,\mathtt{x}[\mathtt{p}]\,\mathtt{x}[\mathtt{q}]\,\gamma\mathtt{o}[\mathtt{p},\mathtt{q}])+$$

$$r^2 (-2 (14 \mu^2 C[1] + \lambda^2 (4 C[1] + 2 r^2 C[2] - 3 r^7 C[3]) +$$
$$\lambda \mu (18 C[1] + 7 r^2 C[2] - 3 r^7 C[3])) x[i] x[m] \gamma o[j, m] -$$
$$(14 \mu^2 (C[1] + r^2 C[2] + r^7 C[3]) + \lambda^2 (4 C[1] + 25 r^7 C[3]) +$$
$$\lambda \mu (18 C[1] + 4 r^2 C[2] + 39 r^7 C[3])) x[p] x[q] \gamma o[p, q] \delta[i, j])))$$

となる．表面力成分 t_i は

```
In[70]:= Ti = (Sij x[j] / r // Expand /. myrule // Simplify
```

Out[70]=
$$\frac{1}{15 r^8 (\lambda + \mu) (2 \lambda + 7 \mu)}$$
$$\mu (2 r^2 (6 \lambda^2 (8 C[1] + 5 r^2 (C[2] - 4 r^5 C[3] + r^3 C[4])) +$$
$$7 \mu^2 (24 C[1] + 5 r^2 (2 C[2] - 3 r^5 C[3] + 3 r^3 C[4])) +$$
$$\lambda \mu (216 C[1] + 5 r^2 (25 C[2] - 45 r^5 C[3] + 27 r^3 C[4]))) x[m] \gamma o[i, m] -$$
$$15 (\lambda + \mu) (\lambda (16 C[1] + 16 r^2 C[2] - 19 r^7 C[3]) +$$
$$14 \mu (4 C[1] + 4 r^2 C[2] - r^7 C[3])) x[i] x[p] x[q] \gamma o[p, q])$$

となる．上記の結果は各々の相について有効であり，未知係数は相面での連続条件と境界条件から求められる．

4.2.3　2相材料の厳密解

これまでに得られた式を使い，単一介在物の周囲に複数の同心介在物がある場合の弾性場を求めることができる．

まず，半径 a の球状介在物が無限に広がった母相内に埋め込まれている2相材料を考える（図 4.10）．介在物のラメ定数を (λ_1, μ_1)，母相のラメ定数を (λ_m, μ_m) とする．

ϵ^o に対する解

変位の一般解である式 (4.25) と表面力の一般解である式 (4.26) に含まれる未知係数は，変位と表面力の $r = a$ での連続条件を考慮することで決定できる．変位と表面力は式 (4.25) と式 (4.26) を介在物内と母相で

$$u_i^{\text{in}} = \left(-\frac{c_1^{\text{in}}}{3r^3} + c_2^{\text{in}} \right) x_i \, \epsilon^o,$$

$$t_i^{\text{in}} = \frac{4c_1^{\text{in}} \mu_1 x_i}{3r^4} \epsilon^o + \frac{c_2^{\text{in}} x_i (3\lambda_1 + 2\mu_1)}{r} \epsilon^o,$$

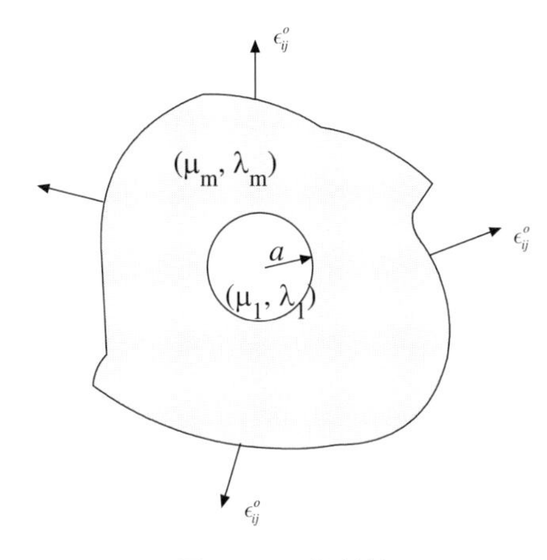

図 4.10　2 相材料

$$u_i^{\rm out} = \left(-\frac{c_1^{\rm out}}{3r^3} + c_2^{\rm out}\right) x_i\, \epsilon^o,$$

$$t_i^{\rm out} = \frac{4c_1^{\rm out}\mu_m x_i}{3r^4}\epsilon^o + \frac{c_2^{\rm out} x_i(3\lambda_m + 2\mu_m)}{r}\epsilon^o$$

のように表す．介在物内での変位 $u_i^{\rm in}$ は $r = 0$ で有限である条件から $c_1^{\rm in}$ は 0 であり，$r \to \infty$ で $u_i^{\rm out} \to x_i\epsilon^o$ の条件から $c_2^{\rm out}$ は 1 である．よって未知数は $c_2^{\rm in}$ と $c_1^{\rm out}$ のみとなり，$r = a$ での変位，表面力の連続条件

$$u_i^{\rm in} = u_i^{\rm out} \qquad r = a,$$

$$t_i^{\rm in} = t_i^{\rm out} \qquad r = a$$

から決定できる．

各相での変位は

```
In[71]:= DispIn = Ui /. C -> c1
```

$$\text{Out[71]= } \epsilon\text{o}\left(-\frac{\text{c1[1]}}{3\,\text{r}^3} + \text{c1[2]}\right)\text{x[i]}$$

```
In[72]:= DispOut = Ui /. C -> cm
```

$$\text{Out[72]= } \epsilon\text{o}\left(-\frac{\text{cm[1]}}{3\,\text{r}^3} + \text{cm[2]}\right)\text{x[i]}$$

と入力できる．各相での表面力は

```
In[73]:= TractIn = Ti /. {C -> c1, μ -> μ1, λ -> λ1}
```

Out[73]= $\dfrac{4\,\epsilon o\,\mu 1\,c1[1]\,x[i]}{3\,r^4} + \dfrac{1}{r}\epsilon o\,(3\,\lambda 1 + 2\,\mu 1)\,c1[2]\,x[i]$

In[74]:= TractOut = Ti /. {C -> cm, μ -> μm, λ -> λm}

Out[74]= $\dfrac{4\,\epsilon o\,\mu m\,cm[1]\,x[i]}{3\,r^4} + \dfrac{1}{r}\epsilon o\,(3\,\lambda m + 2\,\mu m)\,cm[2]\,x[i]$

と入力できる．変位と表面力の連続条件は

In[75]:= eq1 = (DispIn - DispOut) /. r -> a

Out[75]= $\epsilon o\left(-\dfrac{c1[1]}{3\,a^3} + c1[2]\right)x[i] - \epsilon o\left(-\dfrac{cm[1]}{3\,a^3} + cm[2]\right)x[i]$

In[76]:= eq2 = (TractIn - TractOut) /. r -> a

Out[76]= $\dfrac{4\,\epsilon o\,\mu 1\,c1[1]\,x[i]}{3\,a^4} + \dfrac{\epsilon o\,(3\,\lambda 1 + 2\,\mu 1)\,c1[2]\,x[i]}{a} - \dfrac{4\,\epsilon o\,\mu m\,cm[1]\,x[i]}{3\,a^4} - \dfrac{\epsilon o\,(3\,\lambda m + 2\,\mu m)\,cm[2]\,x[i]}{a}$

と入力できる．未知係数は

In[77]:= c1[1] = 0; cm[2] = 1;

In[78]:= sol2 = Solve[{eq1 == 0, eq2 == 0}, {c1[2], cm[1]}][[1]]

Out[78]= $\left\{c1[2] \to \dfrac{3\,(\lambda m + 2\,\mu m)}{3\,\lambda 1 + 2\,\mu 1 + 4\,\mu m},\ cm[1] \to -\dfrac{3\,a^3\,(-3\,\lambda 1 + 3\,\lambda m - 2\,\mu 1 + 2\,\mu m)}{3\,\lambda 1 + 2\,\mu 1 + 4\,\mu m}\right\}$

と解かれる．よって各相の変位，ひずみ，応力および表面力は

1. 介在物内 $(0 < r < a)$

In[79]:= uiin = DispIn /. sol2

Out[79]= $\dfrac{3\,\epsilon o\,(\lambda m + 2\,\mu m)\,x[i]}{3\,\lambda 1 + 2\,\mu 1 + 4\,\mu m}$

In[80]:= ϵijin = Eij /. C -> c1 /. sol2

Out[80]= $\dfrac{3\,\epsilon o\,(\lambda m + 2\,\mu m)\,\delta[i,j]}{3\,\lambda 1 + 2\,\mu 1 + 4\,\mu m}$

In[81]:= σijin = Sij /. {C -> c1, λ -> λ1, μ -> μ1} /. sol2

Out[81]= $\dfrac{3\,\epsilon o\,(3\,\lambda 1 + 2\,\mu 1)\,(\lambda m + 2\,\mu m)\,\delta[i,j]}{3\,\lambda 1 + 2\,\mu 1 + 4\,\mu m}$

```
In[82]:= tiin = TractIn /. sol2
```

$$\text{Out[82]=}\ \frac{3\,\epsilon\text{o}\,(3\,\lambda 1+2\,\mu 1)\,(\lambda\text{m}+2\,\mu\text{m})\,\text{x[i]}}{\text{r}\,(3\,\lambda 1+2\,\mu 1+4\,\mu\text{m})}$$

2. 母相内 $(a < r < \infty)$

```
In[83]:= uiout = DispOut /. sol2
```

$$\text{Out[83]=}\ \epsilon\text{o}\left(1+\frac{\text{a}^3\,(-3\,\lambda 1+3\,\lambda\text{m}-2\,\mu 1+2\,\mu\text{m})}{\text{r}^3\,(3\,\lambda 1+2\,\mu 1+4\,\mu\text{m})}\right)\text{x[i]}$$

```
In[84]:= ϵijout = Eij /. C -> cm /. sol2
```

$$\text{Out[84]=}\ \epsilon\text{o}\,\delta[\text{i},\text{j}]-\frac{3\,\text{a}^3\,(-3\,\lambda 1+3\,\lambda\text{m}-2\,\mu 1+2\,\mu\text{m})\left(\frac{2\,\epsilon\text{o}\,\text{x[i]}\,\text{x[j]}}{\text{r}^5}-\frac{2\,\epsilon\text{o}\,\delta[\text{i},\text{j}]}{3\,\text{r}^3}\right)}{2\,(3\,\lambda 1+2\,\mu 1+4\,\mu\text{m})}$$

```
In[85]:= σijout = Sij /. {C -> cm, λ -> λm, μ -> μm} /. sol2
```

$$\text{Out[85]=}\ \epsilon\text{o}\,(3\,\lambda\text{m}+2\,\mu\text{m})\,\delta[\text{i},\text{j}]+\frac{2\,\text{a}^3\,\epsilon\text{o}\,\mu\text{m}\,(-3\,\lambda 1+3\,\lambda\text{m}-2\,\mu 1+2\,\mu\text{m})\,(-3\,\text{x[i]}\,\text{x[j]}+\text{r}^2\,\delta[\text{i},\text{j}])}{\text{r}^5\,(3\,\lambda 1+2\,\mu 1+4\,\mu\text{m})}$$

```
In[86]:= tiout = TractOut /. sol2
```

$$\text{Out[86]=}\ \frac{\epsilon\text{o}\,(3\,\lambda\text{m}+2\,\mu\text{m})\,\text{x[i]}}{\text{r}}-\frac{4\,\text{a}^3\,\epsilon\text{o}\,\mu\text{m}\,(-3\,\lambda 1+3\,\lambda\text{m}-2\,\mu 1+2\,\mu\text{m})\,\text{x[i]}}{\text{r}^4\,(3\,\lambda 1+2\,\mu 1+4\,\mu\text{m})}$$

と計算できる.

γ^o_{ij} に対する解

物体が無限遠でひずみのせん断部分である γ^o_{ij} の下で変形している場合も，上記と同様に弾性場を求められる.

しかし，弾性場を発生するソースがスカラーである ϵ^o の場合に比べて，弾性場を発生するソースが2階のテンソルである γ^o_{ij} の場合，計算はより複雑になり，*Mathematica* を使わなければ厳密解の導出は不可能である.

変位 u_i と表面力 t_i は4個の独立な関数の結合で表された.

```
In[87]:= Ui = ui /. sol1 /. myrule
```

$$\text{Out[87]=}\ \left(-\frac{2\,\text{C[1]}}{5\,\text{r}^5}+\frac{2\,\mu\,\text{C[2]}}{3\,\text{r}^3\,(\lambda+\mu)}-\frac{\text{r}^2\,(5\,\lambda+7\,\mu)\,\text{C[3]}}{2\,\lambda+7\,\mu}+\text{C[4]}\right)\text{x[m]}\,\gamma\text{o[i,m]}+$$

$$\frac{(\frac{C[1]}{r^5} + \frac{C[2]}{r^3} + r^2\,C[3])\,x[i]\,x[p]\,x[q]\,\gamma o[p,q]}{r^2}$$

```
In[88]:= Ti = (Sij x[j]/r // Expand) /. myrule // Simplify
```

Out[88]= $(\mu\,(2\,r^2\,(6\,\lambda^2\,(8\,C[1] + 5\,r^2\,(C[2] - 4\,r^5\,C[3] + r^3\,C[4])) +$
$7\,\mu^2\,(24\,C[1] + 5\,r^2\,(2\,C[2] - 3\,r^5\,C[3] + 3\,r^3\,C[4])) +$
$\lambda\,\mu\,(216\,C[1] + 5\,r^2\,(25\,C[2] - 45\,r^5\,C[3] + 27\,r^3\,C[4])))\,x[m]\,\gamma o[i,m] -$
$15\,(\lambda + \mu)\,(\lambda\,(16\,C[1] + 16\,r^2\,C[2] - 19\,r^7\,C[3]) +$
$14\,\mu\,(4\,C[1] + 4\,r^2\,C[2] - r^7\,C[3]))\,x[i]\,x[p]\,x[q]\,\gamma o[p,q]))/$
$(15\,r^8\,(\lambda + \mu)\,(2\,\lambda + 7\,\mu))$

よって介在物内と母相内の変位と表面力は，4個の独立な関数の線形結合として

```
In[89]:= DispIn = Collect[
           (Ui /. {C -> c1, λ -> λ1, μ -> μ1}), Table[c1[i], {i, 1, 4}]]
```

Out[89]= $c1[4]\,x[m]\,o[i,m] +$
$c1[3]\left(-\frac{r^2\,(5\,\lambda 1 + 7\,\mu 1)\,x[m]\,\gamma o[i,m]}{2\,\lambda 1 + 7\,\mu 1} + x[i]\,x[p]\,x[q]\,\gamma o[p,q]\right) +$
$c1[1]\left(-\frac{2\,x[m]\,\gamma o[i,m]}{5\,r^5} + \frac{x[i]\,x[p]\,x[q]\,\gamma o[p,q]}{r^7}\right) +$
$c1[2]\left(-\frac{2\,\mu 1\,x[m]\,\gamma o[i,m]}{3\,r^3\,(\lambda 1 + \mu 1)} + \frac{x[i]\,x[p]\,x[q]\,\gamma o[p,q]}{r^5}\right)$

```
In[90]:= DispOut = Collect[
           (Ui /. {C -> c2, λ -> λm, μ -> μm}), Table[c2[i], {i, 1, 4}]]
```

Out[90]= $c2[4]\,x[m]\,o[i,m] +$
$c2[3]\left(-\frac{r^2\,(5\,\lambda m + 7\,\mu m)\,x[m]\,\gamma o[i,m]}{2\,\lambda m + 7\,\mu m} + x[i]\,x[p]\,x[q]\,\gamma o[p,q]\right) +$
$c2[1]\left(-\frac{2\,x[m]\,\gamma o[i,m]}{5\,r^5} + \frac{x[i]\,x[p]\,x[q]\,\gamma o[p,q]}{r^7}\right) +$
$c2[2]\left(-\frac{2\,\mu m\,x[m]\,\gamma o[i,m]}{3\,r^3\,(\lambda m + \mu m)} + \frac{x[i]\,x[p]\,x[q]\,\gamma o[p,q]}{r^5}\right)$

```
In[91]:= TractIn = Ti /. {C -> c1, λ -> λ1, μ -> μ1}
```

Out[91]= $(\mu 1\,(2\,r^2\,(6\,\lambda 1^2\,(8\,c1[1] + 5\,r^2\,(c1[2] - 4\,r^5\,c1[3] + r^3\,c1[4])) +$
$7\mu 1^2\,(24\,c1[1] + 5\,r^2\,(2\,c1[2] - 3\,r^5\,c1[3] + 3\,r^3\,c1[4])) +$
$\lambda 1\,\mu 1\,(216\,c1[1] + 5\,r^2\,(25\,c1[2] - 45\,r^5\,c1[3] + 27\,r^3\,c1[4])))\,x[m]\,\gamma o[i,m] -$
$15\,(\lambda 1 + \mu 1)\,(\lambda 1\,(16\,c1[1] + 16\,r^2\,c1[2] - 19\,r^7\,c1[3]) +$
$14\,\mu 1\,(4\,c1[1] + 4\,r^2\,c1[2] - r^7\,c1[3]))\,x[i]\,x[p]\,x[q]\,\gamma o[p,q]))/$

```
             (15 r^8 (λ1 + μ1) (2 λ1 + 7 μ1))

In[92]:= TractOut = Ti /. {C -> c2, λ -> λm, μ -> μm}
Out[92]= (μm (2 r^2 (6 λm^2 (8 c2[1] + 5 r^2 (c2[2] - 4 r^5 c2[3] + r^3 c2[4])) +
             7μm^2 (24 c2[1] + 5 r^2 (2 c2[2] - 3 r^5 c2[3] + 3 r^3 c2[4])) +
             λm μm (216 c2[1] + 5 r^2 (25 c2[2] - 45 r^5 c2[3] + 27 r^3 c2[4]))) x[m] γo[i, m] -
             15 (λm + μm) (λm (16 c2[1] + 16 r^2 c2[2] - 19 r^7 c2[3]) +
             14 μm (4 c2[1] + 4 r^2 c2[2] - r^7 c2[3])) x[i] x[p] x[q] γo[p, q]))/
             (15 r^8 (λm + μm) (2 λm + 7 μm))
```

と表される．

変位 u_i^{in} は $r=0$ で有限のため，$c_1^{\text{in}}=0$ および $c_3^{\text{out}}=0$ となり，また $r\to\infty$ で $u_i^{\text{out}}\to x_i\gamma_{ij}^o$ なので $c_4^{\text{out}}=1$ および $c_3^{\text{out}}=0$ となる．残りの未知係数は $r=a$ での変位と表面力の連続条件から決定される．

$$u_i^{\text{in}} = u_i^{\text{out}} \quad r=a,$$

$$t_i^{\text{in}} = t_i^{\text{out}} \quad r=a$$

以下の *Mathematica* コードは方程式を定義して未知係数について解く．

```
In[93]:= c1[1] = 0; c1[2] = 0; c2[4] = 1; c2[3] = 0;

In[94]:= tmp1 = ((DispIn - DispOut) /. r -> a) // Expand
Out[94]= -x[m] γo[i, m] - (5 a^2 λ1 c1[3] x[m] γo[i, m])/(2 λ1 + 7 μ1) -
             (7 a^2 μ1 c1[3] x[m] γo[i, m])/(2 λ1 + 7 μ1) + c1[4] x[m] γo[i, m] +
             (2 c2[1] x[m] γo[i, m])/(5 a^5) - (2 μm c2[2] x[m] γo[i, m])/(3 a^3 (λm + μm)) +
             c1[3] x[i] x[p] x[q] γo[p, q] -
             (c2[1] x[i] x[p] x[q] γo[p, q])/a^7 - (c2[2] x[i] x[p] x[q] γo[p, q])/a^5

In[95]:= eq1 = Coefficient[tmp1, x[m] γo[i, m]]
Out[95]= -1 - (5 a^2 λ1 c1[3])/(2 λ1 + 7 μ1) - (7 a^2 μ1 c1[3])/(2 λ1 + 7 μ1) + c1[4] + (2 c2[1])/(5 a^5) - (2 μm c2[2])/(3 a^3 (λm + μm))

In[96]:= eq2 = Coefficient[tmp1, x[i] x[p] x[q] γo[p, q]]
```

Out[96]= $\mathrm{c1}[3]-\dfrac{\mathrm{c2}[1]}{\mathrm{a}^7}-\dfrac{\mathrm{c2}[2]}{\mathrm{a}^5}$

```
In[97]:= tmp2 = ((TractIn - TractOut) /. r -> a) // Expand
```

Out[97]=
$$\begin{aligned}&(\mu 1\,(2\,\mathrm{a}^2\,(30\,\mathrm{a}^2\,\lambda 1^2\,(-4\,\mathrm{a}^5\,\mathrm{c1}[3]+\mathrm{a}^3\,\mathrm{c1}[4])+\\&\quad 35\,\mathrm{a}^2\,\mu 1^2\,(-3\,\mathrm{a}^5\,\mathrm{c1}[3]+3\,\mathrm{a}^3\,\mathrm{c1}[4])+\\&\quad 5\,\mathrm{a}^2\,\lambda 1\,\mu 1\,(-45\,\mathrm{a}^5\,\mathrm{c1}[3]+27\,\mathrm{a}^3\,\mathrm{c1}[4]))\,\mathrm{x}[\mathrm{m}]\,\gamma\mathrm{o}[\mathrm{i},\mathrm{m}]-\\&\quad 15\,(\lambda 1+\mu 1)\,(-19\,\mathrm{a}^7\,\lambda 1\,\mathrm{c1}[3]-14\,\mathrm{a}^7\,\mu 1\,\mathrm{c1}[3])\,\mathrm{x}[\mathrm{i}]\,\mathrm{x}[\mathrm{p}]\,\mathrm{x}[\mathrm{q}]\,\gamma\mathrm{o}[\mathrm{p},\mathrm{q}]))/\\&\quad (15\,\mathrm{a}^8\,(\lambda 1+\mu 1)\,(2\,\lambda 1+7\,\mu 1))-\\&(\mu\mathrm{m}\,(2\,\mathrm{a}^2\,(6\,\lambda\mathrm{m}^2\,(8\,\mathrm{c2}[1]+5\,\mathrm{a}^2\,(\mathrm{a}^3+\mathrm{c2}[2]))+\\&\quad 7\,\mu\mathrm{m}^2\,(24\,\mathrm{c2}[1]+5\,\mathrm{a}^2\,(3\,\mathrm{a}^3+2\,\mathrm{c2}[2]))+\\&\quad \lambda\mathrm{m}\,\mu\mathrm{m}\,(216\,\mathrm{c2}[1]+5\,\mathrm{a}^2\,(27\,\mathrm{a}^3+25\,\mathrm{c2}[2])))\,\mathrm{x}[\mathrm{m}]\,\gamma\mathrm{o}[\mathrm{i},\mathrm{m}]-\\&\quad 15\,(\lambda\mathrm{m}+\mu\mathrm{m})\,(14\,\mu\mathrm{m}\,(4\,\mathrm{c2}[1]+4\,\mathrm{a}^2\,\mathrm{c2}[2])+\\&\quad \lambda\mathrm{m}\,(16\,\mathrm{c2}[1]+16\,\mathrm{a}^2\,\mathrm{c2}[2]))\,\mathrm{x}[\mathrm{i}]\,\mathrm{x}[\mathrm{p}]\,\mathrm{x}[\mathrm{q}]\,\gamma\mathrm{o}[\mathrm{p},\mathrm{q}]))/\\&\quad (15\,\mathrm{a}^8\,(\lambda\mathrm{m}+\mu\mathrm{m})\,(2\,\lambda\mathrm{m}+7\,\mu\mathrm{m}))\end{aligned}$$

```
In[98]:= eq3 = Coefficient[tmp2, x[m] γo[i, m]]
```

Out[98]=
$$\begin{aligned}&(2\,\mu 1\,(30\,\mathrm{a}^2\,\lambda 1^2\,(-4\,\mathrm{a}^5\,\mathrm{c1}[3]+\mathrm{a}^3\,\mathrm{c1}[4])+\\&\quad 35\,\mathrm{a}^2\,\mu 1^2\,(-3\,\mathrm{a}^5\,\mathrm{c1}[3]+3\,\mathrm{a}^3\,\mathrm{c1}[4])+\\&\quad 5\,\mathrm{a}^2\,\lambda 1\,\mu 1\,(-45\,\mathrm{a}^5\,\mathrm{c1}[3]+27\,\mathrm{a}^3\,\mathrm{c1}[4])))/\\&\quad (15\,\mathrm{a}^6\,(\lambda 1+\mu 1)\,(2\,\lambda 1+7\,\mu 1))-\\&(2\,\mu\mathrm{m}\,(6\,\lambda\mathrm{m}^2\,(8\,\mathrm{c2}[1]+5\,\mathrm{a}^2\,(\mathrm{a}^3+\mathrm{c2}[2]))+\\&\quad 7\,\mu\mathrm{m}^2\,(24\,\mathrm{c2}[1]+5\,\mathrm{a}^2\,(3\,\mathrm{a}^3+2\,\mathrm{c2}[2]))+\\&\quad \lambda\mathrm{m}\,\mu\mathrm{m}\,(216\,\mathrm{c2}[1]+5\,\mathrm{a}^2\,(27\,\mathrm{a}^3+25\,\mathrm{c2}[2]))))/\\&\quad (15\,\mathrm{a}^6\,(\lambda\mathrm{m}+\mu\mathrm{m})\,(2\,\lambda\mathrm{m}+7\,\mu\mathrm{m}))\end{aligned}$$

```
In[99]:= eq4 = Coefficient[tmp2, x[i] x[p] x[q] γo[p, q]]
```

Out[99]=
$$\begin{aligned}&-\frac{\mu 1\,(-19\,\mathrm{a}^7\,\lambda 1\,\mathrm{c1}[3]-14\,\mathrm{a}^7\,\mu 1\,\mathrm{c1}[3])}{\mathrm{a}^8\,(2\,\lambda 1+7\,\mu 1)}+\\&\quad\frac{\mu\mathrm{m}\,(14\,\mu\mathrm{m}\,(4\,\mathrm{c2}[1]+4\,\mathrm{a}^2\,\mathrm{c2}[2])+\lambda\mathrm{m}\,(16\,\mathrm{c2}[1]+16\,\mathrm{a}^2\,\mathrm{c2}[2]))}{\mathrm{a}^8\,(2\,\lambda\mathrm{m}+7\,\mu\mathrm{m})}\end{aligned}$$

```
In[100]:= sol2 = Solve[{eq1 == 0, eq2 == 0, eq3 == 0, eq4 == 0},
          {c1[3], c1[4], c2[1], c2[2]}][[1]]
```

Out[100]=
$$\begin{aligned}&\Big\{\mathrm{c1}[3]\to 0,\ \mathrm{c1}[4]\to\frac{15\,(\lambda\mathrm{m}\,\mu\mathrm{m}+2\,\mu\mathrm{m}^2)}{6\,\lambda\mathrm{m}\,\mu 1+9\,\lambda\mathrm{m}\,\mu\mathrm{m}+16\,\mu 1\,\mu\mathrm{m}+14\,\mu\mathrm{m}^2},\\&\quad\mathrm{c2}[1]\to\frac{15\,\mathrm{a}^5\,(\mu 1-\mu\mathrm{m})\,(\lambda\mathrm{m}+\mu\mathrm{m})}{6\,\lambda\mathrm{m}\,\mu 1+9\,\lambda\mathrm{m}\,\mu\mathrm{m}+16\,\mu 1\,\mu\mathrm{m}+14\,\mu\mathrm{m}^2},\end{aligned}$$

$$\text{c2[2]} \to -\frac{15\,\text{a}^3\,(\mu 1-\mu\text{m})\,(\lambda\text{m}+\mu\text{m})}{6\,\lambda\text{m}\,\mu 1+9\,\lambda\text{m}\,\mu\text{m}+16\,\mu 1\,\mu\text{m}+14\,\mu\text{m}^2}\}$$

よって介在物内 $(0 < r < a)$ の変位，ひずみ，応力および表面力は

```
In[101]:= uiin = DispIn /. sol2
```

$$\text{Out[101]=}\ \frac{15\,(\lambda\text{m}\,\mu\text{m}+2\,\mu\text{m}^2)\,\text{x[m]}\,\gamma\text{o[i, m]}}{6\,\lambda\text{m}\,\mu 1+9\,\lambda\text{m}\,\mu\text{m}+16\,\mu 1\,\mu\text{m}+14\,\mu\text{m}^2}$$

```
In[102]:= ϵijin = Eij /. {C -> c1, λ -> λ1, μ -> μ1} /. sol2
```

$$\text{Out[102]=}\ \frac{15\,(\lambda\text{m}\,\mu\text{m}+2\,\mu\text{m}^2)\,\gamma\text{o[i, j]}}{6\,\lambda\text{m}\,\mu 1+9\,\lambda\text{m}\,\mu\text{m}+16\,\mu 1\,\mu\text{m}+14\,\mu\text{m}^2}$$

```
In[103]:= σijin = Sij /. {C -> c1, λ -> λ1, μ -> μ1} /. sol2 // Simplify
```

$$\text{Out[103]=}\ \frac{30\,\mu 1\,\mu\text{m}\,(\lambda\text{m}+2\,\mu\text{m})\,\gamma\text{o[i, j]}}{2\,\mu\text{m}\,(8\,\mu 1+7\,\mu\text{m})+\lambda\text{m}\,(6\,\mu 1+9\,\mu\text{m})}$$

```
In[104]:= tiin = TractIn /. sol2 // Simplify
```

$$\text{Out[104]=}\ \frac{30\,\mu 1\,\mu\text{m}\,(\lambda\text{m}+2\,\mu\text{m})\,\text{x[m]}\,\gamma\text{o[i, m]}}{\text{r}\,(2\,\mu\text{m}\,(8\,\mu 1+7\,\mu\text{m})+\lambda\text{m}\,(6\,\mu 1+9\,\mu\text{m}))}$$

と表される．

母相内 $(a < r < \infty)$ の変位，ひずみ，応力および表面力は

```
In[105]:= uiout = Collect[DispOut /. sol2,
          {x[m] γo[i, m], x[i] x[p] x[q] γo[p, q]}, Simplify]
```

$$\text{Out[105]=}\ \left(1-\frac{10\,\text{a}^3\,(\mu 1-\mu\text{m})\,\mu\text{m}}{\text{r}^3\,(2\,\mu\text{m}\,(8\,\mu 1+7\,\mu\text{m})+\lambda\text{m}\,(6\,\mu 1+9\,\mu\text{m}))}-\frac{6\,\text{a}^5\,(\mu 1-\mu\text{m})\,(\lambda\text{m}+\mu\text{m})}{\text{r}^5\,(2\,\mu\text{m}\,(8\,\mu 1+7\,\mu\text{m})+\lambda\text{m}\,(6\,\mu 1+9\,\mu\text{m}))}\right)\text{x[m]}\,\gamma\text{o[i, m]}+\frac{15\,(\text{a}^5-\text{a}^3\,\text{r}^2)\,(\mu 1-\mu\text{m})\,(\lambda\text{m}+\mu\text{m})\,\text{x[i]}\,\text{x[p]}\,\text{x[q]}\,\gamma\text{o[p, q]}}{\text{r}^7\,(2\,\mu\text{m}\,(8\,\mu 1+7\,\mu\text{m})+\lambda\text{m}\,(6\,\mu 1+9\,\mu\text{m}))}$$

```
In[106]:= ϵijout = Eij /. {C -> c2, λ -> λm, μ -> μm} /. sol2 // Simplify
```

$$\begin{aligned}\text{Out[106]=}\ &((-10\,\text{a}^3\,\text{r}^6\,(\mu 1-\mu\text{m})\,\mu\text{m}-6\,\text{a}^5\,\text{r}^4\,(\mu 1-\mu\text{m})\,(\lambda\text{m}+\mu\text{m})+\\&\text{r}^9\,(2\,\mu\text{m}\,(8\,\mu 1+7\,\mu\text{m})+\lambda\text{m}\,(6\,\mu 1+9\,\mu\text{m})))\,\gamma\text{o[i, j]}+\\&15\,\text{a}^3\,(\mu 1-\mu\text{m})\,(\text{x[j]}\,(\text{r}^2\,(-\text{r}^2\,\lambda\text{m}+2\,\text{a}^2\,(\lambda\text{m}+\mu\text{m}))\,\text{x[m]}\,\gamma\text{o[i, m]}-\\&(7\,\text{a}^2-5\,\text{r}^2)\,(\lambda\text{m}+\mu\text{m})\,\text{x[i]}\,\text{x[p]}\,\text{x[q]}\,\gamma\text{o[p, q]})+\\&\text{r}^2\,((-\text{r}^2\,\lambda\text{m}+2\,\text{a}^2\,(\lambda\text{m}+\mu\text{m}))\,\text{x[i]}\,\text{x[m]}\,\gamma\text{o[j, m]}+\\&(\text{a}^2-\text{r}^2)\,(\lambda\text{m}+\mu\text{m})\,\text{x[p]}\,\text{x[q]}\,\gamma\text{o[p, q]}\,\delta\text{[i, j]})))/\end{aligned}$$

```
(r^9 (2 μm (8 μ1 + 7 μm) + λm (6 μ1 + 9 μm)))
```

```
In[107]:= σijout = Sij /. {C -> c2, λ -> λm, μ -> μm} /. sol2 // Simplify
Out[107]= (2 μm((-10 a^3 r^6 (μ1 - μm) μm - 6 a^5 r^4 (μ1 - μm) (λm + μm) +
            r^9 (2 μm (8 μ1 + 7 μm) + λm (6 μ1 + 9 μm))) γo[i, j] +
            15 a^3 (μ1 - μm) (x[j] (r^2 (-r^2 λm + 2 a^2 (λm + μm)) x[m] γo[i, m] -
            (7 a^2 - 5 r^2) (λm + μm) x[i] x[p] x[q] γo[p, q]) +
            r^2 ((-r^2 λm + 2 a^2 (λm + μm)) x[i] x[m] γo[j, m] +
            (-r^2 μm + a^2 (λm + μm)) x[p] x[q] γo[p, q] δ[i, j]))))/
          (r^9 (2 μm (8 μ1 + 7 μm) + λm (6 μ1 + 9 μm)))
```

```
In[108]:= tiout = TractOut /. sol2 // Simplify
Out[108]= (2 μm(r^2 (24 a^5 (μ1 - μm) (λm + μm) - 5 a^3 r^2 (μ1 - μm) (3 λm + 2 μm) +
            r^5 (2 μm (8 μ1 + 7 μm) + λm (6 μ1 + 9 μm))) x[m] γo[i, m] -
            60 a^3 (a^2 - r^2) (μ1 - μm) (λm + μm) x[i] x[p] x[q] γo[p, q]))/
          (r^8 (2 μm (8 μ1 + 7 μm) + λm (6 μ1 + 9 μm)))
```

と表される.

以上の結果は当然 Eshelby の結果と一致する.

4.2.4　3相材料の解

単一介在物の外側を同心の別の介在物が覆っているようなケースは，介在物にコーティングを施した問題に該当し，実用上からも重要な問題である．しかし，Eshelby が解いた単一介在物の問題とは異なり，介在物内部の応力場は一定ではない．Christensen and Lo [3]，Christensen[24] は3相問題の応力場の方程式を導いたが具体的な式は導出していない．しかし本節で解説した方法で3相問題も2相問題と同様に扱うことができる.

無限遠の材料に球状の介在物があり，その周囲に同心で別の球状の層がある場合を想定する．中心の球の半径は a_1，外部の層の半径は a_2，介在物，層，および母相のラメ定数は (λ_1, μ_1)，(λ_2, μ_2) および (λ_m, μ_m) とする.

ϵ^o に対する解

図 4.11 に示すような3相材料で，無限遠ひずみの静水圧部分 ϵ^o に対する弾性場は，変位の一般解である式 (4.25) と表面力の一般解である式 (4.26) に含まれ

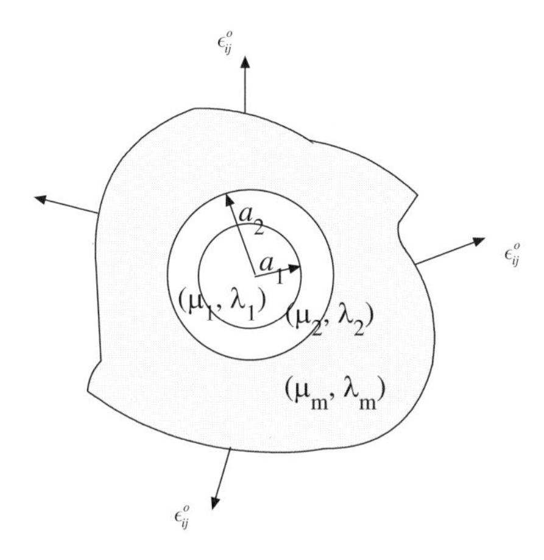

図 4.11　3 相材料

る未知係数が $r = a_1$ と $r = a_2$ で連続になる条件から決定できる．

3 相材料の変位と表面力の各相での式を以下のように記する．

1.　第 1 相（核）：

$$u_i^1 = \left(-\frac{c_1^1}{3r^3} + c_2^1 \right) x_i \, \epsilon^o$$

$$t_i^1 = \frac{4c_1^1 \mu^1 x_i}{3r^4} \epsilon^o + \frac{c_2^1 x_i (3\lambda^1 + 2\mu^1)}{r} \epsilon^o$$

2.　第 2 相（コーティング）：

$$u_i^2 = \left(-\frac{c_1^2}{3r^3} + c_2^2 \right) x_i \, \epsilon^o$$

$$t_i^2 = \frac{4c_1^2 \mu^2 x_i}{3r^4} \epsilon^o + \frac{c_2^2 x_i (3\lambda^2 + 2\mu^2)}{r} \epsilon^o$$

3.　母相：

$$u_i^{\mathrm{m}} = \left(-\frac{c_1^{\mathrm{m}}}{3r^3} + c_2^{\mathrm{m}} \right) x_i \, \epsilon^o$$

$$t_i^{\mathrm{m}} = \frac{4c_1^{\mathrm{m}} \mu^{\mathrm{m}} x_i}{3r^4} \epsilon^o + \frac{c_2^{\mathrm{m}} x_i (3\lambda^{\mathrm{m}} + 2\mu^{\mathrm{m}})}{r} \epsilon^o$$

ここに上添字 “1” は内部の介在物，“2” はコーティング相，“m” は母相を示す．変位は中心で有限であるため c_1^1 は 0 である．$r \to \infty$ で $u_i^{\mathrm{out}} \to x_i \epsilon^o$ となる条件から，c_2^{m} は1となる．よって未知の係数は $r = a_1$ と $r = a_2$ での以下の連続条件から決定される．

$$
\begin{aligned}
u_i^1 &= u_i^2 \qquad r = a_1,\\
u_i^2 &= u_i^{\mathrm{m}} \qquad r = a_2,\\
t_i^1 &= t_i^2 \qquad r = a_1,\\
t_i^2 &= t_i^{\mathrm{m}} \qquad r = a_2.
\end{aligned}
$$

Mathematica のコードを以下に示す．

```
In[109]:= Disp1 = Ui /. C -> c1
```

Out[109]= $\epsilon\mathrm{o}\left(-\dfrac{\mathrm{c1}[1]}{3\,\mathrm{r}^3}+\mathrm{c1}[2]\right)\mathrm{x}[\mathrm{i}]$

```
In[110]:= Disp2 = Ui /. C -> c2
```

Out[110]= $\epsilon\mathrm{o}\left(-\dfrac{\mathrm{c2}[1]}{3\,\mathrm{r}^3}+\mathrm{c2}[2]\right)\mathrm{x}[\mathrm{i}]$

```
In[111]:= Dispm = Ui /. C -> cm
```

Out[111]= $\epsilon\mathrm{o}\left(-\dfrac{\mathrm{cm}[1]}{3\,\mathrm{r}^3}+\mathrm{cm}[2]\right)\mathrm{x}[\mathrm{i}]$

```
In[112]:= Tract1 = Ti /. {μ -> μ1, λ -> λ1, C -> c1}
```

Out[112]= $\dfrac{4\,\epsilon\mathrm{o}\,\mu 1\,\mathrm{c1}[1]\,\mathrm{x}[\mathrm{i}]}{3\,\mathrm{r}^4}+\dfrac{\epsilon\mathrm{o}\,(3\,\lambda 1+2\,\mu 1)\,\mathrm{c1}[2]\,\mathrm{x}[\mathrm{i}]}{\mathrm{r}}$

```
In[113]:= Tract2 = Ti /. {μ -> μ2, λ -> λ2, C -> c2}
```

Out[113]= $\dfrac{4\,\epsilon\mathrm{o}\,\mu 2\,\mathrm{c2}[1]\,\mathrm{x}[\mathrm{i}]}{3\,\mathrm{r}^4}+\dfrac{\epsilon\mathrm{o}\,(3\,\lambda 2+2\,\mu 2)\,\mathrm{c2}[2]\,\mathrm{x}[\mathrm{i}]}{\mathrm{r}}$

```
In[114]:= Tractm = Ti /. {μ -> μm, λ -> λm, C -> cm}
```

Out[114]= $\dfrac{4\,\epsilon\mathrm{o}\,\mu\mathrm{m}\,\mathrm{cm}[1]\,\mathrm{x}[\mathrm{i}]}{3\,\mathrm{r}^4}+\dfrac{\epsilon\mathrm{o}\,(3\,\lambda\mathrm{m}+2\,\mu\mathrm{m})\,\mathrm{cm}[2]\,\mathrm{x}[\mathrm{i}]}{\mathrm{r}}$

未知係数 C_2^1，C_1^2，C_2^2 および C_1^3 は

```
In[115]:= c1[1] = 0; cm[2] = 1;

In[116]:= eq1 = (Disp1 - Disp2) /. r -> a1
```

Out[116]=
$$\epsilon o\, c1[2]\, x[i] - \epsilon o \left(-\frac{c2[1]}{3\, a1^3} + c2[2]\right) x[i]$$

```
In[117]:= eq2 = (Disp2 - Dispm) /. r -> a2
```

Out[117]=
$$\epsilon o \left(-\frac{c2[1]}{3\, a2^3} + c2[2]\right) x[i] - \epsilon o \left(1 - \frac{cm[1]}{3\, a2^3}\right) x[i]$$

```
In[118]:= eq3 = (Tract1 - Tract2) /. r -> a1
```

Out[118]=
$$\frac{\epsilon o\,(3\,\lambda 1 + 2\,\mu 1)\, c1[2]\, x[i]}{a1} - \frac{4\,\epsilon o\,\mu 2\, c2[1]\, x[i]}{3\, a1^4} - \frac{\epsilon o\,(3\,\lambda 2 + 2\,\mu 2)\, c2[2]\, x[i]}{a1}$$

```
In[119]:= eq4 = (Tract2 - Tractm) /. r -> a2
```

Out[119]=
$$-\frac{\epsilon o\,(3\,\lambda m + 2\,\mu m)\, x[i]}{a2} + \frac{4\,\epsilon o\,\mu 2\, c2[1]\, x[i]}{3\, a2^4} + \frac{\epsilon o\,(3\,\lambda 2 + 2\,\mu 2)\, c2[2]\, x[i]}{a2} - \frac{4\,\epsilon o\,\mu m\, cm[1]\, x[i]}{3\, a2^4}$$

```
In[120]:= sol = Solve[{eq1 == 0, eq2 == 0, eq3 == 0, eq4 == 0},
          {c1[2], c2[1], c2[2], cm[1]}][[1]]
```

Out[120]=
$$\{c1[2] \to 9\, a2^3\,(\lambda 2 + 2\,\mu 2)\,(\lambda m + 2\,\mu m))/$$
$$(9\, a2^3\,\lambda 1\,\lambda 2 + 6\, a2^3 \lambda 2\,\mu 1 + 12\, a1^3\,\lambda 1\,\mu 2 +$$
$$6\, a2^3\,\lambda 1 \mu 2 - 12\, a1^3\,\lambda 2\,\mu 2 + 12\, a2^3\,\lambda 2 \mu 2 + 8\, a1^3\,\mu 1\,\mu 2 +$$
$$4\, a2^3\,\mu 1\,\mu 2 - 8\, a1^3\,\mu 2^2 + 8\, a2^3\,\mu 2^2 - 12\, a1^3\,\lambda 1\,\mu m + 12\, a2^3\,\lambda 1\,\mu m +$$
$$12\, a1^3\,\lambda 2 \mu m - 8\, a1^3\,\mu 1\,\mu m + 8\, a2^3\,\mu 1\,\mu m + 8\, a1^3\,\mu 2 \mu m + 16\, a2^3 \mu 2\,\mu m),$$
$$c2[1] \to 9\, a1^3\, a2^3\,(3\,\lambda 1 - 3\,\lambda 2 + 2\,\mu 1 - 2\,\mu 2)\,(\lambda m + 2\,\mu m))/$$
$$(9\, a2^3\,\lambda 1\,\lambda 2 + 6\, a2^3\,\lambda 2\,\mu 1 + 12\, a1^3\,\lambda 1\,\mu 2 + 6\, a2^3\,\lambda 1\,\mu 2 -$$
$$12\, a1^3\,\lambda 2\,\mu 2 + 12\, a2^3\,\lambda 2\,\mu 2 + 8\, a1^3\,\mu 1\,\mu 2 + 4\, a2^3 \mu 1\,\mu 2 -$$
$$8\, a1^3\,\mu 2^2 + 8\, a2^3\,\mu 2^2 - 12\, a1^3\,\lambda 1\,\mu m + 12\, a2^3\,\lambda 1\,\mu m + 12\, a1^3\,\lambda 2 \mu m -$$
$$8\, a1^3\,\mu 1\,\mu m + 8\, a2^3\,\mu 1\,\mu m + 8\, a1^3\,\mu 2\,\mu m + 16\, a2^3\,\mu 2\,\mu m),$$
$$c2[2] \to (3\, a2^3\,(3\,\lambda 1 + 2\,\mu 1 + 4\,\mu 2)\,(\lambda m + 2\,\mu m))/$$
$$(9\, a2^3\,\lambda 1\,\lambda 2 + 6\, a2^3\,\lambda 2 \mu 1 + 12\, a1^3\,\lambda 1\,\mu 2 + 6\, a2^3\,\lambda 1\,\mu 2 -$$
$$12\, a1^3\,\lambda 2\,\mu 2 + 12\, a2^3\,\lambda 2\,\mu 2 + 8\, a1^3\,\mu 1\,\mu 2 + 4\, a2^3\,\mu 1\,\mu 2 -$$
$$8\, a1^3\,\mu 2^2 + 8\, a2^3 \mu 2^2 - 12\, a1^3\,\lambda 1\,\mu m + 12\, a2^3\,\lambda 1\,\mu m + 12\, a1^3\,\lambda 2\,\mu m -$$
$$8\, a1^3\,\mu 1\,\mu\, m + 8\, a2^3\,\mu 1\,\mu m + 8\, a1^3\,\mu 2\,\mu m + 16\, a2^3\,\mu 2\,\mu m),$$
$$cm[1] \to (3\, a2^3\,(9\, a2^3\,\lambda 1\,\lambda 2 + 9\, a1^3\,\lambda 1\,\lambda m - 9\, a2^3\,\lambda 1 \lambda m - 9\, a1^3\,\lambda 2 \lambda m +$$
$$6\, a2^3\,\lambda 2\,\mu 1 + 6\, a1^3\,\lambda m \mu 1 - 6\, a2^3\,\lambda m\,\mu 1 + 12\, a1^3\,\lambda 1\,\mu 2 + 6\, a2^3\,\lambda 1\,\mu 2 -$$

$$12\,a1^{3}\,\lambda2\,\mu2 + 12\,a2^{3}\,\lambda2\mu2 - 6\,a1^{3}\,\lambda m\,\mu2 - 12\,a2^{3}\,\lambda m\,\mu2 + 8\,a1^{3}\,\mu1\,\mu2 +$$
$$4\,a2^{3}\,\mu1\,\mu2 - 8\,a1^{3}\,\mu2^{2} + 8\,a2^{3}\,\mu2^{2} + 6\,a1^{3}\,\lambda1\,\mu m - 6\,a2^{3}\,\lambda1\,\mu m -$$
$$6\,a1^{3}\,\lambda2\,\mu m + 4\,a1^{3}\,\mu1\mu m - 4\,a2^{3}\,\mu1\,\mu m - 4\,a1^{3}\,\mu2\,\mu m - 8\,a2^{3}\,\mu2\,\mu m))/$$
$$(9\,a2^{3}\,\lambda1\,\lambda2 + 6\,a2^{3}\,\lambda2\,\mu1 + 12\,a1^{3}\,\lambda1\,\mu2 + 6\,a2^{3}\,\lambda1\,\mu2 - 12\,a1^{3}\,\lambda2\,\mu2 +$$
$$12\,a2^{3}\,\lambda2\,\mu2 + 8\,a1^{3}\,\mu1\,\mu2 + 4\,a2^{3}\,\mu1\,\mu2 - 8\,a1^{3}\,\mu2^{2} +$$
$$8\,a2^{3}\,\mu2^{2} - 12\,a1^{3}\,\lambda1\,\mu m + 12\,a2^{3}\,\lambda1\,\mu m + 12\,a1^{3}\,\lambda2\,\mu m -$$
$$8\,a1^{3}\,\mu1\,\mu m + 8\,a2^{3}\,\mu1\,\mu m + 8\,a1^{3}\,\mu2\,\mu m + 16\,a2^{3}\,\mu2\,\mu m)\}$$

と決定される．各相での変位は

```
In[121]:= ui1 = Disp1 /. sol // Simplify
```

Out[121]=
$$(9\,a2^{3}\,\epsilon o\,(\lambda2 + 2\,\mu2)\,(\lambda m + 2\,\mu m)\,x[i])/$$
$$(4\,a1^{3}\,(3\,\lambda1 - 3\,\lambda2 + 2\,\mu1 - 2\,\mu2)\,(\mu2 - \mu m) +$$
$$a2^{3}\,(3\,\lambda1 + 2\,\mu1 + 4\,\mu2)\,(3\,\lambda2 + 2\,\mu2 + 4\,\mu m))$$

```
In[122]:= ui2 = Disp2 /. sol // Simplify
```

Out[122]=
$$(3\,a2^{3}\,\epsilon o\,(a1^{3}\,(-3\,\lambda1 + 3\,\lambda2 - 2\,\mu1 + 2\,\mu2) +$$
$$r^{3}\,(3\,\lambda1 + 2\,\mu1 + 4\,\mu2))\,(\lambda m + 2\,\lambda m)\,x[i])/$$
$$(r^{3}\,(4\,a1^{3}\,(3\,\lambda1 - 3\,\lambda2 + 2\,\mu1 - 2\,\mu2)\,(\mu2 - \mu m) +$$
$$a2^{3}\,(3\,\lambda1 + 2\,\mu1 + 4\,\mu2)\,(3\,\lambda2 + 2\,\mu2 + 4\,\mu m)))$$

```
In[123]:= ui3 = Dispm /. sol // Simplify
```

Out[123]=
$$-((\epsilon o\,(a2^{6}\,(3\,\lambda1 + 2\,\mu1 + 4\,\mu2)\,(3\,\lambda2 - 3\,\lambda m + 2\,\mu2 - 2\,\mu m) -$$
$$4\,a1^{3}\,r^{3}\,(3\,\lambda1 - 3\,\lambda2 + 2\,\mu1 - 2\,\mu2)\,(\mu2 - \mu m) +$$
$$a1^{3}\,a2^{3}\,(3\,\lambda1 - 3\,\lambda2 + 2\,\mu1 - 2\,\mu2)\,(3\,\lambda m + 4\,\mu2 + 2\,\mu m) -$$
$$a2^{3}\,r^{3}\,(3\,\lambda1 + 2\,\mu1 + 4\,\mu2)\,(3\,\lambda2 + 2\,\mu2 + 4\,\mu m))\,x[i])/$$
$$(r^{3}\,(4\,a1^{3}\,(3\,\lambda1 - 3\,\lambda2 + 2\,\mu1 - 2\,\mu2)\,(\mu2 - \mu m) +$$
$$a2^{3}\,(3\,\lambda1 + 2\,\mu1 + 4\,\mu2)\,(3\,\lambda2 + 2\,\mu2 + 4\,\mu m))))$$

と求められる．各相でのひずみは

```
In[124]:= ϵij1 = Eij /. C -> c1 /. sol
```

Out[124]=
$$(9\,a2^{3}\,\epsilon o\,(\lambda2 + 2\,\mu2)\,(\lambda m + 2\,\mu m)\,\delta[i, j])/$$
$$(9\,a2^{3}\,\lambda1\,\lambda2 + 6\,a2^{3}\,\lambda2\,\mu1 + 12\,a1^{3}\,\lambda1\,\mu2 + 6\,a2^{3}\,\lambda1\,\mu2 -$$
$$12\,a1^{3}\,\lambda2\,\mu2 + 12\,a2^{3}\,\lambda2\,\mu2 + 8\,a1^{3}\,\mu1\,\mu2 + 4\,a2^{3}\,\mu1\,\mu2 -$$
$$8\,a1^{3}\,\mu2^{2} + 8\,a2^{3}\,\mu2^{2} - 12\,a1^{3}\,\lambda1\,\mu m + 12\,a2^{3}\,\lambda1\,\mu m + 12\,a1^{3}\,\lambda2\,\mu m -$$
$$8\,a1^{3}\,\mu1\,\mu m + 8\,a2^{3}\,\mu1\,\mu m + 8\,a1^{3}\,\mu2\,\mu m + 16\,a2^{3}\,\mu2\,\mu m)$$

```
In[125]:= ϵij2 Eij /. C -> c2 /. sol
```

Out[125]=
$$
\begin{aligned}
&(3\,\mathrm{a2}^3\,\epsilon\mathrm{o}\,(3\,\lambda1 + 2\,\mu1 + 4\,\mu2)\,(\lambda\mathrm{m} + 2\,\mu\mathrm{m})\,\delta[\mathrm{i},\mathrm{j}])/\\
&\quad(9\,\mathrm{a2}^3\,\lambda1\,\lambda2 + 6\,\mathrm{a2}^3\,\lambda2\,\mu1 + 12\,\mathrm{a1}^3\,\lambda1\,\mu2 + 6\,\mathrm{a2}^3\,\lambda1\,\mu2 -\\
&\quad 12\,\mathrm{a1}^3\,\lambda2\,\mu2 + 12\,\mathrm{a2}^3\,\lambda2\,\mu2 + 8\,\mathrm{a1}^3\,\mu1\,\mu2 + 4\,\mathrm{a2}^3\,\mu1\,\mu2 -\\
&\quad 8\,\mathrm{a1}^3\,\mu2^2 + 8\,\mathrm{a2}^3\,\mu2^2 - 12\,\mathrm{a1}^3\,\lambda1\,\mu\mathrm{m} + 12\,\mathrm{a2}^3\,\lambda1\,\mu\mathrm{m} + 12\,\mathrm{a1}^3\,\lambda2\mu\mathrm{m} -\\
&\quad 8\,\mathrm{a13}\,\mu1\,\mu\mathrm{m} + 8\,\mathrm{a2}^3\,\mu1\,\mu\mathrm{m} + 8\,\mathrm{a1}^3\,\mu2\,\mu\mathrm{m} + 16\,\mathrm{a2}^3\,\mu2\,\mu\mathrm{m}) +\\
&\Bigg(9\,\mathrm{a1}^3\,\mathrm{a2}^3\,(3\,\lambda1 - 3\,\lambda2 + 2\,\mu1 - 2\,\mu2)\,(\lambda\mathrm{m} + 2\,\mu\mathrm{m})\\
&\quad\left(\frac{2\,\epsilon\mathrm{o}\,\mathrm{x}[\mathrm{i}]\,\mathrm{x}[\mathrm{j}]}{\mathrm{r}^5} - \frac{2\,\epsilon\mathrm{o}\,\delta[\mathrm{i},\mathrm{j}]}{3\,\mathrm{r}^3}\right)\Bigg)\Big/\\
&\quad(2\,(9\,\mathrm{a2}^3\,\lambda1\,\lambda2 + 6\,\mathrm{a2}^3\,\lambda2\,\mu1 + 12\,\mathrm{a1}^3\,\lambda1\,\mu2 + 6\,\mathrm{a2}^3\,\lambda1\,\mu2 -\\
&\qquad 12\,\mathrm{a1}^3\,\lambda2\,\mu2 + 12\,\mathrm{a2}^3\,\lambda2\,\mu2 + 8\,\mathrm{a1}^3\,\mu1\,\mu2 + 4\,\mathrm{a2}^3\,\mu1\,\mu2 -\\
&\qquad 8\,\mathrm{a1}^3\,\mu2^2 + 8\,\mathrm{a2}^3\,\mu2^2 - 12\,\mathrm{a1}^3\,\lambda1\,\mu\mathrm{m} + 12\,\mathrm{a2}^3\,\lambda1\,\mu\mathrm{m} + 12\,\mathrm{a1}^3\,\lambda2\,\mu\mathrm{m} -\\
&\qquad 8\,\mathrm{a1}^3\,\mu1\,\mu\mathrm{m} + 8\,\mathrm{a2}^3\,\mu1\,\mu\mathrm{m} + 8\,\mathrm{a1}^3\,\mu2\,\mu\mathrm{m} + 16\,\mathrm{a2}^3\,\mu2\,\mu\mathrm{m}))
\end{aligned}
$$

```
In[126]:= ϵijm Eij /. C -> cm /. sol
```

Out[126]=
$$
\begin{aligned}
&\epsilon\mathrm{o}\,\delta[\mathrm{i},\mathrm{j}] +\\
&\Bigg(3\,\mathrm{a2}^3\,(9\,\mathrm{a2}^3\,\lambda1\,\lambda2 + 9\,\mathrm{a1}^3\,\lambda1\,\lambda\mathrm{m} + 9\,\mathrm{a2}^3\,\lambda1\,\lambda\mathrm{m} + 9\,\mathrm{a1}^3\,\lambda2\,\lambda\mathrm{m} + 6\,\mathrm{a2}^3\,\lambda2\,\mu1 +\\
&\qquad 6\,\mathrm{a1}^3\,\lambda\mathrm{m}\,\mu1 - 6\,\mathrm{a2}^3\,\lambda\mathrm{m}\,\mu1 + 12\,\mathrm{a1}^3\,\lambda1\,\mu2 + 6\,\mathrm{a2}^3\,\lambda1\,\mu2 - 12\,\mathrm{a1}^3\,\lambda2\,\mu2 +\\
&\qquad 12\,\mathrm{a2}^3\,\lambda2\,\mu2 - 6\,\mathrm{a1}^3\,\lambda\mathrm{m}\,\mu2 - 12\,\mathrm{a2}^3\,\lambda\mathrm{m}\,\mu2 + 8\,\mathrm{a1}^3\,\mu1\,\mu2 +\\
&\qquad 4\,\mathrm{a2}^3\,\mu1\,\mu2 - 8\,\mathrm{a1}^3\,\mu2^2 + 8\,\mathrm{a2}^3\,\mu2^2 + 6\,\mathrm{a1}^3\,\lambda1\,\mu\mathrm{m} - 6\,\mathrm{a2}^3\,\lambda1\,\mu\mathrm{m} -\\
&\qquad 6\,\mathrm{a1}^3\,\lambda2\,\mu\mathrm{m} + 4\,\mathrm{a1}^3\,\mu1\,\mu\mathrm{m} - 4\,\mathrm{a2}^3\,\mu1\,\mu\mathrm{m} - 4\,\mathrm{a1}^3\,\mu2\,\mu\mathrm{m} - 8\,\mathrm{a2}^3\,\mu2\,\mu\mathrm{m})\\
&\quad\left(\frac{2\,\epsilon\mathrm{o}\,\mathrm{x}[\mathrm{i}]\,\mathrm{x}[\mathrm{j}]}{\mathrm{r}^5} - \frac{2\,\epsilon\mathrm{o}\,\delta[\mathrm{i},\mathrm{j}]}{3\,\mathrm{r}^3}\right)\Bigg)\Big/\\
&\quad(2\,(9\,\mathrm{a2}^3\,\lambda1\,\lambda2 + 6\,\mathrm{a2}^3\,\lambda2\,\mu1 + 12\,\mathrm{a1}^3\,\lambda1\,\mu2 + 6\,\mathrm{a2}^3\,\lambda1\,\mu2 -\\
&\qquad 12\,\mathrm{a1}^3\,\lambda2\,\mu2 + 12\,\mathrm{a2}^3\,\lambda2\,\mu2 + 8\,\mathrm{a1}^3\,\mu1\,\mu2 + 4\,\mathrm{a2}^3\,\mu1\,\mu2 -\\
&\qquad 8\,\mathrm{a1}^3\,\mu2^2 + 8\,\mathrm{a2}^3\,\mu2^2 - 12\,\mathrm{a1}^3\,\lambda1\,\mu\mathrm{m} + 12\,\mathrm{a2}^3\,\lambda1\,\mu\mathrm{m} + 12\,\mathrm{a1}^3\lambda2\,\mu\mathrm{m} -\\
&\qquad 8\,\mathrm{a1}^3\,\mu1\,\mu\mathrm{m} + 8\,\mathrm{a2}^3\,\mu1\,\mu\mathrm{m} + 8\,\mathrm{a1}^3\,\mu2\,\mu\mathrm{m} + 16\,\mathrm{a2}^3\,\mu2\,\mu\mathrm{m}))
\end{aligned}
$$

と求められる．各相での応力は

```
In[127]:= σij1 = Sij /. {C -> c1, μ -> μ1, λ -> λ1} /. sol // Simplify
```

Out[127]=
$$
\begin{aligned}
&(9\,\mathrm{a2}^3\,\epsilon\mathrm{o}\,(3\,\lambda1 + 2\,\mu1)\,(\lambda2 + 2\,\mu2)\,(\lambda\mathrm{m} + 2\,\lambda\mathrm{m})\,\delta[\mathrm{i},\mathrm{j}])/\\
&\quad(4\,\mathrm{a1}^3\,(3\,\lambda1 - 3\,\lambda2 + 2\,\mu1 - 2\,\mu2)\,(\mu2 - \mu\mathrm{m}) +\\
&\quad \mathrm{a2}^3\,(3\,\lambda1 + 2\,\mu1 + 4\,\mu2)\,(3\,\lambda2 + 2\,\mu2 + 4\,\mu\mathrm{m}))
\end{aligned}
$$

```
In[128]:= σij2 = Sij /. {C -> c2, μ -> μ2, λ -> λ2} /. sol // Simplify
```

Out[128]=
$$
(3\,\mathrm{a2}^3\,\epsilon\mathrm{o}\,(\lambda\mathrm{m} + 2\,\mu\mathrm{m})\,(6\,\mathrm{a1}^3\,(3\,\lambda1 - 3\,\lambda2 + 2\,\mu1 - 2\,\mu2)\,\mu2\,\mathrm{x}[\mathrm{i}]\,\mathrm{x}[\mathrm{j}] +
$$

```
      r^2 (2 a1^3 μ2 (-3 λ1 + 3 λ2 - 2 μ1 + 2 μ2) +
         r^3 (3 λ2 + 2 μ2) (3 λ1 + 2 μ1 + 4 μ2)) δ[i, j]))/
    (r^5 (4 a1^3 (3 λ1 - 3 λ2 + 2 μ1 - 2 μ2) (μ2 - μm) +
      a2^3 (3 λ1 + 2 μ1 + 4 μ2) (3 λ2 + 2 μ2 + 4 μm)))

In[129]:= σijm = Sij /. {C -> cm, μ -> μm, λ -> λm} /. sol // Simplify
Out[129]= εo (3 λm + 2 μm) λ[i, j] +
      (2 a2^3 εo μm (-a2^3 (3 λ1 + 2 μ1 + 4 μ2) (3 λ2 - 3 λm + 2 μ2 - 2 μm) -
         a1^3 (3 λ1 - 3 λ2 + 2 μ1 - 2 μ2) (3 λm + 4 μ2 + 2 μm))
      (-3 x[i] x[j] + r^2 δ[i, j]))/
    (r^5 (4 a1^3 (3 λ1 - 3 λ2 + 2 μ1 - 2 μ2) (μ2 - μm) +
      a2^3 (3 λ1 + 2 μ1 + 4 μ2) (3 λ2 + 2 μ2 + 4 μm)))
```

と求められる．最後に各相での表面力は

```
In[130]:= ti1 = Tract1 /. sol
Out[130]= (9 a2^3 εo (3 λ1 + 2 μ1) (λ2 + 2 μ2) (λm + 2 μm) x[i])/
     (r (9 a2^3 λ1 λ2 + 6 a2^3 λ2 μ1 + 12 a1^3 λ1 μ2 + 6 a2^3 λ1 μ2 -
      12 a1^3 λ2 μ2 + 12 a2^3 λ2 μ2 + 8 a1^3 μ1 μ2 + 4 a2^3 μ1 μ2 -
      8 a1^3 μ2^2 + 8 a2^3 μ2^2 - 12 a1^3 λ1 μm + 12 a2^3 λ1 μm + 12 a1^3 λ2 μm -
      8 a1^3 μ1 μm + 8 a2^3 μ1 μm + 8 a1^3 μ2 μm + 16 a2^3 μ2 μm))

In[131]:= ti2 = Tract2 /. sol
Out[131]= (12 a1^3 a2^3 εo (3 λ1 - 3 λ2 + 2 μ1 - 2 μ2) μ2 (λm + 2 μm) x[i])/
     (r^4 (9 a2^3 λ1 λ2 + 6 a2^3 λ2 μ1 + 12 a1^3 λ1 μ2 + 6 a2^3 λ1 μ2 -
      12 a1^3 λ2 μ2 + 12 a2^3 λ2 μ2 + 8 a1^3 μ1 μ2 + 4 a2^3 μ1 μ2 -
      8 a1^3 μ2^2 + 8 a2^3 μ2^2 - 12 a1^3 λ1 μm + 12 a2^3 λ1 μm + 12 a1^3 λ2 μm -
      8 a1^3 μ1 μm + 8 a2^3 μ1 μm + 8 a1^3 μ2 μm + 16 a2^3 μ2 μm)) +
    (3 a2^3 εo (3 λ2 + 2 μ2) (3 λ1 + 2 μ1 + 4 μ2) (λm + 2 μm) x[i])/
     (r (9 a2^3 λ1 λ2 + 6 a2^3 λ2 μ1 + 12 a1^3 λ1 μ2 + 6 a2^3 λ1 μ2 -
      12 a1^3 λ2 μ2 + 12 a2^3 λ2 μ2 + 8 a1^3 μ1 μ2 + 4 a2^3 μ1 μ2 -
      8 a1^3 μ2^2 + 8 a2^3 μ2^2 - 12 a1^3 λ1 μm + 12 a2^3 λ1 μm + 12 a1^3 λ2 μm -
      8 a1^3 μ1 μm + 8 a2^3 μ1 μm + 8 a1^3 μ2 μm + 16 a2^3 μ2 μm))

In[132]:= ti3 = Tractm /. sol
```

$$\texttt{Out[132]=}\ \frac{\epsilon o\,(3\,\lambda m + 2\,\mu m)\,x[i]}{r} +$$

```
    4 a2^3 εo μm (9 a2^3 λ1 λ2 + 9 a1^3 λ1 λm - 9 a2^3 λ1 λm - 9 a1^3 λ2 λm +
```

$$
\begin{aligned}
&6\,\mathrm{a2}^3\,\lambda 2\,\mu 1 + 6\,\mathrm{a1}^3\,\lambda\mathrm{m}\,\mu 1 - 6\,\mathrm{a2}^3\,\lambda\mathrm{m}\,\mu 1 + 12\,\mathrm{a1}^3\,\lambda 1\,\mu 2 + 6\,\mathrm{a2}^3\,\lambda 1\,\mu 2 - \\
&12\,\mathrm{a1}^3\,\lambda 2\,\mu 2 + 12\,\mathrm{a2}^3\,\lambda 2\,\mu 2 - 6\,\mathrm{a1}^3\,\lambda\mathrm{m}\,\mu 2 - 12\,\mathrm{a2}^3\,\lambda\mathrm{m}\,\mu 2 + 8\,\mathrm{a1}^3\,\mu 1\,\mu 2 + \\
&4\,\mathrm{a2}^3\,\mu 1\,\mu 2 - 8\,\mathrm{a1}^3\,\mu 2^2 + 8\,\mathrm{a2}^3\,\mu 2^2 + 6\,\mathrm{a1}^3\,\lambda 1\,\mu\mathrm{m} - 6\,\mathrm{a2}^3\,\lambda 1\,\mu\mathrm{m} - \\
&6\,\mathrm{a1}^3\,\lambda 2\,\mu\mathrm{m} + 4\,\mathrm{a1}^3\,\mu 1\,\mu\mathrm{m} - 4\,\mathrm{a2}^3\,\mu 1\,\mu\mathrm{m} - 4\,\mathrm{a1}^3\,\mu 2\,\mu\mathrm{m} - 8\,\mathrm{a2}^3\,\mu 2\,\mu\mathrm{m})\,\mathrm{x[i]})/ \\
&(\mathrm{r}^4\,(9\,\mathrm{a2}^3\,\lambda 1\,\lambda 2 + 6\,\mathrm{a2}^3\,\lambda 2\,\mu 1 + 12\,\mathrm{a1}^3\,\lambda 1\,\mu 2 + 6\,\mathrm{a2}^3\,\lambda 1\,\mu 2 - \\
&12\,\mathrm{a1}^3\,\lambda 2\,\mu 2 + 12\,\mathrm{a2}^3\,\lambda 2\,\mu 2 + 8\,\mathrm{a1}^3\,\mu 1\,\mu 2 + 4\,\mathrm{a2}^3\,\mu 1\,\mu 2 - \\
&8\,\mathrm{a1}^3\,\mu 2^2 + 8\,\mathrm{a2}^3\,\mu 2^2 - 12\,\mathrm{a1}^3\,\lambda 1\,\mu\mathrm{m} + 12\,\mathrm{a2}^3\,\lambda 1\,\mu\mathrm{m} + 12\,\mathrm{a1}^3\,\lambda 2\,\mu\mathrm{m} - \\
&8\,\mathrm{a1}^3\,\mu 1\,\mu\mathrm{m} + 8\,\mathrm{a2}^3\,\mu 1\,\mu\mathrm{m} + 8\,\mathrm{a1}^3\,\mu 2\,\mu\mathrm{m} + 16\,\mathrm{a2}^3\,\mu 2\,\mu\mathrm{m}))
\end{aligned}
$$

と求められる．この場合，核である内部介在物中の応力は一様となる．

γ_{ij}^o に対する解

3相の物体が無限遠で一様なせん断ひずみ γ_{ij}^o の下にある場合，弾性場は上記と同様な方法で求められる．得られる式はパラメータが多くなるため，当然2相の場合より複雑になる．

前と同じ記法を使い，変位，表面力は

In[133]:= Ui

$$
\begin{aligned}
\text{Out[133]=}\ &\Big\{-\frac{2\,\mathrm{x[m]}\,\gamma\mathrm{o[i,m]}}{5\,\mathrm{r}^5} + \frac{\mathrm{x[i]\,x[p]\,x[q]}\,\gamma\mathrm{o[p,q]}}{\mathrm{r}^7}, \\
&\frac{2\,\mathrm{x[m]}\,\gamma\mathrm{o[i,m]}}{3\,\mathrm{r}^3\,(\lambda+\mu)} + \frac{\mathrm{x[i]\,x[p]\,x[q]}\,\gamma\mathrm{o[p,q]}}{\mathrm{r}^5}, -\frac{5\,\mathrm{r}^2\,\lambda\,\mathrm{x[m]}\,\gamma\mathrm{o[i,m]}}{2\,\lambda+7\,\mu} - \\
&\frac{7\,\mathrm{r}^2\,\mu\,\mathrm{x[m]}\,\gamma\mathrm{o[i,m]}}{2\,\lambda+7\,\mu} + \mathrm{x[i]\,x[p]\,x[q]}\,\gamma\mathrm{o[p,q]}, \mathrm{x[m]}\,\gamma\mathrm{o[i,m]}\Big\}
\end{aligned}
$$

In[134]:= Ti

$$
\begin{aligned}
\text{Out[134]=}\ &\Big\{\frac{16\,\mu\,\mathrm{x[m]}\,\gamma\mathrm{o[i,m]}}{5\,\mathrm{r}^6} - \frac{8\,\mu\,\mathrm{x[i]\,x[p]\,x[q]}\,\gamma\mathrm{o[p,q]}}{\mathrm{r}^8}, \\
&\frac{2\,\lambda\,\mu\,\mathrm{x[m]}\,\gamma\mathrm{o[i,m]}}{\mathrm{r}^4\,(\lambda+\mu)} + \frac{4\,\mu^2\,\mathrm{x[m]}\,\gamma\mathrm{o[i,m]}}{3\,\mathrm{r}^4\,(\lambda+\mu)} - \frac{8\,\lambda\,\mu\,\mathrm{x[i]\,x[p]\,x[q]}\,\gamma\mathrm{o[p,q]}}{\mathrm{r}^6\,(\lambda+\mu)} - \\
&\frac{8\,\mu^2\,\mathrm{x[i]\,x[p]\,x[q]}\,\gamma\mathrm{o[p,q]}}{\mathrm{r}^6\,(\lambda+\mu)}, -\frac{16\,\mathrm{r}\,\lambda\,\mu\,\mathrm{x[m]}\,\gamma\mathrm{o[i,m]}}{2\,\lambda+7\,\mu} - \\
&\frac{14\,\mathrm{r}\,\mu^2\,\mathrm{x[m]}\,\gamma\mathrm{o[i,m]}}{2\,\lambda+7\,\mu} + \frac{19\,\lambda\,\mu\,\mathrm{x[i]\,x[p]\,x[q]}\,\gamma\mathrm{o[p,q]}}{\mathrm{r}\,(2\,\lambda+7\,\mu)} + \\
&\frac{14\,\mu^2\,\mathrm{x[i]\,x[p]\,x[q]}\,\gamma\mathrm{o[p,q]}}{\mathrm{r}\,(2\,\lambda+7\,\mu)}, \frac{2\,\mu\,\mathrm{x[m]}\,\gamma\mathrm{o[i,m]}}{\mathrm{r}}\Big\}
\end{aligned}
$$

と表される．これらの式を使い，各相での変位は未知係数を使い

```
In[135]:= Disp1 = (Ui.Table[c1[i], {i, 4}]) /. {λ -> λ1, μ -> μ1}
```

Out[135]= $c1[4]\, x[m]\, \gamma o[i,m] + c1[3]\left(-\frac{5\, r^2\, \lambda 1\, x[m]\, \gamma o[i,m]}{2\,\lambda 1 + 7\,\mu 1} - \frac{7\, r^2\, \mu 1\, x[m]\, \gamma o[i,m]}{2\,\lambda 1 + 7\,\mu 1} + x[i]\, x[p]\, x[q]\, \gamma o[p,q]\right) + c1[1]\left(-\frac{2\, x[m]\, \gamma o[i,m]}{5\, r^5} + \frac{x[i]\, x[p]\, x[q]\, \gamma o[p,q]}{r^7}\right) + c1[2]\left(\frac{2\,\mu 1\, x[m]\, \gamma o[i,m]}{3\, r^3\,(\lambda 1 + \mu 1)} + \frac{x[i]\, x[p]\, x[q]\, \gamma o[p,q]}{r^5}\right)$

```
In[136]:= Disp2 = (Ui.Table[c2[i], {i, 4}]) /. {λ -> λ2, μ -> μ2}
```

Out[136]= $c2[4]\, x[m]\, \gamma o[i,m] + c2[3]\left(-\frac{5\, r^2\, \lambda 2\, x[m]\, \gamma o[i,m]}{2\,\lambda 2 + 7\,\mu 2} - \frac{7\, r^2\, \mu 2\, x[m]\, \gamma o[i,m]}{2\,\lambda 2 + 7\,\mu 2} + x[i]\, x[p]\, x[q]\, \gamma o[p,q]\right) + c2[1]\left(-\frac{2\, x[m]\, \gamma o[i,m]}{5\, r^5} + \frac{x[i]\, x[p]\, x[q]\, \gamma o[p,q]}{r^7}\right) + c2[2]\left(\frac{2\,\mu 2\, x[m]\, \gamma o[i,m]}{3\, r^3\,(\lambda 2 + \mu 2)} + \frac{x[i]\, x[p]\, x[q]\, \gamma o[p,q]}{r^5}\right)$

```
In[137]:= Dispm = (Ui.Table[cm[i], {i, 4}]) /. {λ -> λm, μ -> μm}
```

Out[137]= $cm[4]\, x[m]\, \gamma o[i,m] + cm[3]\left(-\frac{5\, r^2\, \lambda m\, x[m]\, \gamma o[i,m]}{2\,\lambda m + 7\,\mu m} - \frac{7\, r^2\, \mu m\, x[m]\, \gamma o[i,m]}{2\,\lambda m + 7\,\mu m} + x[i]\, x[p]\, x[q]\, \gamma o[p,q]\right) + cm[1]\left(-\frac{2\, x[m]\, \gamma o[i,m]}{5\, r^5} + \frac{x[i]\, x[p]\, x[q]\, \gamma o[p,q]}{r^7}\right) + cm[2]\left(\frac{2\,\mu m\, x[m]\, \gamma o[i,m]}{3\, r^3\,(\lambda m + \mu m)} + \frac{x[i]\, x[p]\, x[q]\, \gamma o[p,q]}{r^5}\right)$

と表される．ここに c1[i]，c2[i] および cm[i] は，それぞれ介在物，第2相，および母相の未知係数である．同様に各相での表面力は，上記の未知係数を使い

```
In[138]:= Tract1 = (Ti.Table[c1[i], {i, 4}]) /. {λ -> λ1, μ -> μ1}
```

Out[138]= $\frac{2\,\mu 1\, c1[4]\, x[m]\, \gamma o[i,m]}{r} +$

$$
\begin{aligned}
&\mathrm{c1[1]}\left(\frac{16\,\mu1\,\mathrm{x[m]}\,\gamma\mathrm{o[i,m]}}{5\,\mathrm{r}^6}-\frac{8\,\mu1\,\mathrm{x[i]}\,\mathrm{x[p]}\,\mathrm{x[q]}\,\gamma\mathrm{o[p,q]}}{\mathrm{r}^8}\right)+\\
&\mathrm{c1[2]}\left(\frac{2\,\lambda1\,\mu1\,\mathrm{x[m]}\,\gamma\mathrm{o[i,m]}}{\mathrm{r}^4\,(\lambda1+\mu1)}+\frac{4\,\mu1^2\,\mathrm{x[m]}\,\gamma\mathrm{o[i,m]}}{3\,\mathrm{r}^4\,(\lambda1+\mu1)}-\right.\\
&\left.\quad\frac{8\,\lambda1\,\mu1\,\mathrm{x[i]}\,\mathrm{x[p]}\,\mathrm{x[q]}\,\gamma\mathrm{o[p,q]}}{\mathrm{r}^6\,(\lambda1+\mu1)}-\frac{8\,\mu1^2\,\mathrm{x[i]}\,\mathrm{x[p]}\,\mathrm{x[q]}\,\gamma\mathrm{o[p,q]}}{\mathrm{r}^6\,(\lambda1+\mu1)}\right)+\\
&\mathrm{c1[3]}\left(-\frac{16\,\mathrm{r}\,\lambda1\,\mu1\,\mathrm{x[m]}\,\gamma\mathrm{o[i,m]}}{2\,\lambda1+7\,\mu1}-\frac{14\,\mathrm{r}\,\mu1^2\,\mathrm{x[m]}\,\gamma\mathrm{o[i,m]}}{2\,\lambda1+7\,\mu1}+\right.\\
&\left.\quad\frac{19\,\lambda1\,\mu1\,\mathrm{x[i]}\,\mathrm{x[p]}\,\mathrm{x[q]}\,\gamma\mathrm{o[p,q]}}{\mathrm{r}\,(2\,\lambda1+7\,\mu1)}+\frac{14\,\mu1^2\,\mathrm{x[i]}\,\mathrm{x[p]}\,\mathrm{x[q]}\,\gamma\mathrm{o[p,q]}}{\mathrm{r}\,(2\,\lambda1+7\,\mu1)}\right)
\end{aligned}
$$

```
In[139]:= Tract2 = (Ti.Table[c2[i], {i, 4}]) /. {λ -> λ2, μ -> μ2}
```

Out[139]=

$$
\begin{aligned}
&\frac{2\,\mu2\,\mathrm{c2[4]}\,\mathrm{x[m]}\,\gamma\mathrm{o[i,m]}}{\mathrm{r}}+\\
&\mathrm{c2[1]}\left(\frac{16\,\mu2\,\mathrm{x[m]}\,\gamma\mathrm{o[i,m]}}{5\,\mathrm{r}^6}-\frac{8\,\mu2\,\mathrm{x[i]}\,\mathrm{x[p]}\,\mathrm{x[q]}\,\gamma\mathrm{o[p,q]}}{\mathrm{r}^8}\right)+\\
&\mathrm{c2[2]}\left(\frac{2\,\lambda2\,\mu2\,\mathrm{x[m]}\,\gamma\mathrm{o[i,m]}}{\mathrm{r}^4\,(\lambda2+\mu2)}+\frac{4\,\mu2^2\,\mathrm{x[m]}\,\gamma\mathrm{o[i,m]}}{3\,\mathrm{r}^4\,(\lambda2+\mu2)}-\right.\\
&\left.\quad\frac{8\,\lambda2\,\mu2\,\mathrm{x[i]}\,\mathrm{x[p]}\,\mathrm{x[q]}\,\gamma\mathrm{o[p,q]}}{\mathrm{r}^6\,(\lambda2+\mu2)}-\frac{8\,\mu2^2\,\mathrm{x[i]}\,\mathrm{x[p]}\,\mathrm{x[q]}\,\gamma\mathrm{o[p,q]}}{\mathrm{r}^6\,(\lambda2+\mu2)}\right)+\\
&\mathrm{c2[3]}\left(-\frac{16\,\mathrm{r}\,\lambda2\,\mu2\,\mathrm{x[m]}\,\gamma\mathrm{o[i,m]}}{2\,\lambda2+7\,\mu2}-\frac{14\,\mathrm{r}\,\mu2^2\,\mathrm{x[m]}\,\gamma\mathrm{o[i,m]}}{2\,\lambda2+7\,\mu2}+\right.\\
&\left.\quad\frac{19\,\lambda2\,\mu2\,\mathrm{x[i]}\,\mathrm{x[p]}\,\mathrm{x[q]}\,\gamma\mathrm{o[p,q]}}{\mathrm{r}\,(2\,\lambda2+7\,\mu2)}+\frac{14\,\mu2^2\,\mathrm{x[i]}\,\mathrm{x[p]}\,\mathrm{x[q]}\,\gamma\mathrm{o[p,q]}}{\mathrm{r}\,(2\,\lambda2+7\,\mu2)}\right)
\end{aligned}
$$

```
In[140]:= Tractm = (Ti.Table[cm[i], {i, 4}]) /. {λ -> λm, μ -> μm}
```

Out[140]=

$$
\begin{aligned}
&\frac{2\,\mu\mathrm{m}\,\mathrm{cm[4]}\,\mathrm{x[m]}\,\gamma\mathrm{o[i,m]}}{\mathrm{r}}+\\
&\mathrm{cm[1]}\left(\frac{16\,\mu\mathrm{m}\,\mathrm{x[m]}\,\gamma\mathrm{o[i,m]}}{5\,\mathrm{r}^6}-\frac{8\,\mu\mathrm{m}\,\mathrm{x[i]}\,\mathrm{x[p]}\,\mathrm{x[q]}\,\gamma\mathrm{o[p,q]}}{\mathrm{r}^8}\right)+\\
&\mathrm{cm[2]}\left(\frac{2\,\lambda\mathrm{m}\,\mu\mathrm{m}\,\mathrm{x[m]}\,\gamma\mathrm{o[i,m]}}{\mathrm{r}^4\,(\lambda\mathrm{m}+\mu\mathrm{m})}+\frac{4\,\mu\mathrm{m}^2\,\mathrm{x[m]}\,\gamma\mathrm{o[i,m]}}{3\,\mathrm{r}^4\,(\lambda\mathrm{m}+\mu\mathrm{m})}-\right.\\
&\left.\quad\frac{8\,\lambda\mathrm{m}\,\mu\mathrm{m}\,\mathrm{x[i]}\,\mathrm{x[p]}\,\mathrm{x[q]}\,\gamma\mathrm{o[p,q]}}{\mathrm{r}^6\,(\lambda\mathrm{m}+\mu\mathrm{m})}-\frac{8\,\mu\mathrm{m}^2\,\mathrm{x[i]}\,\mathrm{x[p]}\,\mathrm{x[q]}\,\gamma\mathrm{o[p,q]}}{\mathrm{r}^6\,(\lambda\mathrm{m}+\mu\mathrm{m})}\right)+\\
&\mathrm{cm[3]}\left(-\frac{16\,\mathrm{r}\,\lambda\mathrm{m}\,\mu\mathrm{m}\,\mathrm{x[m]}\,\gamma\mathrm{o[i,m]}}{2\,\lambda\mathrm{m}+7\,\mu\mathrm{m}}-\frac{14\,\mathrm{r}\,\mu\mathrm{m}^2\,\mathrm{x[m]}\,\gamma\mathrm{o[i,m]}}{2\,\lambda\mathrm{m}+7\,\mu\mathrm{m}}+\right.\\
&\left.\quad\frac{19\,\lambda\mathrm{m}\,\mu\mathrm{m}\,\mathrm{x[i]}\,\mathrm{x[p]}\,\mathrm{x[q]}\,\gamma\mathrm{o[p,q]}}{\mathrm{r}\,(2\,\lambda\mathrm{m}+7\,\mu\mathrm{m})}+\frac{14\,\mu\mathrm{m}^2\,\mathrm{x[i]}\,\mathrm{x[p]}\,\mathrm{x[q]}\,\gamma\mathrm{o[p,q]}}{\mathrm{r}\,(2\,\lambda\mathrm{m}+7\,\mu\mathrm{m})}\right)
\end{aligned}
$$

と表される．変位は中心の介在物で有限であるため，c1[1] = c1[2] = 0であり，表面力は$r \to \infty$で発散しないため，cm[4] = 1 and cm[3] = 0である．$r = a_1$での変位$u_i^1 = u_i^2$の連続条件は

```
In[141]:= c1[1] = 0; c1[2] = 0; cm[4] = 1; cm[3] = 0;
```

```
In[142]:= tmp1 = ((Disp1 - Disp2) /. r -> a1)
```

Out[142]=
$$\mathrm{c1[4]\,x[m]}\,\gamma\mathrm{o[i,m]} - \mathrm{c2[4]\,x[m]}\,\gamma\mathrm{o[i,m]} + \mathrm{c1[3]}\left(-\frac{5\,\mathrm{a1}^2\,\lambda 1\,\mathrm{x[m]}\,\gamma\mathrm{o[i,m]}}{2\,\lambda 1 + 7\,\mu 1} - \frac{7\,\mathrm{a1}^2\,\mu 1\,\mathrm{x[m]}\,\gamma\mathrm{o[i,m]}}{2\,\lambda 1 + 7\,\mu 1} + \mathrm{x[i]\,x[p]\,x[q]}\,\gamma\mathrm{o[p,q]}\right) - \mathrm{c2[3]}\left(-\frac{5\,\mathrm{a1}^2\,\lambda 2\,\mathrm{x[m]}\,\gamma\mathrm{o[i,m]}}{2\,\lambda 2 + 7\,\mu 2} - \frac{7\,\mathrm{a1}^2\,\mu 2\,\mathrm{x[m]}\,\gamma\mathrm{o[i,m]}}{2\,\lambda 2 + 7\,\mu 2} + \mathrm{x[i]\,x[p]\,x[q]}\,\gamma\mathrm{o[p,q]}\right) - \mathrm{c2[1]}\left(-\frac{2\,\mathrm{x[m]}\,\gamma\mathrm{o[i,m]}}{5\,\mathrm{a1}^5} + \frac{\mathrm{x[i]\,x[p]\,x[q]}\,\gamma\mathrm{o[p,q]}}{\mathrm{a1}^7}\right) - \mathrm{c2[2]}\left(\frac{2\,\mu 2\,\mathrm{x[m]}\,\gamma\mathrm{o[i,m]}}{3\,\mathrm{a1}^3\,(\lambda 2 + \mu 2)} + \frac{\mathrm{x[i]\,x[p]\,x[q]}\,\gamma\mathrm{o[p,q]}}{\mathrm{a1}^5}\right)$$

と入力できる．

上記の式は$x_m\gamma_{im}^o$および$x_i x_p x_q \gamma_{pq}^o$の2個の独立な項があるため，この係数から2個の独立な方程式を抽出できる．

```
In[143]:= eq1 = Coefficient[tmp1, x[m] γo[i, m]] == 0
```

Out[143]=
$$\left(-\frac{5\,\mathrm{a1}^2\,\lambda 1}{2\,\lambda 1 + 7\,\mu 1} - \frac{7\,\mathrm{a1}^2\,\mu 1}{2\,\lambda 1 + 7\,\mu 1}\right)\mathrm{c1[3]} + \mathrm{c1[4]} + \frac{2\,\mathrm{c2[1]}}{5\,\mathrm{a1}^5} - \frac{2\,\mu 2\,\mathrm{c2[2]}}{3\,\mathrm{a1}^3\,(\lambda 2 + \mu 2)} - \left(-\frac{5\,\mathrm{a1}^2\,\lambda 2}{2\,\lambda 2 + 7\,\mu 2} - \frac{7\,\mathrm{a1}^2\,\mu 2}{2\,\lambda 2 + 7\,\mu 2}\right)\mathrm{c2[3]} - \mathrm{c2[4]} == 0$$

```
In[144]:= eq2 = Coefficient[tmp1, x[i] x[p] x[q] γo[p, q]] == 0
```

Out[144]=
$$\mathrm{c1[3]} - \frac{\mathrm{c2[1]}}{\mathrm{a1}^7} - \frac{\mathrm{c2[2]}}{\mathrm{a1}^5} - \mathrm{c2[3]} == 0$$

$r = a_2$での変位連続条件$u_i^2 = u_i^{\mathrm{m}}$から2個の独立な方程式が導かれる．出力は長いのでここでは示さない．

```
In[145]:= tmp2 = ((Disp2 - Dispm) /. r -> a2);
```

```
In[146]:= eq3 = Coefficient[tmp2, x[m] γo[i, m]] == 0
```

Out[146]= $-1-\frac{2\,c2[1]}{5\,a2^5}+\frac{2\,\mu 2\,c2[2]}{3\,a2^3\,(\lambda 2+\mu 2)}+\left(-\frac{5\,a2^2\,\lambda 2}{2\,\lambda 2+7\,\mu 2}-\frac{7\,a2^2\,\mu 2}{2\,\lambda 2+7\,\mu 2}\right)c2[3]+ c2[4]+\frac{2\,cm[1]}{5\,a2^5}-\frac{2\,\mu m\,cm[2]}{3\,a2^3\,(\lambda m+\mu m)}==0$

```
In[147]:= eq4 = Coefficient[tmp2, x[i] x[p] x[q] γo[p, q]] == 0
```

Out[147]= $\frac{c2[1]}{a2^7}+\frac{c2[2]}{a2^5}+c2[3]-\frac{cm[1]}{a2^7}-\frac{cm[2]}{a2^5}==0$

$r = a_1$ と $r = a_2$ での表面力連続条件は以下のように入力し，独立な方程式を抽出できる．

```
In[148]:= tmp3 = ((Tract1 - Tract2) /. r -> a1);

In[149]:= eq5 = Coefficient[tmp3, x[m] γo[i, m]] == 0
```

Out[149]= $\left(-\frac{16\,a1\,\lambda 1\,\mu 1}{2\,\lambda+7\,\mu}-\frac{14\,a1\,\mu 1^2}{2\,\lambda+7\,\mu}\right)c1[3]+\frac{2\,\mu 1\,c1[4]}{a1}-\frac{16\,\mu 2\,c2[1]}{5\,a1^6}-\left(\frac{2\,\lambda 2\,\mu 2}{a1^4\,(\lambda 2+\mu 2)}+\frac{4\,\mu 2^2}{3\,a1^4\,(\lambda 2+\mu 2)}\right)c2[2]-\left(-\frac{16\,a1\,\lambda 2\,\mu 2}{2\,\lambda 2+7\,\mu 2}-\frac{14\,a1\,\mu 2^2}{2\,\lambda 2+7\,\mu 2}\right)c2[3]-\frac{2\,\mu 2\,c2[4]}{a1}==0$

```
In[150]:= eq6 = Coefficient[tmp3, x[i] x[p] x[q] γo[p, q]] == 0
```

Out[150]= $\left(\frac{19\,\lambda 1\,\mu 1}{a1\,(2\,\lambda 1+7\,\mu 1)}+\frac{14\,\mu 1^2}{a1\,(2\,\lambda 1+7\,\mu 1)}\right)c1[3]+\frac{8\,\mu 2\,c2[1]}{a1^8}-\left(-\frac{8\,\lambda 2\,\mu 2}{a1^6\,(\lambda 2+\mu 2)}-\frac{8\,\mu 2^2}{a1^6\,(\lambda 2+\mu 2)}\right)c2[2]-\left(\frac{19\,\lambda 2\,\mu 2}{a1\,(2\,\lambda 2+7\,\mu 2)}+\frac{14\,\mu 2^2}{a1\,(2\,\lambda 2+7\,\mu 2)}\right)c2[3]==0$

```
In[151]:= tmp4 = ((Tract2 - Tractm) /. r -> a2);

In[152]:= eq7 = Coefficient[tmp4, x[m] γo[i, m]] == 0
```

Out[152]= $-\frac{2\,\mu m}{a2}+\frac{16\,\mu 2\,c2[1]}{5\,a2^6}+\left(\frac{2\,\lambda 2\,\mu 2}{a2^4\,(\lambda 2+\mu 2)}+\frac{4\,\mu 2^2}{3\,a2^4\,(\lambda 2+\mu 2)}\right)c2[2]+\left(-\frac{16\,a2\,\lambda 2\,\mu 2}{2\,\lambda 2+7\,\mu 2}-\frac{14\,a2\,\mu 2^2}{2\,\lambda 2+7\,\mu 2}\right)c2[3]+\frac{2\,\mu 2\,c2[4]}{a2}-\frac{16\,\mu m\,cm[1]}{5\,a2^6}-\left(\frac{2\,\lambda m\,\mu m}{a2^4\,(\lambda m+\mu m)}+\frac{4\,\mu m^2}{3\,a2^4\,(\lambda m+\mu m)}\right)cm[2]==0$

```
In[153]:= eq8 = Coefficient[tmp4, x[i] x[p] x[q] γo[p, q]] == 0
```

$$\text{Out[153]}= -\frac{8\,\mu2\,\mathrm{c2}[1]}{\mathrm{a2}^8}+\left(-\frac{8\,\lambda2\,\mu2}{\mathrm{a2}^6\,(\lambda2+\mu2)}-\frac{8\,\mu2^2}{\mathrm{a2}^6\,(\lambda2+\mu2)}\right)\mathrm{c2}[2]+\left(\frac{19\,\lambda2\,\mu2}{\mathrm{a2}\,(2\,\lambda2+7\,\mu2)}+\frac{14\,\mu2^2}{\mathrm{a2}\,(2\,\lambda2+7\,\mu2)}\right)\mathrm{c2}[3]+\frac{8\,\mu\mathrm{m}\,\mathrm{cm}[1]}{\mathrm{a2}^8}-\left(-\frac{8\,\lambda\mathrm{m}\,\mu\mathrm{m}}{\mathrm{a2}^6\,(\lambda\mathrm{m}+\mu\mathrm{m})}-\frac{8\,\mu\mathrm{m}^2}{\mathrm{a2}^6\,(\lambda\mathrm{m}+\mu\mathrm{m})}\right)\mathrm{cm}[2]==0$$

未知係数に関する連立方程式は

```
In[154]:= sol = Solve[{eq1, eq2, eq3, eq4, eq5, eq6, eq7, eq8},
            {c1[3], c1[4], c2[1], c2[2], c2[3], c2[4], cm[1], cm[2]}][[1]];
```

と入力して解ける．しかし出力は長いのでここでは示さない．最後に各相での変位，ひずみ，応力および表面力は

```
In[155]:= ui1 = Disp1 /. sol;
          ui2 = Disp2 /. sol;
          uim = Dispm /. sol;

In[156]:= ϵij1 = Sum[Eij[[ii]] c1[ii], {ii, 1, 4}] /.
            {λ → λ1, μ → μ1} /. sol;
          ϵij2 = Sum[Eij[[ii]] c2[ii], {ii, 1, 4}] /.
            {λ → λ2, μ → μ2} /. sol;
          ϵijm = Sum[Eij[[ii]] cm[ii], {ii, 1, 4}] /.
            {λ → λm, μ → μm} /. sol;

In[157]:= σij1 = Sum[Sij[[ii]] c1[ii], {ii, 1, 4}] /.
            {λ → λ1, μ → μ1} /. sol;
          σij2 = Sum[Sij[[ii]] c2[ii], {ii, 1, 4}] /.
            {λ → λ2, μ → μ2} /. sol;
          σijm = Sum[Sij[[ii]] cm[ii], {ii, 1, 4}] /.
            {λ → λm, μ → μm} /. sol;

In[158]:= ti1 = Tract1 /. sol;
          ti2 = Tract2 /. sol;
          ti3 = Tractm /. sol;
```

と入力して求められる．例えば中心の介在物のひずみ場は

```
In[159]:= ϵij1 // Simplify
```

$$\text{Out[159]}= (225\,\mathrm{a2}^3\,\mu2\,(\lambda2+2\,\mu2)\,\mu\mathrm{m}\,(\lambda\mathrm{m}+2\,\mu\mathrm{m})\,((280\,\mathrm{a1}^3\,\mathrm{a2}^2\,\mathrm{r}^2\,(5\,\lambda1+7\,\mu1)\,(\mu1-\mu2)\,(\lambda2+\mu2)\,(\mu2-\mu\mathrm{m})-56\,\mathrm{a1}^5\,(21\,\mathrm{a2}^2\,(\lambda1+\mu1)+5\,\mathrm{r}^2\,(5\,\lambda1+7\,\mu1))\,(\mu1-\mu2)\,(\lambda2+\mu2)\,(\mu2-\mu\mathrm{m})+40\,\mathrm{a1}^7\,(7\,\lambda2\,\mu1\,(5\,\lambda1+8\,\mu2)+37\,\lambda1\,\lambda2\,(\mu1-\mu2)+$$

$$
\begin{aligned}
&7\,\lambda 1\,(8\,\mu 1-5\,\mu 2)\,\mu 2+49\,\mu 1\,(\mu 1-\mu 2)\,\mu 2)\,(\mu 2-\mu\mathrm{m})+\\
&\mathrm{a2}^{7}\,(14\,\mu 1\,(\mu 1+4\,\mu 2)+\lambda 1\,(19\,\mu 1+16\,\mu 2))\\
&(14\,\mu 2\,(\mu 2+4\,\mu\mathrm{m})+\lambda 2\,(19\,\mu 2+16\,\mu\mathrm{m})))\,\gamma\mathrm{o}[\mathrm{i},\mathrm{j}]+\\
&280\,\mathrm{a1}^{3}\,(\mathrm{a1}^{2}-\mathrm{a2}^{2})\,(\mu 1-\mu 2)\,(\lambda 2+\mu 2)\,(\mu 2-\mu\mathrm{m})\\
&(-3\,\lambda 1\,\mathrm{x}[\mathrm{j}]\,\mathrm{x}[\mathrm{m}]\,\gamma\mathrm{o}[\mathrm{i},\mathrm{m}]-3\,\lambda 1\,\mathrm{x}[\mathrm{i}]\,\mathrm{x}[\mathrm{m}]\,\gamma\mathrm{o}[\mathrm{j},\mathrm{m}]+\\
&(2\,\lambda 1+7\,\mu 1)\,\mathrm{x}[\mathrm{p}]\,\mathrm{x}[\mathrm{q}]\,\gamma\mathrm{o}[\mathrm{p},\mathrm{q}]\,\delta[\mathrm{i},\mathrm{j}]))))/\\
&(16\,\mathrm{a1}^{10}\,(\mu 1-\mu 2)\,(7\,\lambda 2\,\mu 1\,(4\,\mu 1-19\,\mu 2)+38\,\lambda 1\,\lambda 2\,(\mu 1-\mu 2)+\\
&7\,\lambda 1\,(19\,\mu 1-4\,\mu 2)\,\mu 2+98\,\mu 1\,(\mu 1-\mu 2)\,\mu 2)\\
&(\mu 2-\mu\mathrm{m})\,(6\,\lambda\mathrm{m}\,\mu 2\,(7\,\mu 2-12\,\mu\mathrm{m})+27\,\lambda 2\,\lambda\mathrm{m}\,(\mu 2-\mu\mathrm{m})+\\
&6\,\lambda 2\,(12\,\mu 2-7\,\mu\mathrm{m})\,\mu\mathrm{m}+112\,\mu 2\,(\mu 2-\mu\mathrm{m})\,\mu\mathrm{m})-\\
&1008\,\mathrm{a1}^{5}\,\mathrm{a2}^{5}\,(\mu 1-\mu 2)\,(\lambda 2+\mu 2)^{2}\,(14\,\mu 1\,(\mu 1+4\,\mu 2)+\lambda 1\,(19\,\mu 1+16\mu 2))\\
&(\mu 2-\mu\mathrm{m})\,(2\,\mu\mathrm{m}\,(8\,\mu 2+7\,\mu\mathrm{m})+\lambda\mathrm{m}\,(6\,\mu 2+9\,\mu\mathrm{m}))+\\
&200\,\mathrm{a1}^{7}\,\mathrm{a2}^{3}\,(\lambda 1\,(\lambda 2\,\mu 2\,(152\,\mu 1^{2}+23\,\mu 1\,\mu 2-112\,\mu 2^{2})+\\
&\lambda 2^{2}\,(57\,\mu 1^{2}-3\,\mu 1\,\mu 2-54\,\mu 2^{2})+7\,\mu 2^{2}\,(19\,\mu 1^{2}+7\,\mu 1\,\mu 2-8\,\mu 2^{2}))+\\
&7\,\mu 1\,(2\,\lambda 2\,\mu 2\,(8\,\mu 1^{2}+11\,\mu 1\,\mu 2-28\,\mu 2^{2})+\\
&3\,\lambda 2^{2}\,(2\,\mu 1^{2}+4\,\mu 1\,\mu 2-9\,\mu 2^{2})+14\,\mu 2^{2}\,(\mu 1^{2}+\mu 1\,\mu 2-2\,\mu 2^{2})))\\
&(\mu 2-\mu\mathrm{m})\,(2\,\mu\mathrm{m}\,(8\,\mu 2+7\,\mu\mathrm{m})+\lambda\mathrm{m}\,(6\,\mu 2+9\,\mu\mathrm{m}))+\\
&\mathrm{a2}^{10}\,(2\,\mu 2\,(8\,\mu 1+7\,\mu 2)+\lambda 2\,(6\,\mu 1+9\,\mu 2))\\
&(14\,\mu 1\,(\mu 1+4\,\mu 2)+\lambda 1\,(19\,\mu 1+16\,\mu 2))\\
&(2\,\mu\mathrm{m}\,(8\,\mu 2+7\,\mu\mathrm{m})+\lambda\mathrm{m}\,(6\,\mu 2+9\,\mu\mathrm{m}))\\
&(14\,\mu 2\,(\mu 2+4\,\mu\mathrm{m})+\lambda 2\,(19\,\mu 2+16\,\mu\mathrm{m}))+\\
&50\,\mathrm{a1}^{3}\,\mathrm{a2}^{7}\,(\mu 1-\mu 2)\,(14\,\mu 1\,(\mu 1+4\,\mu 2)+\lambda 1\,(19\,\mu 1+16\,\mu 2))\,(2\,\lambda 2\,\mu 2\\
&(3\,\mu\mathrm{m}\,(28\,\mu 2^{2}+13\,\mu 2\,\mu\mathrm{m}-48\,\mu\mathrm{m}^{2})+14\,\mu\mathrm{m}\,(16\,\mu 2^{2}+3\,\mu 2\,\mu\mathrm{m}-16\,\mu\mathrm{m}^{2}))+\\
&28\,\mu 2^{2}\,(2\,\mu\mathrm{m}\,(4\,\mu 2^{2}+3\,\mu 2\,\mu\mathrm{m}-7\,\mu\mathrm{m}^{2})+3\,\lambda\mathrm{m}\,(\mu 2^{2}+\mu 2\,\mu\mathrm{m}-3\,\mu\mathrm{m}^{2}))+\\
&3\,\lambda 2^{2}\,(9\,\lambda\mathrm{m}\,(3\,\mu 2^{2}+\mu 2\,\mu\mathrm{m}-4\,\mu\mathrm{m}^{2})-2\,\mu\mathrm{m}\,(-36\,\mu 2^{2}+\mu 2\,\mu\mathrm{m}+28\,\mu\mathrm{m}^{2}))))
\end{aligned}
$$

で表される．母相のひずみ場は長いので一部のみ示す．

```
In[160]:= ϵijm // Short
```

Out[160]//Short= $\gamma\mathrm{o}[\mathrm{i},\,\mathrm{j}]+(\texttt{<<1>>})\,\texttt{<<1>>}+$

$$\left(-\frac{15\,\mathrm{a2}^{3}\,(\mu 2-\mu\mathrm{m})\,(\lambda\mathrm{m}+\mu\mathrm{m})}{6\,\lambda\mathrm{m}\,\mu 2+9\,\lambda\mathrm{m}\,\mu\mathrm{m}+\texttt{<<1>>}+14\mu\mathrm{m}^{2}}-\frac{\texttt{<<1>>}}{\texttt{<<1>>}}\right)(\texttt{<<1>>})$$

以上の計算は，2重のコーティングがある4相材料に適用することも可能である．予想されるように結果は3相の場合に比べ非常に長くなり，延々と続く式を全て印刷してもあまり意味はないであろう．解析解が得られても式が何千行にも及ぶのであれば，数値解に対する解析解のメリットは議論の余地がある．

4.2.5　2-D の多相材料の解

前節に解説した手法は，3 次元材料を対象としているが，これを 2 次元材料に適用することも当然可能である．この場合，応力状態は平面ひずみを仮定し，円筒状の介在物が母相に埋まっているモデルとなる．平面ひずみ下では x_3 を対称軸として，$\epsilon_{13} = \epsilon_{23} = \epsilon_{33} = 0$ となる．

ϵ^o に対する解

変位と表面力は

$$u_i = \left(-\frac{c_1}{2r^2} + c_2\right) x_i \epsilon^o$$

$$t_i = \frac{\mu}{r^3} c_1 x_i \epsilon^o + \frac{2(\lambda + \mu)}{r} c_2 x_i \epsilon^o$$

と表される．各相での未知係数 $c_1 \sim c_2$ は，変位と表面力の連続条件を満足するように決定できる．

γ_{ij}^o に対する厳密解

変位と表面力は

$$\begin{aligned} u_i = {} & c_1 \left(\frac{x_i x_j x_k \gamma_{jk}^o}{r^6} - \frac{x_k \gamma_{ik}^o}{2r^4} \right) + c_2 \left(\frac{x_i x_j x_k \gamma_{jk}^o}{r^4} + \frac{\mu x_k \gamma_{ik}^o}{r^2(\lambda + \mu)} \right) \\ & + c_3 \left(x_i x_j x_k \gamma_{jk}^o - \frac{r^2 (2\lambda + 3\mu) x_k \gamma_{ik}^o}{\lambda + 3\mu} \right) + c_4 x_k \gamma_{ik}^o \end{aligned}$$

$$\begin{aligned} t_i = {} & \frac{c_3 \left(x_i \left(-3\lambda^2 + 5\lambda\mu + 18\mu^2 \right) x_p x_q \gamma_{pq}^o - 2\mu r^2 (7\lambda + 9\mu) x_m \gamma_{im}^o \right)}{2r(\lambda + 3\mu)} \\ & + c_1 \left(\frac{2\mu x_m \gamma_{im}^o}{r^5} - \frac{x_i (3\lambda + 10\mu) x_p x_q \gamma_{pq}^o}{2r^7} \right) \\ & + c_2 \left(\frac{\mu x_m \gamma_{im}^o}{r^3} - \frac{x_i (3\lambda + 10\mu) x_p x_q \gamma_{pq}^o}{2r^5} \right) + \frac{2 c_4 \mu x_m \gamma_{im}^o}{r} \end{aligned}$$

と表される．各相での未知係数 $c_1 \sim c_4$ は変位と表面力の連続条件を満足するように決定できる．

4.3 熱応力

複合材料が高温度下に晒されると温度分布が一様でなくなるため，異なる相の境界面で熱膨張係数のミスマッチにより，熱応力が発生して材料の破壊に至ることがある．このため複合材料の熱応力の解析は重要である．熱応力問題は解析的には一般弾性体問題で体積力がある場合の特殊なケースとして扱われる．したがって，体積力がある場合の弾性場を得られれば，熱応力の問題は自動的に解ける．

本節では，球状の介在物が無限材料内にあり無限遠で一様な熱流に晒されている場合の熱応力解析を解説する．まず温度分布を求め，それに基づいて熱応力を求めるという2段階を必要とするが，いずれも *Mathematica* で方程式自体を導出し，その方程式を解くという好例である．

4.3.1 熱束による熱応力

球状の介在物が母相の中に置かれ，無限遠で一様な熱束に置かれた問題を考える．介在物の弾性係数，熱伝導率，熱膨張係数は母相と異なると仮定する．この場合，介在物周辺で温度分布が発生し，各相での熱膨張係数のミスマッチにより，外部張力がなくても熱応力が発生する．

無限遠で一定な熱束による温度場

半径 a の球状の介在物が無限遠で一様な熱束下に置かれている材料を考える．無限遠で温度勾配は一定であるため，この条件は $\theta_i \equiv T_{,i}$ とすると

$$r \to \infty \text{ のとき } T \to \theta_k x_k$$

となる．ここに θ_k は k 方向の温度勾配定数である．温度分布が発生するソースはこの温度勾配 θ_k なので，温度場も当然 θ_k に比例するであろう．また，温度はスカラー（0階のテンソル）なので温度場は

$$T = h(r) x_k \theta_k \tag{4.32}$$

と表される必要がある．ここに $h(r)$ は距離 $r = \sqrt{x_k x_k}$ のみの関数である．熱源はないので，温度場 T は以下のラプラス方程式を満たす．

$$T_{,ii} = 0 \tag{4.33}$$

式 (4.32) を式 (4.33) に代入すると，$h(r)$ が満たす微分方程式

$$T_{,ii} = \frac{rh''(r) + 4h'(r)}{r} x_m \theta_m = 0$$

を得る．よって微分方程式 $rh''(r) + 4h'(r) = 0$ を解くことにより

$$h(r) = \frac{C_1}{r^3} + C_2$$

を得る．ここに C_1 と C_2 は，介在物と母相の境界での温度と熱束の連続条件から決定できる積分定数である．

温度場 T は

$$T = \left(\frac{C_1}{r^3} + C_2 \right) x_k \theta_k$$

と表される．温度は介在物内では有限かつ $x \to \infty$ で $T_{,i} \to \theta_i$ なので，介在物内と母相での温度分布はそれぞれ

$$T^f = C_1 x_k \theta_k, \tag{4.34}$$

$$T^m = \left(\frac{C_2}{r^3} + 1 \right) x_k \theta_k \tag{4.35}$$

となる．ここで上添字 f と m は介在物と母相を表わす．式 (4.34) と式 (4.35) から各相での熱束は

$$k_f \frac{\partial T^f}{\partial n} = k_f \frac{C_1}{r} x_k \theta_k,$$

$$k_m \frac{\partial T^m}{\partial n} = k_m \left(-2 \frac{C_2}{r^4} + \frac{C_2}{r} \right) x_k \theta_k$$

と表される．ここに k_f と k_m はそれぞれ介在物と母相の熱伝導率である．

$r = a$ での温度と熱束の連続条件から未知係数 C_1 と C_2 は

$$C_1 = -\frac{a^3(k_f - k_m)}{k_f + 2k_m},$$

$$C_2 = \frac{3k_m}{k_f + 2k_m}$$

と解ける．

よって各相での温度場は

$$T^f = \frac{3k_m}{k_f + 2k_m} x_k \theta_k, \tag{4.36}$$

$$T^m = \left(-\frac{k_f - k_m}{k_f + 2k_m} \left(\frac{a}{r} \right)^3 + 1 \right) x_k \theta_k \tag{4.37}$$

と表される.

以下の *Mathematica* コードでこの温度場を導くことができる.

```
In[161]:= SetAttributes[δ, Orderless];
          δ[i_Integer, j_Integer] := If[i == j, 1, 0];
          δ[i_Symbol, i_Symbol] := 3;
          Unprotect[Times];
           Times[x_[j_Symbol], δ[i_, j_Symbol]] := x[i];
           Times[X_[i_Symbol, j_], δ[i_Symbol, k_]] := X[k, j];
           Times[δ[i_Symbol, j_], δ[i_Symbol, k_]] := δ[j, k];
           Times[δ[i_Symbol, j_], h_[i_Symbol]] := h[j];
          Protect[Times];

In[162]:= Unprotect[Power];
           Power[x[i_Symbol], 2] := r^2;
           Power[δ[i_Symbol, j_Symbol] ,2] := 3;
          Protect[Power];

In[163]:= Unprotect[D];
           D[a_. r^n_. + b_., x[i_]] :=
            D[a, x[i]] r^n + n r^(n - 1) x[i] / r a + D[b, x[i]];
           D[a_. x[i_] + b_., x[j_]] :=
            D[a, x[j]] x[i] + aδ[i, j] + D[b, x[j]];
           D[a_. x[i_Integer]^n_. + b_., x[j_]] :=
            a n x[i]^(n - 1) δ[i, j] + D[b, x[j]];
           D[a_. f_[r]^n_. + b_., x[i_]] :=
            D[a, x[i]] f[r]^n + a n f[r]^(n - 1) f'[r] x[i] / r + D[b, x[i]];
           D[a_List, b_] := Map[D[#, b] &, a]
           D[Times[a_, b_], x[i_]] := D[a, x[i]] b + a D[b, x[i]];
          Protect[D];

In[164]:= temp = h[r] x[k] θ[k]
```

Out[164]= $\mathrm{h[r]\,x[k]}\,\theta\mathrm{[k]}$

```
In[165]:= (D[D[temp, x[i]], x[i]] // Simplify) /.
            x[i_] θ[i_] -> x[p] θ[p] // Simplify
```

Out[165]= $\dfrac{\mathrm{x[p]}\,\theta\mathrm{[p]}\,(4\,\mathrm{h}'\mathrm{[r]} + \mathrm{r}\,\mathrm{h}''\mathrm{[r]})}{\mathrm{r}}$

```
In[166]:= DSolve[(4 h'[r] + r h''[r]) == 0, h[r], r][[1]]
```

Out[166]= $\left\{\mathrm{h}[\mathrm{r}] \to -\frac{\mathrm{C}[1]}{3\,\mathrm{r}^3} + \mathrm{C}[2]\right\}$

```
In[167]:= tin= c[1] x[k] θ[k]; tout = (c[2] / r^3 + 1) x[k] θ[k];
```

```
In[168]:= eq1 = (((kin D[tin, x[i]] x[i] / r -
          kout D[tout, x[i]] x[i] / r) // Simplify) /.
          x[i_] θ[i_] -> x[p] θ[p] // Simplify) /. r -> a
```

Out[168]= $\frac{(-\mathrm{a}^3\,\mathrm{kout} + \mathrm{a}^3\,\mathrm{kin}\,\mathrm{c}[1] + 2\,\mathrm{kout}\,\mathrm{c}[2])\,\mathrm{x}[\mathrm{p}]\,\theta[\mathrm{p}]}{\mathrm{a}^4}$

```
In[169]:= eq2 = (tin - tout) /. r -> a // Simplify
```

Out[169]= $\left(-1 + \mathrm{c}[1] - \frac{\mathrm{c}[2]}{\mathrm{a}^3}\right)\mathrm{x}[\mathrm{k}]\,\theta[\mathrm{k}]$

```
In[170]:= sol = Solve[{eq1 == 0, eq2 == 0}, {c[1], c[2]}][[1]]
```

Out[170]= $\left\{\mathrm{c}[1] \to \frac{3\,\mathrm{kout}}{\mathrm{kin} + 2\,\mathrm{kout}},\ \mathrm{c}[2] \to \frac{\mathrm{a}^3\,(-\mathrm{kin} + \mathrm{kout})}{\mathrm{kin} + 2\,\mathrm{kout}}\right\}$

```
In[171]:= tin /. sol
```

Out[171]= $\frac{3\,\mathrm{kout}\,\mathrm{x}[\mathrm{k}]\,\theta[\mathrm{k}]}{\mathrm{kin} + 2\,\mathrm{kout}}$

```
In[172]:= tout /. sol
```

Out[172]= $\left(1 + \frac{\mathrm{a}^3\,(-\mathrm{kin} + \mathrm{kout})}{(\mathrm{kin} + 2\,\mathrm{kout})\,\mathrm{r}^3}\right)\mathrm{x}[\mathrm{k}]\,\theta[\mathrm{k}]$

熱応力場

半径aの球状介在物が，熱伝導率，弾性定数，熱膨張係数が異なる周囲の母相内に置かれ，無限遠で一定の熱束θ_mの下にある熱応力の問題を考える．全ての物性定数は等方性とする．

式(4.36)と式(4.37)から各相での温度勾配は

$$T^f_{,i} = \frac{3k_m}{k_f + 2k_m}\theta_i,$$

$$T^m_{,i} = \left(1 + \frac{k_m - k_f}{k_f + 2k_m}\left(\frac{a}{r}\right)^3\right)\theta_i - \frac{3(k_m - k_f)}{k_f + 2k_m}\left(\frac{a}{r}\right)^3\frac{\theta_k x_k x_i}{r^2}$$

と表された．

熱効果を含んだ変位の平衡方程式は

$$\mu\Delta u_i + (\mu+\lambda)u_{j,ji} - (2\mu+3\lambda)\alpha T_{,i} = 0 \tag{4.38}$$

と表される．ここに μ と λ はラメ定数で α は熱膨張係数である．変位とそれから導かれる応力のソースは式 (4.38) の $T_{,i}$ であることに着目すると，変位がとりうる式は

$$u_i = f(r)\theta_i + \frac{g(r)}{r^2}\theta_k x_k x_i \tag{4.39}$$

に限られる．ここに $f(r)$ と $g(r)$ は r だけに依存する未知関数である．ここで $1/r^2$ 項は $f(r)$ と $g(r)$ の次元が等しくなるように導入された．式 (4.39) を式 (4.38) に代入すると

$$\begin{aligned}
&\left(\mu f''(r) + \frac{(\lambda+\mu)f'(r)}{r} + \frac{2\mu f'(r)}{r}\right.\\
&\quad \left. + \frac{(\lambda+\mu)g'(r)}{r} + \frac{2g(r)(\lambda+\mu)}{r^2} + \frac{2\mu g(r)}{r^2}\right)\theta_i\\
&+\left(\frac{(\lambda+\mu)f''(r)}{r^2} - \frac{(\lambda+\mu)f'(r)}{r^3} + \frac{(\lambda+\mu)g''(r)}{r^2} + \frac{\mu g''(r)}{r^2}\right.\\
&\quad \left. + \frac{(\lambda+\mu)g'(r)}{r^3} + \frac{2\mu g'(r)}{r^3} - \frac{4g(r)(\lambda+\mu)}{r^4} - \frac{6\mu g(r)}{r^4}\right)x_i\theta_k x_k\\
&-(2\mu+3\lambda)\alpha T_{,i} = 0
\end{aligned}$$

を得る．よって $f(r)$ と $g(r)$ が満たす微分方程式は以下のようになる．

(1)　介在物内

$$\begin{aligned}
&\mu_f f''(r) + \frac{(\lambda_f+\mu_f)f'(r)}{r} + \frac{2\mu_f f'(r)}{r} + \frac{(\lambda_f+\mu_f)g'(r)}{r}\\
&\quad + \frac{2g(r)(\lambda_f+\mu_f)}{r^2} + \frac{2\mu_f g(r)}{r^2} = \alpha_f(2\mu_f+3\lambda_f)\frac{3k_m}{k_f+2k_m},\\
&\frac{(\lambda_f+\mu_f)f''(r)}{r^2} - \frac{(\lambda_f+\mu_f)f'(r)}{r^3} + \frac{(\lambda_f+\mu_f)g''(r)}{r^2}\\
&\quad + \frac{\mu_f g''(r)}{r^2} + \frac{(\lambda_f+\mu_f)g'(r)}{r^3} + \frac{2\mu_f g'(r)}{r^3}\\
&\quad - \frac{4g(r)(\lambda_f+\mu_f)}{r^4} - \frac{6\mu_f g(r)}{r^4} = 0
\end{aligned}$$

(2) 母相内

$$
\begin{aligned}
&\mu_m f''(r) + \frac{(\lambda_m+\mu_m)f'(r)}{r} + \frac{2\mu_m f'(r)}{r} \\
&\quad + \frac{(\lambda_m+\mu_m)g'(r)}{r} + \frac{2g(r)(\lambda_m+\mu_m)}{r^2} + \frac{2\mu_m g(r)}{r^2} \\
&= \alpha_m(2\mu_m+3\lambda_m)\left(1 + \frac{k_m-k_f}{k_f+2k_m}\left(\frac{a}{r}\right)^3\right), \\
&\frac{(\lambda_m+\mu_m)f''(r)}{r^2} - \frac{(\lambda_m+\mu_m)f'(r)}{r^3} + \frac{(\lambda_m+\mu_m)g''(r)}{r^2} + \frac{\mu_m g''(r)}{r^2} \\
&\quad + \frac{(\lambda_m+\mu_m)g'(r)}{r^3} + \frac{2\mu_m g'(r)}{r^3} - \frac{4g(r)(\lambda_m+\mu_m)}{r^4} - \frac{6\mu_m g(r)}{r^4} \\
&= -\frac{3\alpha_m(2\mu_m+3\lambda_m)(k_m-k_f)}{k_f+2k_m}\frac{a^3}{r^5}
\end{aligned}
$$

上記の連立微分方程式を解くと $f(r)$ と $g(r)$ は

1.　介在物内

$$
\begin{aligned}
f(r) &= c_1 - \frac{c_2}{3r^3} - \frac{c_3}{r} + \frac{r^2}{2}c_4 + \frac{k_m r^2\alpha_f(12\lambda_f^2+35\lambda_f\mu_f+18\mu_f^2)}{10(k_f+2k_m)\mu_f(\lambda_f+2\mu_f)}, \\
g(r) &= \frac{c_2}{r^3} - \frac{\lambda_f+\mu_f}{r(\lambda_f+3\mu_f)}c_3 - \frac{r^2(\lambda_f+4\mu_f)}{2(2\lambda_f+3\mu_f)}c_4 \\
&\quad + \frac{\alpha_f k_m r^2\left(12\lambda_f^2+35\lambda_f\mu_f+18\mu_f^2\right)}{10\mu_f(k_f+2k_m)(\lambda_f+2\mu_f)}
\end{aligned}
\tag{4.40}
$$

2. 母相内

$$f(r) = d_1 - \frac{d_2}{3r^3} - \frac{d_3}{r} + \frac{r^2}{2}d_4 + \frac{\alpha_m(3\lambda_m + 2\mu_m)\left(5a^3\lambda_m(k_m - k_f) + r^3(k_f + 2k_m)(4\lambda_m + 9\mu_m)\right)}{30\mu_m r(k_f + 2k_m)(\lambda_m + 2\mu_m)},$$

$$g(r) = \frac{d_2}{r^3} + \frac{(-\lambda_m - \mu_m)}{r(\lambda_m + 3\mu_m)}d_3 - \frac{r^2(\lambda_m + 4\mu_m)}{2(2\lambda_m + 3\mu_m)}d_4 - \frac{\alpha_m(3\lambda_m + 2\mu_m)\left(5a^3(k_f - k_m)(\lambda_m + 4\mu_m) + 2r^3(k_f + 2k_m)(\lambda_m + \mu_m)\right)}{30\mu_m r(k_f + 2k_m)(\lambda_m + 2\mu_m)} \tag{4.41}$$

と表される．ここに $c_1 \sim c_4$ と $d_1 \sim d_4$ は，境界条件および連続条件から決定される積分定数である．変位は介在物内では有限なので式 (4.40) から

$$c_2 = c_3 = 0$$

となる．式 (4.41) の d_1 と d_4 の決定には応力が無限遠で 0 となる条件を使う．このため応力の式が必要となる．残りの未知係数の決定には変位と表面力が $r = a$ で連続の条件を使う．応力成分は変位から

$$\begin{aligned}\sigma_{ij} &= C_{ijkl}\left(\epsilon_{kl} - \alpha\delta_{kl}T\right) = 2\mu\epsilon_{ij} + \lambda\delta_{ij}\epsilon_{kk} - (2\mu + 3\lambda)\alpha T\delta_{ij} \\ &= \mu u_{i,j} + \mu u_{j,i} + \lambda\delta_{ij}u_{k,k} - (2\mu + 3\lambda)\alpha T\delta_{ij}\end{aligned}$$

と表される．よって母相の応力は式 (4.39) と式 (4.41) から

$$\sigma_{ij}^m = \left(\frac{A}{r^5} + \frac{B}{r^3} + C\right)(x_i\theta_j + x_j\theta_i) + \left(\frac{D}{r^7} + \frac{E}{r^5}\right)x_ix_jx_k\theta_k + \left(\frac{F}{r^5} + \frac{G}{r^3} + 4C\right)x_kx_k\delta_{ij} \tag{4.42}$$

と表される．定数 $A \sim F$ は *Mathematica* で求められるが，出力が長いためここでは表示しない．式 (4.42) から，応力が $r \to \infty$ で 0 となる条件は C が 0 であることがわかる．C の具体的な式は

$$C = \frac{(3\lambda_m + 2\mu_f)\left(2\alpha_m\left(6\lambda_m^2 + 25\lambda_m\mu_f + 24\mu_f^2\right) + 15d_4\mu_f(\lambda_m + 2\mu_f)\right)}{30(\lambda_m + 2\mu_f)(2\lambda_m + 3\mu_f)}$$

で与えられる．よって $C=0$ を d_4 について解くことにより，積分定数の一つである d_4 は

$$d_4 = -\frac{2\alpha_m(2\lambda_m+3\mu_m)(3\lambda_m+8\mu_m)}{15\mu_m(\lambda_m+2\mu_m)}$$

と決定できる．残りの積分定数の決定には，変位と表面力が $r=a$ で連続である条件から4個の連立方程式が得られる．表面力は

$$t_i = \sigma_{ij}n_j = \mu u_{i,j}n_j + \mu u_{j,i}n_j + \lambda u_{k,k}n_i - (2\mu+3\lambda)\alpha T n_i$$

で表される．

結果

全ての計算は *Mathematica* で実行される．

介在物内の応力は

$$\sigma_{ij}^f = A'\left(x_i\theta_j + x_j\theta_i - 4x_k\theta_k\delta_{ij}\right)$$

で表される．ここに

$$A' = -\frac{2\mu_m\mu_f(3\lambda_f+2\mu_m)(\alpha_m k_f - 3\alpha_f k_m + 2\alpha_m k_m)}{(k_f+2k_m)(\lambda_f(3\mu_m+2\mu_f)+2\mu_m(\mu_m+4\mu_f))}$$

母相内の応力は

$$\begin{aligned}\sigma_{ij}^m = &\left(\frac{A}{r^5}+\frac{B}{r^3}\right)(x_i\theta_j + x_j\theta_i)\\ &+\left(-\frac{5A}{r^7}-\frac{3B}{r^5}\right)x_ix_jx_k\theta_k + \left(\frac{A}{r^5}-\frac{B}{r^3}\right)x_kx_k\delta_{ij}\end{aligned}$$

で表される．ここに

$$\begin{aligned}A = a^5\mu_f(&\alpha_m k_f(\lambda_f(3\lambda_m\mu_m + 6\lambda_m\mu_f - 6\mu_m\mu_f + 4\mu_f^2)\\ &+ 2\mu_m(\lambda_m\mu_m + 12\lambda_m\mu_f - 2\mu_m\mu_f + 8\mu_f^2))\\ &+ k_m(6\alpha_f\mu_m(3\lambda_f+2\mu_m)(\lambda_m+2\mu_f)\\ &- \alpha_m(\lambda_f(21\lambda_m\mu_m + 6\lambda_m\mu_f + 30\mu_m\mu_f + 4\mu_f^2)\\ &+ 2\mu_m(7\lambda_m\mu_m + 12\lambda_m\mu_f + 10\mu_m\mu_f + 8\mu_f^2))))\end{aligned}$$

$$\Big/ \left((k_f + 2k_m)(\lambda_m + 2\mu_f)(\lambda_f(3\mu_m + 2\mu_f) + 2\mu_m(\mu_m + 4\mu_f))\right),$$

$$B = \frac{a^3 \alpha_m \mu_f (k_m - k_f)(3\lambda_m + 2\mu_f)}{(k_f + 2k_m)(\lambda_m + 2\mu_f)}$$

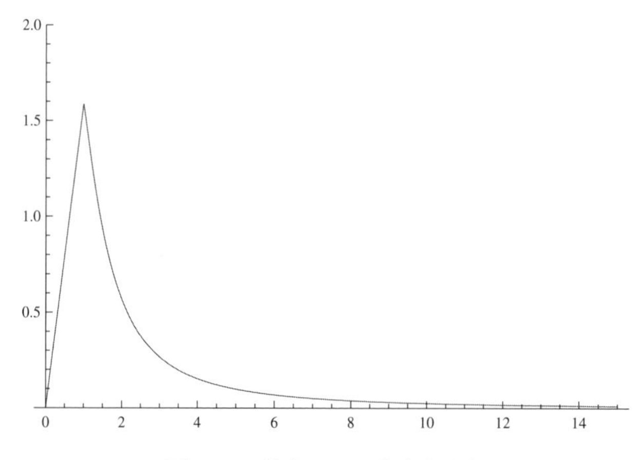

図 4.12 熱束による熱応力分布

例 図 4.12 は σ_{11} を任意に選ばれた材料定数でプロットしたものである．以下の数値が用いられた．

$$\begin{aligned} \mu^m &= 1, & \mu^f &= 12, \\ \lambda^m &= 1, & \lambda^f &= 3, \\ k^m &= 1, & k^f &= 10, \\ \alpha^m &= 1, & \alpha^f &= 2, \\ a &= 1, & \theta &= 1. \end{aligned}$$

$x = 1$ の境界面で応力集中が見られる．$x \to \infty$ で応力は 0 となる．以下の *Mathematica* コードでこの結果が得られる．

```
In[173]:= SetAttributes[δ, Orderless];
          δ[i_Integer, j_Integer] := If[i == j, 1, 0];
          δ[i_Symbol, i_Symbol] := 3;
          Unprotect[Times];
          Times[x_[j_Symbol], δ[i_, j_Symbol]] := x[i];
```

```
          Times[X_[i_Symbol, j_], δ[i_Symbol, k_]] := X[k, j];
          Times[δ[i_Symbol, j_], δ[i_Symbol, k_]] := δ[j, k];
          Times[δ[i_Symbol, j_], h_[i_Symbol]] := h[j];
          Protect[Times];

In[174]:= Unprotect[Power];
          Power[x[i_Symbol], 2] := r^2;
          Power[δ[i_Symbol, j_Symbol], 2] := 3;
          Protect[Power];

In[175]:= Unprotect[D];
          D[a_. r^n_. + b_., x[i_]] :=
            D[a, x[i]] r^n + n r^(n - 1) x[i] / r a + D[b, x[i]];
          D[a_. x[i_] + b_., x[j_]] :=
            D[a, x[j]] x[i] + a δ[i, j] + D[b, x[j]];
          D[a_. x[i_Integer]^n_. + b_., x[j_]] :=
            a n x[i]^(n - 1) δ[i, j] + D[b, x[j]];
          D[a_. f_[r]^n_. + b_., x[i_]] :=
            D[a, x[i]] f[r]^n + a n f[r]^(n - 1) f'[r] x[i] / r + D[b, x[i]];
          D[Times[a_, b_], x[i_]] := D[a, x[i]] b + a D[b, x[i]];
          Protect[D];

In[176]:= mat = {km -> 1, kf -> 10, μm -> 1, μf -> 12, λm -> 1, λf -> 3,
            αm -> 1, αf -> 2, a -> 1};
          mat = {};
          rule1 = {μm -> em / 2 / (1 + νm), μf -> ef / 2 / (1 + νf),
            λm -> νm em / (1 + νm) / (1 - 2 νm),
            λf -> νf ef / (1 + νf) / (1 - 2 νf)};

In[177]:= um = f[r] θ[m] + g[r] / r^2 X[p] θ[p] x[m];
          (*Δu_m*)
          j1 = (D[D[um, x[i]] // Expand, x[i]] // Expand) /.
            x[i] θ[i] -> x[p] θ[p];
          (*u_i,im*)
          j2 = (D[(D[um, x[m]] // Expand) /.
            x[m] θ[m] -> x[p] θ[p], x[m]]) // Expand;
          (*μΔu_m + (μ + λ)u_i,im*)
          j3 =μ j1 + (μ + λ) j2;
          fsol = Coefficient[j3, θ[m]];
          gsol = Coefficient[j3, x[p] θ[p] x[m]];
          (* inside *)
          a1 = 3 km / (kf + 2 km);
          sol1 = DSolve[{(fsol /. {μ -> μf, λ -> λf}) ==
            a1 αf (2μf + 3λf),
            (gsol /. {μ -> μf, λ -> λf}) == 0}, {f[r], g[r]}, r][[1]];
          (* outside *)
```

```
         a2 = (km - kf) / (kf + 2 km);
         sol2 = DSolve[{(fsol /. {μ -> μm, λ -> λm}) ==
           αm (2 μm + 3 λm) (1 + a2 a^3 / r^3),
           (gsol /. {μ -> μm, λ -> λm}) ==
           -3 αm (2 μm + 3 λm) a2 a^3 / r^5},
           {f[r], g[r]}, r][[1]];

In[178]:= (*---------------General solution---------------*)
         uin = ((f[r] θ[m] + g[r] / r^2 x[p] θ[p] x[m] /. sol1) /.
           C -> C1) /. {C1[3] -> 0, C1[2] -> 0};
         uout = (f[r] θ[m] + g[r] / r^2 x[p] θ[p] x[m] /. sol2) /. C -> C2;

In[179]:= (*---------------Stress in matrix---------------*)
         j1 = D[uout, x[n]]; j2 = D[uout /. m -> n, x[m]];
         ϵmnout = (j1 + j2) / 2;
         ϵmmout = ((ϵmnout /. n -> m) // Expand) /. x[m] θ[m] -> x[p] θ[p];
         σmnout = 2μm ϵmnout + λm δ[m, n] ϵmmout;

In[180]:= tempout = ((km - kf) / (kf + 2 km) (a / r)^3 + 1) x[p] θ[p];
         thermalstressout = (2 μm + 3 λm) αm tempout;

In[181]:= (* Stress in matrix *)
         stressoutpre = σmnout - thermalstressout δ[m, n];
         Collect[Coefficient[stressoutpre, x[n] θ[m]], r, Simplify];
         solc24 = Solve[(2 αm (6 λm^2 + 25 λm μm + 24 μm^2) +
           15μm (λm + 2 μm) C2[4]) == 0, C2[4]][[1]] // Factor;
         stressout = stressoutpre /. solc24;
         tracout = Collect[(stressout x[n] / r // Expand) /.
           x[n] θ[n] -> x[p] θ[p], {θ[m], x[m] x[p] θ[p]}, FullSimplify];

In[182]:= j10 = D[uin, x[n]];
         j11 = D[uin /. m -> n, x[m]];
         ϵmnin = (j10 + j11) / 2; ϵmmin = ((ϵmnin /. n -> m) // Expand) /.
           x[m] θ[m] -> x[p] θ[p] // FullSimplify;
         σmnin = 2 μf ϵmnin + λf δ[m, n] ϵmmin;
         tempin = a1 x[p] θ[p];
         thermalstressin = (2 μf + 3 λf) αf tempin;
         stressin = σmnin - thermalstressin δ[m, n];
         tracin = Collect[Expand[stressin x[n] / r] /.
           x[n] θ[n] -> x[p] θ[p], {θ[m], x[m] x[p] θ[p]}, FullSimplify]

In[183]:= j20 = Collect[(uin - uout) /. r -> a, {θ[m], x[m] x[p] θ[p]}];
         j21 = Collect[(tracout - tracin) /. r -> a,
           {θ[m], x[m] x[p] θ[p]}, Simplify];
         eq1 = Coefficient[j20, θ[m]] == 0;
         eq2 = Coefficient[j20, x[m] x[p] θ[p]] == 0;
         eq3 = Coefficient[j21, θ[m]] == 0;
```

```
eq4 = Coefficient[j21, x[m] x[p] θ[p]] == 0;
solall = (solve[{eq1, eq2, eq3, eq4},
  {C2[2], C2[3], C1[4], C1[1]}] /. {c2[4] ->
   -(2 αm (2 λm + 3 μm)(3 λm + 8 μm))/(15 μm (λm + 2 μm)), C2[1] -> 0})[[1]] // FullSimplify;

In[184]:= stressinFinal = Collect[stressin /. solall,
          {x[n] θ[m] + x[m] θ[n], x[p] δ[m, n] θ[p]}, FullSimplify];

In[185]:= stressoutFinal = Collect[Expand[stressout /. solall],
          {x[n] θ[m], x[m] θ[n], x[p] δ[m, n] θ[p]}, Simplify];
```

4.4　Airyの応力関数

弾性問題を2次元（平面応力または平面ひずみ）に限定すれば，複素関数を使ったAiryの応力関数により，多くの問題を統一的に解くことができる．Airyの応力関数自体は古典的な解法であり，ほとんどの弾性論の教科書に記載されているが，応用例は一様な材料に限られ，複合材に適用されたケースはみかけない．Airyの応力関数を実際に得るには，複素関数の展開など計算が大変煩雑になるため *Mathematica* を応用する絶好の機会でなる．本節では2次元介在物の問題を扱う．

4.4.1　Airyの応力関数

2次元平面応力（薄い平板）の状態では $\sigma_{zz} = 0$ なので，体積力がない場合の応力の平衡方程式は

$$\sigma_{xx,x} + \sigma_{xy,y} = 0, \quad \sigma_{yx,x} + \sigma_{yy,y} = 0 \tag{4.43}$$

と表される．式 (4.43) は σ_{xx}，σ_{xy} および σ_{yy} が式 (4.44) のように単一の関数 $\phi(x, y)$ から導出できる場合，自動的に満足される．

$$\sigma_{xx} = \phi_{,yy}, \quad \sigma_{yy} = \phi_{,xx}, \quad \sigma_{xy} = -\phi_{,xy} \tag{4.44}$$

関数 $\phi(x, y)$ はAiryの応力関数と呼ばれる．

式 (4.43) で応力関数の未知成分は3個であるのに対し，方程式の数は2個であるため，σ_{xx}，σ_{xy} および σ_{yy} について解くにはもう一つの方程式が必要となる．

第3章で2次元での適合条件はひずみ成分で

$$\epsilon_{[i[j,k]l]} = 0$$

と表された．2次元ではこの式は

$$\epsilon_{xx,yy} + \epsilon_{yy,xx} = 2\epsilon_{xy,xy} \tag{4.45}$$

だけが独立な式となる．2次元の等方性材料の応力ひずみ関係は

$$\epsilon_{xx} = \frac{1}{E}\left(\sigma_{xx} - \nu\sigma_{yy}\right), \quad \epsilon_{yy} = \frac{1}{E}\left(\sigma_{yy} - \nu\sigma_{xx}\right), \quad \epsilon_{xy} = \frac{1+\nu}{E}\sigma_{xy}$$

と表されるので式 (4.45) は

$$2(1+\nu)\sigma_{xy,xy} = \left(\sigma_{xx,yy} + \sigma_{yy,xx}\right) - \nu\left(\sigma_{xx,xx} + \sigma_{yy,xx}\right) \tag{4.46}$$

と表せる．式 (4.46) は σ_{xy} を消去してさらに簡略化できる．2次元平衡方程式 $\sigma_{ij,j} = 0$ を x_i で微分すると

$$\sigma_{ij,ji} = 0$$

または

$$\sigma_{xx,xx} + \sigma_{yy,yy} = -2\sigma_{xy,xy} \tag{4.47}$$

を得るので，式 (4.47) を式 (4.46) に代入すると

$$2(1+\nu)\left(\frac{-1}{2}\right)\left(\sigma_{xx,xx} + \sigma_{yy,yy}\right) = \left(\sigma_{xx,yy} + \sigma_{yy,xx}\right) - \nu\left(\sigma_{xx,xx} + \sigma_{yy,xx}\right)$$

となり，簡略化して結局

$$\Delta\left(\sigma_{xx} + \sigma_{yy}\right) = 0 \tag{4.48}$$

を得る．式 (4.44) を式 (4.48) に代入すると

$$\Delta\Delta\phi(x,y) = 0 \tag{4.49}$$

となる．式 (4.49) は重調和方程式と呼ばれ，一般解は複素関数を使い

$$\phi(x,y) = \Re\left(\bar{z}\gamma(z) + \chi(z)\right) \tag{4.50}$$

と表される．ここに $\Re(z)$ は複素数 z の実部，$\bar{z}$ は z の複素共役で，$\gamma(z)$ と $\chi(z)$ は任意の解析関数[12] である[13]．以下の関係式

$$\frac{\partial}{\partial x} = \frac{\partial}{\partial z} + \frac{\partial}{\partial \bar{z}}, \quad \frac{\partial}{\partial y} = i\frac{\partial}{\partial z} - i\frac{\partial}{\partial \bar{z}}$$

---

[12] 複素関数論で解析関数とは $\bar{z}$ に拠らず z だけの複素関数のことである．

[13] （証明） 複素関数論によると2次元ラプラス方程式

を使うと，式 (4.44) と式 (4.50) をまとめて以下の応力と変位成分に関する式が導かれる．

$$\sigma_{xx} + \sigma_{yy} = 2\left(\gamma'(z) + \bar{\gamma}'(\bar{z})\right) \tag{4.54}$$

$$\sigma_{yy} - \sigma_{xx} + 2i\sigma_{xy} = 2\left(\bar{z}\gamma''(z) + \bar{\psi}'(\bar{z})\right) \tag{4.55}$$

$$u_x + iu_y = \frac{1}{2\mu}\left(\kappa\gamma(z) - z\bar{\gamma}'(\bar{z}) - \bar{\psi}(\bar{z})\right) \tag{4.56}$$

ここに

$$\chi'(z) \equiv \psi(z)$$

$$\Delta\phi = 0$$

の一般解は

$$\phi(x, y) = \Re\left(f(z)\right)$$

で表される．ここに $f(z)$ は複素解析関数（z のみの関数）である．

$$z = x + iy, \quad \bar{z} = x - iy, \quad x = \frac{1}{2}\left(z + \bar{z}\right), \quad y = \frac{1}{2i}\left(z - \bar{z}\right)$$

および

$$\frac{\partial}{\partial z} = \frac{1}{2}\frac{\partial}{\partial x} + \frac{1}{2i}\frac{\partial}{\partial y}, \quad \frac{\partial}{\partial \bar{z}} = \frac{1}{2}\frac{\partial}{\partial x} - \frac{1}{2i}\frac{\partial}{\partial y}$$

の関係から

$$\frac{\partial^2}{\partial z \partial \bar{z}} = \frac{1}{4}\left(\frac{\partial^2}{\partial x^2} + \frac{\partial^2}{\partial y^2}\right) = \frac{1}{4}\Delta \tag{4.51}$$

となる．よって

$$\Delta\Delta\psi = 0$$

の解は

$$\Delta\psi = \Re\left(f(z)\right) \tag{4.52}$$

となる．ここに $f(z)$ は任意の解析関数である．式 (4.52) と式 (4.51) は

$$\frac{\partial}{\partial z}\left(\frac{\partial\psi}{\partial\bar{z}}\right) = \Re\left(f(z)\right)$$

と書け，z について積分すると

$$\frac{\partial\psi}{\partial\bar{z}} = \Re\left(\int f(z)\,dz\right) \equiv \Re\left(\gamma(z)\right) \tag{4.53}$$

となる．式 (4.53) を $\bar{z}$ で積分すると

$$\psi = \Re\left(\bar{z}\gamma(z) + \chi(z)\right)$$

となる．ここに $\chi(z)$ は積分定数に相当するものだが，この場合は z のみの関数，すなわち解析関数である．

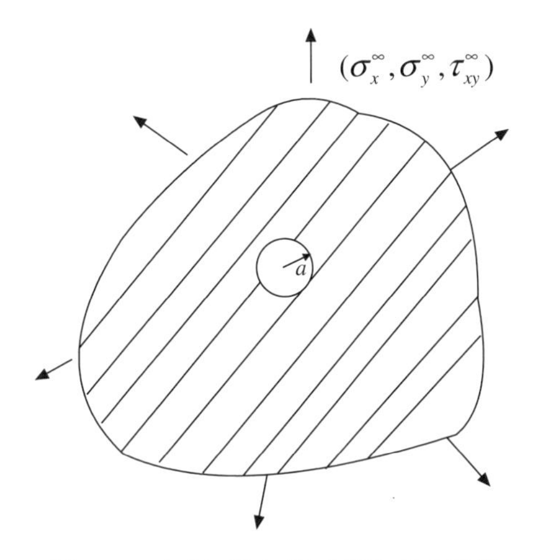

図 4.13 中心に孔を有し無限に拡がる板

で $\bar{\gamma}'(\bar{z})$ は，$\gamma(z)$ の複素共役 $\bar{\gamma}(\bar{z})$ を $\bar{z}$ について微分することを示す．式 (4.56) で μ は剛性率，κ は以下で定義される．

$$\kappa = \begin{cases} \dfrac{3-\nu}{1+\nu} & \text{平面応力} \\ 3-4\nu & \text{平面ひずみ} \end{cases}$$

Airy の応力関数を使って 2 次元の弾性問題を解くには，2 個の未知関数である $\gamma(z)$ と $\psi(z)$ を以下のようにローラン級数で展開し，与えられた境界条件から未知係数 a_n と b_n を決める方法が使われる．

$$\gamma(z) = \sum_{n=-\infty}^{\infty} a_n z^n$$

$$\psi(z) = \sum_{n=-\infty}^{\infty} b_n z^n$$

単連結な領域では n が 0 から始まるテイラー級数が使われ，複連結領域ではローラン級数が使われる．

例 図 4.13 のように中心に a の半径の孔があり，無限遠で表面力がかかっている平板を考える．無限遠での境界条件は

$$x, y \to \infty \text{ のとき } \sigma_x \to \sigma_x^\infty, \quad \sigma_y \to \sigma_y^\infty, \quad \tau \to \tau^\infty$$

である．孔の周縁には表面力がないため，以下の条件が必要である[14]．

$$x^2 + y^2 = a^2 \text{ に沿い } t_x = 0, \quad t_y = 0$$

領域は二重連結のため，$\gamma(z)$ と $\psi(z)$ はローラン級数で以下のように仮定される．

$$\gamma(z) = \frac{c_{-3}}{z^3} + \frac{c_{-2}}{z^2} + \frac{c_{-1}}{z} + c_0 + c_1 z$$

$$\psi(z) = \frac{d_{-3}}{z^3} + \frac{d_{-2}}{z^2} + \frac{d_{-1}}{z} + d_0 + d_1 z$$

該当する解がなければ項数を増やせばよい．未知係数 $c_{-3} \sim d_1$ は上記の境界条件を満たすように選ばれ

$$c_{-3} = 0, \qquad c_{-2} = 0,$$

$$c_{-1} = \frac{\sigma_x^\infty + \sigma_y^\infty}{4}, \qquad c_0 = 0, \quad c_1 = \frac{\sigma_x^\infty - \sigma_y^\infty}{2} a^2 + a^2 \tau^\infty i,$$

$$d_{-3} = \frac{a^4}{2}(\sigma_x^\infty - \sigma_y^\infty) + i a^4 \tau^\infty, \quad d_{-2} = 0,$$

$$d_{-1} = -\frac{a^2}{2}(\sigma_x^\infty + \sigma_y^\infty), \qquad d_0 = 0, \quad d_1 = \frac{\sigma_y^\infty - \sigma_x^\infty}{2} + i\tau^\infty$$

と解ける．応力成分は

$$\begin{aligned}\sigma_x = {} & \frac{3a^4(\sigma_x^\infty - \sigma_y^\infty)\left(x^4 - 6x^2y^2 + y^4\right)}{2\left(x^2+y^2\right)^4} + \frac{6a^2x^2y^2(\sigma_x^\infty - \sigma_y^\infty)}{\left(x^2+y^2\right)^3} \\ & + \frac{a^2y^4(\sigma_x^\infty + \sigma_y^\infty)}{2\left(x^2+y^2\right)^3} - \frac{a^2x^4(5\sigma_x^\infty - 3\sigma_y^\infty)}{2\left(x^2+y^2\right)^3} \\ & - \frac{4a^2\tau^\infty xy\left(-3a^2x^2 + 3a^2y^2 + 3x^4 + 2x^2y^2 - y^4\right)}{\left(x^2+y^2\right)^4} + \sigma_x^\infty,\end{aligned}$$

---

[14] 張力と応力成分の関係は

$$t_x = \sigma_x n_x + \tau n_y = \sigma_x \frac{x}{a} + \tau \frac{y}{a}, \quad t_y = \tau n_x + \sigma_y n_y = \tau \frac{x}{a} + \sigma_y \frac{y}{a}$$

で与えられる．

$$\sigma_y = \frac{3a^4(\sigma_y^\infty - \sigma_x^\infty)\left(x^4 - 6x^2y^2 + y^4\right)}{2\left(x^2+y^2\right)^4} + \frac{6a^2x^2y^2(\sigma_y^\infty - \sigma_x^\infty)}{\left(x^2+y^2\right)^3}$$
$$- \frac{a^2y^4(5\sigma_y^\infty - 3\sigma_x^\infty)}{2\left(x^2+y^2\right)^3} + \frac{a^2x^4(\sigma_x^\infty + \sigma_y^\infty)}{2\left(x^2+y^2\right)^3}$$
$$+ \frac{4a^2\tau^\infty xy\left(-3a^2x^2 + 3a^2y^2 + x^4 - 2x^2y^2 - 3y^4\right)}{\left(x^2+y^2\right)^4} + \sigma_y^\infty,$$

$$\tau = (\tau^\infty(-3a^4x^4 + 18a^4x^2y^2 - 3a^4y^4 + 2a^2x^6 - 10a^2x^4y^2 - 10a^2x^2y^4$$
$$+ 2a^2y^6 + x^8 + 4x^6y^2 + 6x^4y^4 + 4x^2y^6 + y^8)$$
$$- a^2xy(-6a^2\sigma_x^\infty x^2 + 6a^2\sigma_y^\infty x^2 + 6a^2\sigma_x^\infty y^2 - 6a^2\sigma_y^\infty y^2 + 5\sigma_x^\infty x^4$$
$$- 3\sigma_y^\infty x^4 + 2\sigma_x^\infty x^2y^2 + 2\sigma_y^\infty x^2y^2 - 3\sigma_x^\infty y^4 + 5\sigma_y^\infty y^4))\Big/(x^2+y^2)^4$$

と表される．$\sigma_y^\infty = \tau^\infty = 0$ の場合 σ_x は

$$\sigma_x = (3a^4\sigma_x^\infty(x^4 - 6x^2y^2 + y^4) - a^2(x^2+y^2)(5\sigma_x^\infty x^4 - 12\sigma_x^\infty x^2y^2 - \sigma_x^\infty y^4)$$
$$+ 2\sigma_x^\infty(x^2+y^2)^4)\Big/(2(x^2+y^2)^4)$$

と簡単になる．$x = 0, y = a$ の場合，上記の式はさらに

$$\sigma_x = 3\sigma_x^\infty$$

となり，応力集中があることがわかる．

4.4.2 複素変数の *Mathematica* プログラミング

Mathematica では大文字の I を虚数 $\sqrt{-1}$[15] として使用する．

```
In[186]:= I^2
Out[186]= -1

In[187]:= I^101
Out[187]= i
```

複素数 $z = x + iy$ は

```
In[188]:= z = x + I y
```

[15] 虚数は Esc，ii，Esc キーを押して入力できる．

```
Out[188]= x + ⅈ y
```

と入力される．しかし，この後 z^3 を入力しても，実部と虚部に自動的に展開されない．理由は x と y が複素数か実数かの情報が *Mathematica* に与えられていないからである．

```
In[189]:= z^3
Out[189]= (x + ⅈ y)^3
```

ComplexExpand 関数は全ての記号が実数であると仮定する．

```
In[190]:= ComplexExpand[z^3]
Out[190]= x^3 - 3 x y^2 + ⅈ (3 x^2 y - y^3)
```

複素数から実部を切り離すには Re 関数，虚部を切り離すには Im 関数を使い，その後 ComplexExpand 関数で展開する．

```
In[191]:= ComplexExpand[z^3]
Out[191]= x^3 - 3 x y^2 + ⅈ (3 x^2 y - y^3)

In[192]:= Im[z^3]
Out[192]= Im[(x + ⅈ y)^3]

In[193]:= ComplexExpand[Re[z^3]]
Out[193]= x^3 - 3 x y^2

In[194]:= ComplexExpand[Im[z^3]]
Out[194]= 3 x^2 y - y^3
```

Airy 応力関数を定義するために，複素関数の z での微分を x と y の微分に書き直す必要がある．

$$\frac{\partial}{\partial z} = \frac{1}{2}\frac{\partial}{\partial x} - \frac{i}{2}\frac{\partial}{\partial y}$$

このため dZ を

```
In[195]:= dZ[f_] := 1/2 D[f, x] - I/2 D[f, y]; z = x + I y; zbar = x - I y;
```

で定義する．式 (4.54) と式 (4.55) を *Mathematica* で使うには，関数 AiryStress を

```
In[196]:= AiryStress[γ_, ψ_] := Module[{
            eq1 = (σx + σy == 2 ComplexExpand[dZ[γ] + Conjugate[dZ[ψ]]]),
            eq2 = (σx - σy == ComplexExpand[Re[2 (zbar dZ[dZ[γ]] + dZ[ψ])]]),
            eq3 = (2 τxy == ComplexExpand[Im[2 (zbar dZ[dZ[γ]] + dZ[ψ])]])},
          sol = Solve[{eq1, eq2, eq3}, {σx, σy, τxy}];
```

```
          {sol[[1, 1, 2]], sol[[1, 2, 2]], sol[[1, 3, 2]]} // TrigReduce]
```

と定義する．関数 AiryStress は $\gamma(z)$ と $\psi(z)$[16] の2個の引数をとり，σ_{xx}，σ_{yy} および σ_{xy} をこの順に出力する．

例として $\gamma(z) = 1/z + z^4$ および $\psi(z) = 1/z^3$ を入力すると，σ_{xx}，σ_{yy} および σ_{xy} は

```
In[197]:= AiryStress[1 / z + z^4, 1 / z^3] // Simplify
```

Out[197]=
$$\{\frac{1}{(x^2+y^2)^4}(20x^{11}+68x^9y^2+72x^7y^4+8x^5y^6-28x^3y^8-12xy^{10}+y^4(-3+4y^2)-3x^4(1+4y^2)+x^2(18y^2-8y^4)),$$
$$-\frac{1}{(x^2+y^2)^4}(4x^6+4x^{11}+52x^9y^2-3y^4+168x^7y^4+232x^5y^6+148x^3y^8+36xy^{10}-6x^2y^2(-3+2y^2)-x^4(3+8y^2)),$$
$$4y\left(3x^2+3y^2+\frac{3x^3}{(x^2+y^2)^4}-\frac{2x^5}{(x^2+y^2)^4}+\frac{xy^2(-3+2y^2)}{(x^2+y^2)^4}\right)\}$$

を出力する．変位を求めるには式 (4.56) を使い，AiryDisplacement を

```
In[198]:= AiryDisplacement[γ_, ψ_, κ_, μ_] := Module[{
            work = 1 / (2μ) (κ γ - z Conjugate[dZ[γ]] - Conjugate[ψ])},
          {ComplexExpand[Re[work]] // TrigReduce, ComplexExpand[Im[work]]}]
```

と定義する．AiryDisplacement は $\gamma(z)$，$\psi(z)$，κ および μ の4個の引数を要し，出力として変位 u_x と u_y を返す．例えば $\gamma(z) = \frac{1}{z}$ および $\psi(z) = z^2$ の入力に対し，変位 u_x と u_y は

```
In[199]:= AiryDisplacement[1 / z, z^2, k, μ] // Simplify
```

Out[199]=
$$\{\frac{(1+k)x^3-x^6+(-3+k)xy^2-x^4y^2+x^2y^4+y^6}{2(x^2+y^2)^2\mu},$$
$$\frac{y(-(-3+k)x^2+2x^5-(1+k)y^2+4x^3y^2+2xy^4}{2(x^2+y^2)^2\mu}\}$$

と出力される．

4.4.3 多相介在物問題

Airyの応力関数自体は古典的な解析手法だが，*Mathematica* と組み合わすことにより，従来は困難とされた多くの問題を解くことが可能になる．

例として，前節で扱った2次元3相の介在物応力問題をAiryの応力関数で解

[16] ギリシャ記号 γ および ψ は Esc g Esc と Esc psi Esc で入力できる．

く方法を解説する．半径 a_1 および a_2 の同心の円柱が無限大の母相内にあるとして，$\gamma(z)$ および $\psi(z)$ をテイラー級数（単連結領域）またはローラン級数（2重連結領域）で展開する．

$$\gamma(z) = \sum_{i=-\infty}^{\infty} c_i z^i, \quad \psi(z) = \sum_{i=-\infty}^{\infty} d_i z^i \tag{4.57}$$

ここに c_i と d_i は未知係数で，各相で異なる値をとる．

問題の対称性により，Airyの応力関数を極座標で表示して，極座標での応力，変位とAiryの応力関数との関係は

$$\sigma_{rr} + \sigma_{\theta\theta} = 2(\gamma'(z) + \bar{\gamma}'(\bar{z}))e^{2i\theta} \tag{4.58}$$

$$\sigma_{\theta\theta} - \sigma_{rr} + 2i\sigma_{r\theta} = 2(\bar{z}\gamma''(z) + \bar{\psi}'(\bar{z}))e^{2i\theta} \tag{4.59}$$

$$u_r + iu_\theta = \frac{1}{2\mu}(\kappa\gamma(z) - z\bar{\gamma}'(\bar{z}) - \bar{\psi}(\bar{z}))e^{-i\theta} \tag{4.60}$$

で表される．以下の *Mathematica* のコードは，式 (4.58) と式 (4.59) を計算し，`AiryStressPolar` で $\gamma(z)$ と $\psi(z)$ を入力することによって，極座標での応力成分 $(\sigma_r, \sigma_\theta, \tau_{r\theta})$ を出力する．

```
In[200]:= polar = {x -> r Cos[θ], y -> r Sin[θ]};
          AiryStressPolar[γ_, ψ_] := Module[{
            eq1 =
              (σr + σθ == 2 ComplexExpand[dZ[γ] Conjugate[dZ[γ]]] /. polar),
            eq2 = (σθ - σr == ComplexExpand[
              Re[2 (zbar dZ[dZ[γ]] + dZ[ψ]) Exp[2 I θ]]] /. polar),
            eq3 = (2 τrθ == ComplexExpand[Im[2 (zbar dZ[dZ[γ]] + dZ[ψ])
              Exp[2 I θ]]] /. polar)},
          sol = Solve[{eq1, eq2, eq3}, {σr, σθ, τrθ{];
          {sol[[1, 1, 2]], sol[[1, 2, 2]], sol[[1, 3, 2]]} // TrigReduce]
```

例えば $\gamma(z) = 1/z$ および $\psi(z) = 2z + 1/z^2$ に対する極座標での応力場 $(\sigma_{rr}, \sigma_{\theta\theta}, \sigma_{r\theta})$ は

```
In[201]:= AiryStressPolar[1 / z, 2 z + 1 / z^2]
```

$$\text{Out[201]=} \left\{-\frac{2(-\text{Cos}[\theta] + 2\,\text{r}\,\text{Cos}[2\,\theta] + \text{r}^3\,\text{Cos}[2\,\theta])}{\text{r}^3}, \frac{2(-\text{Cos}[\theta] + \text{r}^3\,\text{Cos}[2\,\theta])}{\text{r}^3}, \frac{2(-\text{Sin}[\theta] - \text{r}\,\text{Sin}[2\,\theta] + \text{r}^3\,\text{Sin}[2\,\theta])}{\text{r}^3}\right\}$$

と計算される．以下の *Mathematica* のコードは，式 (4.60) を計算し，$\gamma(z)$ と $\psi(z)$

を入力すると，極座標の変位成分 (u_r, u_θ) を出力する AiryDisplacementPolar を定義する．

```
In[202]:= AiryDisplacementPolar[γ_, ψ_, κ_, μ_] := Module[{
          work = 1 / (2 μ)
            (κγ - z Conjugate[dZ[γ] - Conjugate[ψ]) Exp[-I θ] /. polar},
          {ComplexExpand[Re[work]] // TrigReduce,
           ComplexExpand[Im[work]] // TrigReduce}]
```

例えば，$\gamma(z) = 1/z$ と $\psi(z) = 2z + 1/z^2$ に対応する変位は

```
In[203]:= AiryDisplacementPolar[1 / z, 2 z + 1 / z^2, κ, μ] // Simplify
```

Out[203]= $\left\{\dfrac{-\mathrm{Cos}[\theta] + \mathrm{r}\,(1 - 2\,\mathrm{r}^2 + \kappa)\,\mathrm{Cos}[2\,\theta]}{2\,\mathrm{r}^2\,\mu},\ \dfrac{(-1 + 2\,\mathrm{r}\,(1 + 2\,\mathrm{r}^2 - \kappa)\,\mathrm{Cos}[\theta])\,\mathrm{Sin}[\theta]}{2\,\mathrm{r}^2\,\mu}\right\}$

と表される．

図 4.14 に示す 3 相の材料では，式 (4.57) の $\gamma(z)$ と $\psi(z)$ を以下のように選べばよい．

(1) 中心介在物内 $0 \le r \le a_1$

$$\gamma(z) = \sum_{i=1}^{3} c_i z^i, \quad \psi(z) = \sum_{i=1}^{1} d_i z^i \tag{4.61}$$

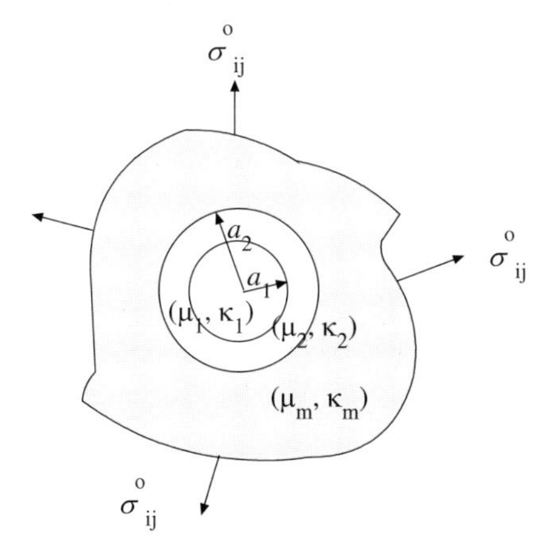

図 4.14　3 相材料

(2) 同心外部介在物内 $a_1 \leq r \leq a_2$

$$\gamma(z) = \sum_{i=-3}^{1} c_i z^i, \quad \psi(z) = \sum_{i=-3}^{1} d_i z^i \tag{4.62}$$

(3) 母相 $a_2 \leq r \leq \infty$

$$\gamma(z) = \left(\frac{\sigma_{xx}^{\infty} + \sigma_{yy}^{\infty}}{4}\right) z + \frac{c_{-1}}{z}, \quad \psi(z) = \left(\frac{\sigma_{xx}^{\infty} - \sigma_{yy}^{\infty} + 2i\sigma_{xy}^{\infty}}{2}\right) z + \sum_{i=1}^{3} \frac{d_i}{z^i} \tag{4.63}$$

式 (4.63) の $\gamma(z)$ と $\psi(z)$ の第一項は無限遠で $(\sigma_{xx}, \sigma_{yy}, \sigma_{xy}) \to (\sigma_{xx}^{\infty}, \sigma_{yy}^{\infty}, \sigma_{xy}^{\infty})$ となる条件による.

これらの解は各境界で変位と表面力の連続条件を満たす必要がある. 極座標で変位と表面力の連続条件は

(1) $r = a_2$

$$u_r^{\text{mid}} = u_r^{\text{out}}, \quad u_\theta^{\text{mid}} = u_\theta^{\text{out}}, \quad \sigma_{\theta\theta}^{\text{mid}} = \sigma_{\theta\theta}^{\text{out}}, \quad \sigma_{r\theta}^{\text{mid}} = \sigma_{r\theta}^{\text{out}}$$

(2) $r = a_1$

$$u_r^{\text{in}} = u_r^{\text{mid}}, \quad u_\theta^{\text{in}} = u_\theta^{\text{mid}}, \quad \sigma_{\theta\theta}^{\text{in}} = \sigma_{\theta\theta}^{\text{mid}}, \quad \sigma_{r\theta}^{\text{in}} = \sigma_{r\theta}^{\text{mid}}$$

と表される. Airy の応力関数から得られる張力と変位に境界条件を適用して, 未知の係数を求められる.

以下の *Mathematica* コードは式 (4.61) を入力する. 変数 `e` と `ee` はそれぞれ複素数 e の実部と虚部であり, 変数 `f` と `ff` はそれぞれ複素数 f の実部と虚部である.

```
In[204]:= γ = Sum[(e[i] + ee[i] I) z^i, {i, 1, 3}];
          ψ = Sum[(f[i] + ff[i] I) z^i, {i, 1, 1}];
          InStress = AiryStressPolar[γ, ψ] // TrigReduce;
          InDis = AiryDisplacementPolar[γ, ψ, κin, μin];
          InTraction = {InStress[[1]], InStress[[3]]};
```

以下の *Mathematica* コードは式 (4.62) を入力する. 変数 `c` と `cc` はそれぞれ複素数 c の実部と虚部であり, 変数 `d` と `dd` はそれぞれ複素数 d の実部と虚部である.

```
In[205]:= γ = Sum[(c[i] + cc[i] I) z^i, {i, -1, 3}];
          ψ = Sum[(d[i] + dd[i] I) z^i, {i, -3, 1}];
```

```
MidStress = AiryStressPolar[γ, ψ] // Simplify // TrigReduce;
MidDis = AiryDisplacementPolar[γ, ψ, κmid, μmid] // Simplify;
MidTraction = {MidStress[[1]], MidStress[[3]]};
```

以下の *Mathematica* コードは式 (4.63) を入力する．変数 a と aa はそれぞれ複素数 a の実部と虚部であり，変数 b と bb はそれぞれ複素数 b の実部と虚部である．

```
In[206]:= γ = (σx∞ + σy∞) / 4 z + Sum[(a[i] + aa[i] I) / z^i, {i, 1, 1}];
          ψ = (σx∞ - σy∞ + 2 I τ∞) / 2 z +
             Sum[(b[i] + bb[i] I) / z^i, {i, 1, 3}];
          OutStress = AiryStressPolar[γ, ψ] // Simplify // TrigReduce;
          OutDis = AiryDisplacementPolar[γ, ψ, κout, μout] // Simplify;
          OutTraction = {OutStress[[1]], OutStress[[3]]};
```

$r = r_0$ と $r = r_1$ での変位と表面力の連続条件は

```
In[207]:= DisEq1 = (OutDis - MidDis) /. r -> r1
          DisEq2 = (MidDis - InDis) /. r -> r0
          StressEq1 = (OutTraction - MidTraction) /. r -> r1
          StressEq2 = (MidTraction - InTraction) /. r -> r0
```

Out[207]= $\{\frac{1}{8\,\mathrm{r1}^3\,\mu\mathrm{out}}(-\mathrm{r1}^4\,\sigma\mathrm{x}\infty + \mathrm{r1}^4\,\kappa\mathrm{out}\,\sigma\mathrm{x}\infty -$
$\mathrm{r1}^4\,\sigma\mathrm{y}\infty + \mathrm{r1}^4\,\kappa\mathrm{out}\,\sigma\mathrm{y}\infty - 4\,\mathrm{r1}^2\,\mathrm{b}[1] - 4\,\mathrm{r1}\,\mathrm{b}[2]\,\mathrm{Cos}[\theta] +$
$(-2\,\mathrm{r1}^4\,(\sigma\mathrm{x}\infty - \sigma\mathrm{y}\infty) + 4\,\mathrm{r1}^2\,(1+\kappa\mathrm{out})\,\mathrm{a}[1] - 4\,\mathrm{b}[3])\,\mathrm{Cos}[2\theta] -$
$4\,\mathrm{r1}\,\mathrm{bb}[2]\,\mathrm{Sin}[\theta] + 4\,\mathrm{r1}^4\,\tau\infty\,\mathrm{Sin}[2\theta] + 4\,\mathrm{r1}^2\,\mathrm{aa}[1]\,\mathrm{Sin}[2\theta] +$
$4\,\mathrm{r1}^2\,\kappa\mathrm{out}\,\mathrm{aa}[1]\,\mathrm{Sin}[2\theta] - 4\,\mathrm{bb}[3]\,\mathrm{Sin}[2\theta]) -$
$\frac{1}{2\,\mathrm{r1}^3\,\mu\mathrm{mid}}(-\mathrm{r1}^4\,\mathrm{c}[1] + \mathrm{r1}^4\,\kappa\mathrm{mid}\,\mathrm{c}[1] - \mathrm{r1}^2\,\mathrm{d}[-1] +$
$\mathrm{r1}\,\mathrm{Cos}[\theta]\,(\mathrm{r1}^4\,(-2+\kappa\mathrm{mid})\,\mathrm{c}[2] - \mathrm{d}[-2] + \mathrm{r1}^2\,(\kappa\mathrm{mid}\,\mathrm{c}[0] - \mathrm{d}[0])) +$
$\mathrm{Cos}[2\theta]\,(\mathrm{r1}^2\,(1+\kappa\mathrm{mid})\,\mathrm{c}[-1] + \mathrm{r1}^6\,(-3+\kappa\mathrm{mid})\,\mathrm{c}[3] -$
$\mathrm{d}[-3] - \mathrm{r1}^4\mathrm{d}[1]) +$
$\mathrm{r1}^3\,\kappa\mathrm{mid}\,\mathrm{cc}[0]\,\mathrm{Sin}[\theta] + 2\,\mathrm{r1}^5\,\mathrm{cc}[2]\,\mathrm{Sin}[\theta] - \mathrm{r1}^5\,\kappa\mathrm{mid}\,\mathrm{cc}[2]\,\mathrm{Sin}[\theta] -$
$\mathrm{r1}\,\mathrm{dd}[-2]\,\mathrm{Sin}[\theta] + \mathrm{r1}^3\,\mathrm{dd}[0]\,\mathrm{Sin}[\theta] + \mathrm{r1}^2\,\mathrm{cc}[-1]\,\mathrm{Sin}[2\theta] +$
$\mathrm{r1}^2\,\kappa\mathrm{mid}\,\mathrm{cc}[-1]\,\mathrm{Sin}[2\theta] + 3\,\mathrm{r1}^6\,\mathrm{cc}[3]\,\mathrm{Sin}[2\theta] -$
$\mathrm{r1}^6\,\kappa\mathrm{mid}\,\mathrm{cc}[3]\,\mathrm{Sin}[2\theta] - \mathrm{dd}[-3]\,\mathrm{Sin}[2\theta] + \mathrm{r1}^4\,\mathrm{dd}[1]\,\mathrm{Sin}[2\theta]),$
$\frac{1}{4\,\mathrm{r1}^3\,\mu\mathrm{out}}(2\,\mathrm{r1}^2\,\mathrm{bb}[1] + 2\,\mathrm{r1}\,\mathrm{bb}[2]\,\mathrm{Cos}[\theta] +$
$2\,(\mathrm{r1}^4\,\tau\infty + \mathrm{r1}^2\,(-1+\kappa\mathrm{out})\,\mathrm{aa}[1] + \mathrm{bb}[3])\,\mathrm{Cos}[2\theta] -$
$2\,\mathrm{r1}\,\mathrm{b}[2]\,\mathrm{Sin}[\theta] + \mathrm{r1}^4\,\sigma\mathrm{x}\infty\,\mathrm{Sin}[2\theta] - \mathrm{r1}^4\,\sigma\mathrm{y}\infty\,\mathrm{Sin}[2\theta] +$
$2\,\mathrm{r1}^2\,\mathrm{a}[1]\,\mathrm{Sin}[2\theta] - 2\,\mathrm{r1}^2\,\kappa\mathrm{out}\,\mathrm{a}[1]\,\mathrm{Sin}[2\theta] - 2\,\mathrm{b}[3]\,\mathrm{Sin}[2\theta]) -$
$\frac{1}{2\,\mathrm{r1}^3\,\mu\mathrm{mid}}(\mathrm{r1}^4\,\mathrm{cc}[1] + \mathrm{r1}^4\,\kappa\mathrm{mid}\,\mathrm{cc}[1] + \mathrm{r1}^2\,\mathrm{dd}[-1] +$

```
        r1 Cos[θ] (r1^4 (2 + κmid) cc[2] + dd[-2] + r1^2 (κmid cc[0] + dd[0])) +
        Cos[2θ] (r1^2 (-1 + κmid) cc[-1] + r1^6 (3 + κmid) cc[3] +
           dd[-3] + r1^4 dd[1]) -
        r1^3 κmid c[0] Sin[θ] + 2 r1^5 c[2] Sin[θ] + r1^5 κmid c[2] Sin[θ] -
        r1 d[-2] Sin[θ] + r1^3 d[0] Sin[θ] + r1^2 c[-1] Sin[2θ] -
        r1^2 κmid c[-1] Sin[2θ] + 3 r1^6 c[3] Sin[2θ] +
        r1^6 κmid c[3] Sin[2θ] - d[-3] Sin[2θ] + r1^4 d[1] Sin[2θ])}
Out[208]= {1/(2 r0^3 μmid) (-r0^4 c[1] + r0^4 κmid c[1] - r0^2 d[-1] +
        r0 Cos[θ] (r0^4 (-2 + κmid) c[2] - d[-2] + r0^2 (κmid c[0] - d[0])) +
        Cos[2θ] (r0^2 (1 + κmid) c[-1] + r0^6 (3 + κmid) c[3] - d[-3] - r0^4 d[1]) +
        r0^3 κmid cc[0] Sin[θ] + 2 r0^5 cc[2] Sin[θ] - r0^5 κmid cc[2] Sin[θ] -
        r0 dd[-2] Sin[θ] + r0^3 dd[0] Sin[θ] + r0^2 cc[-1] Sin[2θ] +
        r0^2 κmid cc[-1] Sin[2θ] + 3 r0^6 cc[3] Sin[2θ] -
        r0^6 κmid cc[3] Sin[2θ] - dd[-3] Sin[2θ] + r0^4 dd[1] Sin[2θ]) -
      1/(2 μin) (-r0 e[1] + r0 κin e[1] - 2 r0^2 Cos[θ] e[2] + r0^2 κin Cos[θ] e[2] -
        3 r0^3 Cos[2θ] e[3] + r0^3 κin Cos[2θ] e[3] - r0 Cos[2θ] f[1] +
        2 r0^2 ee[2] Sin[θ] - r0^2 κin ee[2] Sin[θ] + 3 r0^3 ee[3] Sin[2θ] -
        r0^3 κin ee[3] Sin[2θ] + r0 ff[1] Sin[2θ]),
      1/(2 r0^3 μmid) (r0^4 cc[1] + r0^4 κmid cc[1] + r0^2 dd[-1] +
        r0 Cos[θ] (r0^4 (2 + κmid) cc[2] + dd[-2] + r0^2 (κmid cc[0] + dd[0])) +
        Cos[2θ] (r0^2 (-1 + κmid) cc[-1] + r0^6 (3 + κmid) cc[3] +
           dd[-3] + r0^4 dd[1]) -
        r0^3 κmid c[0] Sin[θ] + 2 r0^5 c[2] Sin[θ] + r0^5 κmid c[2] Sin[θ] -
        r0 d[-2] Sin[θ] + r0^3 d[0] Sin[θ] + r0^2 c[-1] Sin[2θ] -
        r0^2 κmid c[-1] Sin[2θ] + 3 r0^6 c[3] Sin[2θ] +
        r0^6 κmid c[3] Sin[2θ] - d[-3] Sin[2θ] + r0^4 d[1] Sin[2θ]) -
      1/(2 μin) (r0 ee[1] + r0 κin ee[1] + 2 r0^2 Cos[θ] ee[2] +
        r0^2 κin Cos[θ] ee[2] + 3 r0^3 Cos[2θ] ee[3] + r0^3 κin Cos[2θ] ee[3] +
        r0 Cos[2θ] ff[1] + 2 r0^2 e[2] Sin[θ] + r0^2 κin e[2] Sin[θ] +
        3 r0^3 e[3] Sin[2θ] + r0^3 κin e[3] Sin[2θ] + r0 f[1] Sin[2θ])}
Out[209]= {1/(2 r1^4) (r1^4 σx∞ + r1^4 σy∞ + 2 r1^2 b[1] +
        4 r1 b[2] Cos[θ] - r1^4 σx∞ Cos[2θ] + r1^4 σy∞ Cos[2θ] -
```

```
     8 r1^2 a[1] Cos[2θ] + 6 b[3] Cos[2θ] + 4 r1 bb[2] Sin[θ] +
     2 r1^4 τ∞ Sin[2θ] - 8 r1^2 aa[1] Sin[2θ] + 6 bb[3] Sin[2θ]) -
   1/r1^4 (2 r1^4 c[1] + 2 r1^5 c[2] Cos[θ] - 4 r1^2 c[-1] Cos[2θ] +
     3 Cos[2θ] d[-3] + 2 r1 Cos[θ] d[-2] + r1^2 d[-1] -
     r1^4 Cos[2θ] d[1] - 2 r1^5 cc[2] Sin[θ] + 2 r1 dd[-2] Sin[θ] -
     4 r1^2 cc[-1] Sin[2θ] + 3 dd[-3] Sin[2θ] + r1^4 dd[1] Sin[2θ]),
  1/(2 r1^4) (-2 r1^2 bb[1] - 4 r1 bb[2] Cos[θ] +
     2 r1^4 τ∞ Cos[2θ] + 4 r1^2 aa[1] Cos[2θ] - 6 bb[3] Cos[2θ] +
     4 r1 b[2] Sin[θ] + r1^4 σx∞ Sin[2θ] - r1^4 σy∞ Sin[2θ] -
     4 r1^2 a[1] Sin[2θ] + 6 b[3] Sin[2θ]) -
   1/r1^4 (2 r1^5 cc[2] Cos[θ] + 2 r1^2 cc[-1] Cos[2θ] + 6 r1^6 cc[3] Cos[2θ] -
     3 Cos[2θ] dd[-3] - 2 r1 Cos[θ] dd[-2] - r1^2 dd[-1] + r1^4 Cos[2θ] dd[1] +
     2 r1^5 c[2] Sin[θ] + 2 r1 d[-2] Sin[θ] - 2 r1^2 c[-1] Sin[2θ] +
     6 r1^6 c[3] Sin[2θ] + 3 d[-3] Sin[2θ] + r1^4 d[1] Sin[2θ])}
Out[210]= {-2 e[1] - 2 r0 Cos[θ] e[2] +
     Cos[2θ] f[1] + 2 r0 ee[2] Sin[θ] - ff[1] Sin[2θ] +
   1/r0^4 (2 r0^4 c[1] + 2 r0^5 c[2] Cos[θ] - 4 r0^2 c[-1] Cos[2θ] +
     3 Cos[2θ] d[-3] + 2 r0 Cos[θ] d[-2] + r0^2 d[-1] -
     r0^4 Cos[2θ] d[1] - 2 r0^5 cc[2] Sin[θ] + 2 r0 dd[-2] Sin[θ] -
     4 r0^2 cc[-1] Sin[2θ] + 3 dd[-3] Sin[2θ] + r0^4 dd[1] Sin[2θ]),
  -2 r0 Cos[θ] ee[2] - 6 r0^2 Cos[2θ] ee[3] - Cos[2θ] ff[1] -
     2 r0 e[2] Sin[θ] - 6 r0^2 e[3] Sin[2θ] - f[1] Sin[2θ] +
   1/r0^4 (2 r0^5 cc[2] Cos[θ] + 2 r0^2 cc[-1] Cos[2θ] + 6 r0^6 cc[3] Cos[2θ] -
     3 Cos[2θ] dd[-3] - 2 r0 Cos[θ] dd[-2] - r0^2 dd[-1] + r0^4 Cos[2θ] dd[1] +
     2 r0^5 c[2] Sin[θ] + 2 r0 d[-2] Sin[θ] - 2 r0^2 c[-1] Sin[2θ] +
     6 r0^6 c[3] Sin[2θ] + 3 d[-3] Sin[2θ] + r0^4 d[1] Sin[2θ])}
```

で入力できる．上記の方程式を独立な項に分離するには，$\sin\theta$ と $\cos\theta$ のべき乗を $\sin n\theta$ と $\cos n\theta$ の形式に変換する必要があり，以下の EqMaker 関数を使う．

```
In[211]:= EqMaker[f_] := Module[{j1, j2, j3},
     j1 = f //. {Cos[i_. * θ] -> cosine^i, Sin[j_. * θ] -> sine^j};
     j2 = CoefficientList[j1, {cosine, sine}];
     j3 = Flatten[j2];
     j1 = DeleteCases[j3, 0];
```

```
Map[#1 == 0 &, j3]]
```

得られた方程式のリストを eqlist として集め，未知数のリストを varlist に入れる．

```
In[212]:= eqlist = {EqMaker[DisEq1], EqMaker[DisEq2],
             EqMaker[StressEq1], EqMaker[StressEq2]} // Flatten;
          eqlist = DeleteCases[eqlist, True]
          varlist = {Table[a[i], {i, 1, 1}], Table[aa[i], {i, 1, 1}],
             Table[b[i], {i, 1, 3}], Table[bb[i], {i, 1, 3}],
             Table[c[i], {i, -1, 3}], Table[cc[i], {i, -1, 3}],
             Table[d[i], {i, -3, 1}], Table[dd[i], {i, -3, 1}],
             Table[e[i], {i, 1, 3}], Table[ee[i], {i, 1, 3}],
             Table[f[i], {i, 1, 1}], Table[ff[i], {i, 1, 1}]} // Flatten
```

Out[212]=
$$\{-\frac{\mathrm{r1}\,\sigma\mathrm{x}\infty}{8\,\mu\mathrm{out}}+\frac{\mathrm{r1}\,\kappa\mathrm{out}\,\sigma\mathrm{x}\infty}{8\,\mu\mathrm{out}}-\frac{\mathrm{r1}\,\sigma\mathrm{y}\infty}{8\,\mu\mathrm{out}}+\frac{\mathrm{r1}\,\kappa\mathrm{out}\,\sigma\mathrm{y}\infty}{8\,\mu\mathrm{out}}-\frac{\mathrm{b}[1]}{2\,\mathrm{r1}\,\mu\mathrm{out}}+\frac{\mathrm{r1}\,\mathrm{c}[1]}{2\,\mu\mathrm{mid}}-\frac{\mathrm{r1}\,\kappa\mathrm{mid}\,\mathrm{c}[1]}{2\,\mu\mathrm{mid}}+\frac{\mathrm{d}[-1]}{2\,\mathrm{r1}\,\mu\mathrm{mid}}==0,$$

$$-\frac{\mathrm{bb}[2]}{2\,\mathrm{r1}^2\,\mu\mathrm{out}}-\frac{\kappa\mathrm{mid}\,\mathrm{cc}[0]}{2\,\mu\mathrm{mid}}-\frac{\mathrm{r1}^2\,\mathrm{cc}[2]}{\mu\mathrm{mid}}+\frac{\mathrm{r1}^2\,\kappa\mathrm{mid}\,\mathrm{cc}[2]}{2\,\mu\mathrm{mid}}+\frac{\mathrm{dd}[-2]}{2\,\mathrm{r1}^2\,\mu\mathrm{mid}}-\frac{\mathrm{dd}[0]}{2\,\mu\mathrm{mid}}==0,$$

$$\frac{\mathrm{r1}\,\tau\infty}{2\,\mu\mathrm{out}}+\frac{\mathrm{aa}[1]}{2\,\mathrm{r1}\,\mu\mathrm{out}}+\frac{\kappa\mathrm{out}\,\mathrm{aa}[1]}{2\,\mathrm{r1}\,\mu\mathrm{out}}-\frac{\mathrm{bb}[3]}{2\,\mathrm{r1}^3\,\mu\mathrm{out}}-\frac{\mathrm{cc}[-1]}{2\,\mathrm{r1}\,\mu\mathrm{mid}}-\frac{\kappa\mathrm{mid}\,\mathrm{cc}[-1]}{2\,\mathrm{r1}\,\mu\mathrm{mid}}-\frac{3\,\mathrm{r1}^3\,\mathrm{cc}[3]}{2\,\mu\mathrm{mid}}+\frac{\mathrm{r1}^3\,\kappa\mathrm{mid}\,\mathrm{cc}[3]}{2\,\mu\mathrm{mid}}+\frac{\mathrm{dd}[-3]}{2\,\mathrm{r1}^3\,\mu\mathrm{mid}}-\frac{\mathrm{r1}\,\mathrm{dd}[1]}{2\,\mu\mathrm{mid}}==0,$$

$$-\frac{\mathrm{b}[2]}{2\,\mathrm{r1}^2\,\mu\mathrm{out}}-\frac{\mathrm{r1}^4\,(-2+\kappa\mathrm{mid})\,\mathrm{c}[2]-\mathrm{d}[-2]+\mathrm{r1}^2\,(\kappa\mathrm{mid}\,\mathrm{c}[0]-\mathrm{d}[0])}{2\,\mathrm{r1}^2\,\mu\mathrm{mid}}==0,$$

$$\frac{-2\,\mathrm{r1}^4\,(\sigma\mathrm{x}\infty-\sigma\mathrm{y}\infty)+4\,\mathrm{r1}^2\,(1+\kappa\mathrm{out})\,\mathrm{a}[1]-4\,\mathrm{b}[3]}{8\,\mathrm{r1}^3\,\mu\mathrm{out}}-\frac{\mathrm{r1}^2\,(1+\kappa\mathrm{mid})\,\mathrm{c}[-1]+\mathrm{r1}^6\,(-3+\kappa\mathrm{mid})\,\mathrm{c}[3]-\mathrm{d}[-3]-\mathrm{r1}^4\,\mathrm{d}[1]}{2\,\mathrm{r1}^3\,\mu\mathrm{mid}}==0,$$

$$\frac{\mathrm{bb}[1]}{2\,\mathrm{r1}\,\mu\mathrm{out}}-\frac{\mathrm{r1}\,\mathrm{cc}[1]}{2\,\mu\mathrm{mid}}-\frac{\mathrm{r1}\,\kappa\mathrm{mid}\,\mathrm{cc}[1]}{2\,\mu\mathrm{mid}}-\frac{\mathrm{dd}[-1]}{2\,\mathrm{r1}\,\mu\mathrm{mid}}==0,$$

$$\frac{\mathrm{b}[2]}{2\,\mathrm{r1}^2\,\mu\mathrm{out}}+\frac{\kappa\mathrm{mid}\,\mathrm{c}[0]}{2\,\mu\mathrm{mid}}-\frac{\mathrm{r1}^2\,\mathrm{c}[2]}{\mu\mathrm{mid}}-\frac{\mathrm{r1}^2\,\kappa\mathrm{mid}\,\mathrm{c}[2]}{2\,\mu\mathrm{mid}}+$$

$$\frac{\mathtt{d}[-2]}{2\,\mathtt{r1}^2\,\mu\mathtt{mid}} - \frac{\mathtt{d}[0]}{2\,\mu\mathtt{mid}} == 0,$$

$$\frac{\mathtt{r1}\,\sigma\mathtt{x}\infty}{4\,\mu\mathtt{out}} - \frac{\mathtt{r1}\,\sigma\mathtt{y}\infty}{4\,\mu\mathtt{out}} + \frac{\mathtt{a}[1]}{2\,\mathtt{r1}\,\mu\mathtt{out}} - \frac{\kappa\mathtt{out}\,\mathtt{a}[1]}{2\,\mathtt{r1}\,\mu\mathtt{out}} - \frac{\mathtt{b}[3]}{2\,\mathtt{r1}^3\,\mu\mathtt{out}} - \frac{\mathtt{c}[1]}{2\,\mathtt{r1}\,\mu\mathtt{mid}} + \frac{\kappa\mathtt{mid}\,\mathtt{c}[-1]}{2\,\mathtt{r1}\,\mu\mathtt{mid}} - \frac{3\,\mathtt{r1}^3\,\mathtt{c}[3]}{2\,\mu\mathtt{mid}} - \frac{\mathtt{r1}^3\,\kappa\mathtt{mid}\,\mathtt{c}[3]}{2\,\mu\mathtt{mid}} + \frac{\mathtt{d}[-3]}{2\,\mathtt{r1}^3\,\mu\mathtt{mid}} - \frac{\mathtt{r1}\,\mathtt{d}[1]}{2\,\mu\mathtt{mid}} == 0,$$

$$\frac{\mathtt{bb}[2]}{2\,\mathtt{r1}^2\,\mu\mathtt{out}} - \frac{\mathtt{r1}^4\,(2+\kappa\mathtt{mid})\,\mathtt{cc}[2] + \mathtt{dd}[-2] + \mathtt{r1}^2\,(\kappa\mathtt{mid}\,\mathtt{cc}[0] + \mathtt{dd}[0])}{2\,\mathtt{r1}^2\,\mu\mathtt{mid}} == 0,$$

$$\frac{\mathtt{r1}^4\,\tau\infty + \mathtt{r1}^2\,(-1+\kappa\mathtt{out})\,\mathtt{aa}[1] + \mathtt{bb}[3]}{2\,\mathtt{r1}^3\,\mu\mathtt{out}} - \frac{\mathtt{r1}^2\,(-1+\kappa\mathtt{mid})\,\mathtt{cc}[-1] + \mathtt{r1}^6\,(3+\kappa\mathtt{mid})\,\mathtt{cc}[3] + \mathtt{dd}[-3] + \mathtt{r1}^4\,\mathtt{dd}[1]}{2\,\mathtt{r1}^3\,\mu\mathtt{mid}} == 0,$$

$$-\frac{\mathtt{r0}\,\mathtt{c}[1]}{2\,\mu\mathtt{mid}} + \frac{\mathtt{r0}\,\kappa\mathtt{mid}\,\mathtt{c}[1]}{2\,\mu\mathtt{mid}} - \frac{\mathtt{d}[-1]}{2\,\mathtt{r0}\,\mu\mathtt{mid}} + \frac{\mathtt{r0}\,\mathtt{e}[1]}{2\,\mu\mathtt{in}} - \frac{\mathtt{r0}\,\kappa\mathtt{in}\,\mathtt{e}[1]}{2\,\mu\mathtt{in}} == 0,$$

$$\frac{\kappa\mathtt{mid}\,\mathtt{cc}[0]}{2\,\mu\mathtt{mid}} + \frac{\mathtt{r0}^2\,\mathtt{cc}[2]}{\mu\mathtt{mid}} - \frac{\mathtt{r0}^2\,\kappa\mathtt{mid}\,\mathtt{cc}[2]}{2\,\mu\mathtt{mid}} - \frac{\mathtt{dd}[-2]}{2\,\mathtt{r0}^2\,\mu\mathtt{mid}} + \frac{\mathtt{dd}[0]}{2\,\mu\mathtt{mid}} - \frac{\mathtt{r0}^2\,\mathtt{ee}[2]}{\mu\mathtt{in}} + \frac{\mathtt{r0}^2\,\kappa\mathtt{in}\,\mathtt{ee}[2]}{2\,\mu\mathtt{in}} == 0,$$

$$\frac{\mathtt{cc}[-1]}{2\,\mathtt{r0}\,\mu\mathtt{mid}} + \frac{\kappa\mathtt{mid}\,\mathtt{cc}[-1]}{2\,\mathtt{r0}\,\mu\mathtt{mid}} + \frac{3\,\mathtt{r0}^3\,\mathtt{cc}[3]}{2\,\mu\mathtt{mid}} - \frac{\mathtt{r0}^3\,\kappa\mathtt{mid}\,\mathtt{cc}[3]}{2\,\mu\mathtt{mid}} - \frac{\mathtt{dd}[-3]}{2\,\mathtt{r0}^3\,\mu\mathtt{mid}} + \frac{\mathtt{r0}\,\mathtt{dd}[1]}{2\,\mu\mathtt{mid}} - \frac{3\,\mathtt{r0}^3\,\mathtt{ee}[3]}{2\,\mu\mathtt{in}} + \frac{\mathtt{r0}^3\,\kappa\mathtt{in}\,\mathtt{ee}[3]}{2\,\mu\mathtt{in}} - \frac{\mathtt{r0}\,\mathtt{ff}[1]}{2\,\mu\mathtt{in}} == 0,$$

$$\frac{\mathtt{r0}^4\,(-2+\kappa\mathtt{mid})\,\mathtt{c}[2] - \mathtt{d}[-2] + \mathtt{r0}^2\,(\kappa\mathtt{mid}\,\mathtt{c}[0] - \mathtt{d}[0])}{2\,\mathtt{r0}^2\,\mu\mathtt{mid}} + \frac{\mathtt{r0}^2\,\mathtt{e}[2]}{\mu\mathtt{in}} - \frac{\mathtt{r0}^2\,\kappa\mathtt{in}\,\mathtt{e}[2]}{2\,\mu\mathtt{in}} == 0,$$

$$\frac{\mathtt{r0}^2\,(1+\kappa\mathtt{mid})\,\mathtt{c}[-1] + \mathtt{r0}^6\,(-3+\kappa\mathtt{mid})\,\mathtt{c}[3] - \mathtt{d}[-3] - \mathtt{r0}^4\,\mathtt{d}[1]}{2\,\mathtt{r0}^3\,\mu\mathtt{mid}} + \frac{3\,\mathtt{r0}^3\,\mathtt{e}[3]}{2\,\mu\mathtt{in}} - \frac{\mathtt{r0}^3\,\kappa\mathtt{in}\,\mathtt{e}[3]}{2\,\mu\mathtt{in}} + \frac{\mathtt{r0}\,\mathtt{f}[1]}{2\,\mu\mathtt{in}} == 0,$$

$$\frac{\mathtt{r0}\,\mathtt{cc}[1]}{2\,\mu\mathtt{mid}} + \frac{\mathtt{r0}\,\kappa\mathtt{mid}\,\mathtt{cc}[1]}{2\,\mu\mathtt{mid}} + \frac{\mathtt{dd}[-1]}{2\,\mathtt{r0}\,\mu\mathtt{mid}} - \frac{\mathtt{r0}\,\mathtt{ee}[1]}{2\,\mu\mathtt{in}} - \frac{\mathtt{r0}\,\kappa\mathtt{in}\,\mathtt{ee}[1]}{2\,\mu\mathtt{in}} == 0,$$

$$-\frac{\kappa\mathtt{mid}\,\mathtt{c}[0]}{2\,\mu\mathtt{mid}} + \frac{\mathtt{r0}^2\,\mathtt{c}[2]}{\mu\mathtt{mid}} + \frac{\mathtt{r0}^2\,\kappa\mathtt{mid}\,\mathtt{c}[2]}{2\,\mu\mathtt{mid}} - \frac{\mathtt{d}[-2]}{2\,\mathtt{r0}^2\,\mu\mathtt{mid}} + \frac{\mathtt{d}[0]}{2\,\mu\mathtt{mid}} - \frac{\mathtt{r0}^2\,\mathtt{e}[2]}{\mu\mathtt{in}} - \frac{\mathtt{r0}^2\,\kappa\mathtt{in}\,\mathtt{e}[2]}{2\,\mu\mathtt{in}} == 0,$$

$$\frac{\mathrm{c}[-1]}{2\,\mathrm{r0}\,\mu\mathrm{mid}} - \frac{\kappa\mathrm{mid}\,\mathrm{c}[-1]}{2\,\mathrm{r0}\,\mu\mathrm{mid}} + \frac{3\,\mathrm{r0}^3\,\mathrm{c}[3]}{2\,\mu\mathrm{mid}} + \frac{\mathrm{r0}^3\,\kappa\mathrm{mid}\,\mathrm{c}[3]}{2\,\mu\mathrm{mid}} - \frac{\mathrm{d}[3]}{2\,\mathrm{r0}^3\,\mu\mathrm{mid}} +$$

$$\frac{\mathrm{r0}\,\mathrm{d}[1]}{2\,\mu\mathrm{mid}} - \frac{3\,\mathrm{r0}^3\,\mathrm{e}[3]}{2\,\mu\mathrm{in}} - \frac{\mathrm{r0}^3\,\kappa\mathrm{in}\,\mathrm{e}[3]}{2\,\mu\mathrm{in}} - \frac{\mathrm{r0}\,\mathrm{f}[1]}{2\,\mu\mathrm{in}} == 0,$$

$$\frac{\mathrm{r0}^4\,(2+\kappa\mathrm{mid})\,\mathrm{cc}[2] + \mathrm{dd}[-2] + \mathrm{r0}^2\,(\kappa\mathrm{mid}\,\mathrm{cc}[0] + \mathrm{dd}[0])}{2\,\mathrm{r0}^2\,\mu\mathrm{mid}} -$$

$$\frac{\mathrm{r0}^2\,\mathrm{ee}[2]}{\mu\mathrm{in}} - \frac{\mathrm{r0}^2\,\kappa\mathrm{in}\,\mathrm{ee}[2]}{2\,\mu\mathrm{in}} == 0,$$

$$\frac{\mathrm{r0}^2\,(-1+\kappa\mathrm{mid})\,\mathrm{cc}[-1] + \mathrm{r0}^6\,(3+\kappa\mathrm{mid})\,\mathrm{cc}[3] + \mathrm{dd}[-3] + \mathrm{r0}^4\,\mathrm{dd}[1]}{2\,\mathrm{r0}^3\,\mu\mathrm{mid}} -$$

$$\frac{3\,\mathrm{r0}^3\,\mathrm{ee}[3]}{2\,\mu\mathrm{in}} - \frac{\mathrm{r0}^3\,\kappa\mathrm{in}\,\mathrm{ee}[3]}{2\,\mu\mathrm{in}} - \frac{\mathrm{r0}\,\mathrm{ff}[1]}{2\,\mu\mathrm{in}} == 0,$$

$$\frac{\sigma\mathrm{x}\infty}{2} + \frac{\sigma\mathrm{y}\infty}{2} + \frac{\mathrm{b}[1]}{\mathrm{r1}^2} - 2\,\mathrm{c}[1] - \frac{\mathrm{d}[-1]}{\mathrm{r1}^2} == 0,$$

$$\frac{2\,\mathrm{bb}[2]}{\mathrm{r1}^3} + 2\,\mathrm{r1}\,\mathrm{cc}[2] - \frac{2\,\mathrm{dd}[-2]}{\mathrm{r1}^3} == 0,$$

$$\tau\infty - \frac{4\,\mathrm{aa}[1]}{\mathrm{r1}^2} + \frac{3\,\mathrm{bb}[3]}{\mathrm{r1}^4} + \frac{4\,\mathrm{cc}[-1]}{\mathrm{r1}^2} - \frac{3\,\mathrm{dd}[-3]}{\mathrm{r1}^4} - \mathrm{dd}[1] == 0,$$

$$\frac{2\,\mathrm{b}[2]}{\mathrm{r1}^3} - 2\,\mathrm{r1}\,\mathrm{c}[2] - \frac{2\,\mathrm{d}[-2]}{\mathrm{r1}^3} == 0,$$

$$-\frac{\sigma\mathrm{x}\infty}{2} + \frac{\sigma\mathrm{y}\infty}{2} - \frac{4\,\mathrm{a}[1]}{\mathrm{r1}^2} + \frac{3\,\mathrm{b}[3]}{\mathrm{r1}^4} + \frac{4\,\mathrm{c}[-1]}{\mathrm{r1}^2} - \frac{3\,\mathrm{d}[-3]}{\mathrm{r1}^4} + \mathrm{d}[1] == 0,$$

$$-\frac{\mathrm{bb}[1]}{\mathrm{r1}^2} + \frac{\mathrm{dd}[-1]}{\mathrm{r1}^2} == 0,\ \frac{2\,\mathrm{b}[2]}{\mathrm{r1}^3} - 2\,\mathrm{r1}\,\mathrm{c}[2] - \frac{2\,\mathrm{d}[-2]}{\mathrm{r1}^3} == 0,$$

$$\frac{\sigma\mathrm{x}\infty}{2} - \frac{\sigma\mathrm{y}\infty}{2} - \frac{2\,\mathrm{a}[1]}{\mathrm{r1}^2} + \frac{3\,\mathrm{b}[3]}{\mathrm{r1}^4} +$$

$$\frac{2\,\mathrm{c}[-1]}{\mathrm{r1}^2} - 6\,\mathrm{r1}^2\,\mathrm{c}[3] - \frac{3\,\mathrm{d}[-3]}{\mathrm{r1}^4} - \mathrm{d}[1] == 0,$$

$$-\frac{2\,\mathrm{bb}[2]}{\mathrm{r1}^3} - 2\,\mathrm{r1}\,\mathrm{cc}[2] + \frac{2\,\mathrm{dd}[-2]}{\mathrm{r1}^3} == 0,$$

$$\tau\infty + \frac{2\,\mathrm{aa}[1]}{\mathrm{r1}^2} - \frac{3\,\mathrm{bb}[3]}{\mathrm{r1}^4} - \frac{2\,\mathrm{cc}[-1]}{\mathrm{r1}^2} - 6\,\mathrm{r1}^2\,\mathrm{cc}[3] + \frac{3\,\mathrm{dd}[-3]}{\mathrm{r1}^4} - \mathrm{dd}[1] == 0,$$

$$2\,\mathrm{c}[1] + \frac{\mathrm{d}[-1]}{\mathrm{r0}^2} - 2\,\mathrm{e}[1] == 0,\ -2\,\mathrm{r0}\,\mathrm{cc}[2] + \frac{2\,\mathrm{dd}[-2]}{\mathrm{r0}^3} + 2\,\mathrm{r0}\,\mathrm{ee}[2] == 0,$$

$$-\frac{4\,\mathrm{cc}[-1]}{\mathrm{r0}^2} + \frac{3\,\mathrm{dd}[-3]}{\mathrm{r0}^4} + \mathrm{dd}[1] - \mathrm{ff}[1] == 0,$$

$$2\,\mathrm{r0}\,\mathrm{c}[2] + \frac{2\,\mathrm{d}[-2]}{\mathrm{r0}^3} - 2\,\mathrm{r0}\,\mathrm{e}[2] == 0,$$

$$\frac{4\,\mathrm{c}[-1]}{\mathrm{r0}^2} + \frac{3\,\mathrm{d}[-3]}{\mathrm{r0}^4} - \mathrm{d}[1] + \mathrm{f}[1] == 0,$$

$$
\begin{aligned}
&-\frac{\mathrm{dd}[-1]}{\mathrm{r0}^2} == 0,\ 2\,\mathrm{r0}\,\mathrm{c}[2] + \frac{2\,\mathrm{d}[2]}{\mathrm{r0}^3} - 2\,\mathrm{r0}\,\mathrm{e}[2] == 0,\\
&-\frac{2\,\mathrm{c}[-1]}{\mathrm{r0}^2} + 6\,\mathrm{r0}^2\,\mathrm{c}[3] + \frac{3\,\mathrm{d}[-3]}{\mathrm{r0}^4} + \mathrm{d}[1] - 6\,\mathrm{r0}^2\,\mathrm{e}[3] - \mathrm{f}[1] == 0,\\
&2\,\mathrm{r0}\,\mathrm{cc}[2] - \frac{2\,\mathrm{dd}[-2]}{\mathrm{r0}^3} - 2\,\mathrm{r0}\,\mathrm{ee}[2] == 0,\\
&\frac{2\,\mathrm{cc}[-1]}{\mathrm{r0}^2} + 6\,\mathrm{r0}^2\,\mathrm{cc}[3] - \frac{3\,\mathrm{dd}[-3]}{\mathrm{r0}^4} + \mathrm{dd}[1] - 6\,\mathrm{r0}^2\,\mathrm{ee}[3] - \mathrm{ff}[1] == 0\}
\end{aligned}
$$

Out[213]= $\{\mathrm{a}[1],\ \mathrm{aa}[1],\ \mathrm{b}[1],\ \mathrm{b}[2],\ \mathrm{b}[3],\ \mathrm{bb}[1],\ \mathrm{bb}[2],\ \mathrm{bb}[3],\ \mathrm{c}[-1],\ \mathrm{c}[0],$
$\mathrm{c}[1],\ \mathrm{c}[2],\ \mathrm{c}[3],\ \mathrm{cc}[-1],\ \mathrm{cc}[0],\ \mathrm{cc}[1],\ \mathrm{cc}[2],\ \mathrm{cc}[3],\ \mathrm{d}[-3],$
$\mathrm{d}[-2],\ \mathrm{d}[-1],\ \mathrm{d}[0],\ \mathrm{d}[1],\ \mathrm{dd}[-3],\ \mathrm{dd}[-2],\ \mathrm{dd}[-1],\ \mathrm{dd}[0],$
$\mathrm{dd}[1],\ \mathrm{e}[1],\ \mathrm{e}[2],\ \mathrm{e}[3],\ \mathrm{ee}[1],\ \mathrm{ee}[2],\ \mathrm{ee}[3],\ \mathrm{f}[1],\ \mathrm{ff}[1]\}$

上記の出力で最初の部分は未知数に関する連立方程式であり，2 番目は未知数のリストである．方程式は不定方程式となるが，*Mathematica* の Solve 関数で解は独立な変数を含んだ形式で出力される．出力は長いため，Short 関数で最初の 50 行が出力される．

```
In[214]:= sol = Solve[eqlist, varlist] // Simplify;
          Short[sol, 50]
```

Out[214]//Short= $\{\{\mathrm{a}[1] \to$

$$
\begin{aligned}
&(\mathrm{r1}^2\,(-6\,\mathrm{r0}^4\,\mathrm{r1}^4\,(\mu\mathrm{in} - \mu\mathrm{mid})\,(\mu\mathrm{in} + \kappa\mathrm{in}\,\mu\mathrm{mid})\,(\mu\mathrm{mid} - \mu\mathrm{out})^2 +\\
&\quad \mathrm{r0}^6\,\mathrm{r1}^2\,((3 + \kappa\mathrm{mid}^2)\,\mu\mathrm{in}^2 - (-1 + \kappa\mathrm{in})\,(-3 + \kappa\mathrm{mid})\,\mu\mathrm{in}\,\mu\mathrm{mid} -\\
&\qquad 4\,\kappa\mathrm{in}\,\mu\mathrm{mid}^2)\,(\mu\mathrm{mid} - \mu\mathrm{out})^2 + \mathrm{r0}^8\,(\mu\mathrm{in} - \mu\mathrm{mid})\\
&\quad (\kappa\mathrm{mid}\,\mu\mathrm{in} - \kappa\mathrm{in}\,\mu\mathrm{mid})\,(\mu\mathrm{mid} - \mu\mathrm{out})\,(\mu\mathrm{mid} + \kappa\mathrm{mid}\,\mu\mathrm{out}) +\\
&\quad \mathrm{r1}^8\,(\kappa\mathrm{mid}\,\mu\mathrm{in} + \mu\mathrm{mid})\,(\mu\mathrm{in} + \kappa\mathrm{in}\,\mu\mathrm{mid})\,(\mu\mathrm{mid} - \mu\mathrm{out})\\
&\quad (\mu\mathrm{mid} + \kappa\mathrm{mid}\,\mu\mathrm{out}) + \mathrm{r0}^2\,\mathrm{r1}^6\,(\mu\mathrm{in} - \mu\mathrm{mid})\,(\mu\mathrm{in} + \kappa\mathrm{in}\,\mu\mathrm{mid})\\
&\quad (4\,\mu\mathrm{mid}^2 + 2\,(-3 + \kappa\mathrm{mid})\,\mu\mathrm{mid}\,\mu\mathrm{out} + (3 + \kappa\mathrm{mid}^2)\,\mu\mathrm{out}^2))\\
&\quad (\sigma\mathrm{x}\infty - \sigma\mathrm{y}\infty))/\\
&(2\,(-6\,\mathrm{r0}^4\,\mathrm{r1}^4\,(\mu\mathrm{in} - \mu\mathrm{mid})\,(\mu\mathrm{in} + \kappa\mathrm{in}\,\mu\mathrm{mid})\\
&\quad (\mu\mathrm{mid} - \mu\mathrm{out})\,(\kappa\mathrm{out}\,\mu\mathrm{mid} + \mu\mathrm{out}) +\\
&\quad \mathrm{r0}^6\,\mathrm{r1}^2\,(3 + \kappa\mathrm{mid}^2)\,\mu\mathrm{in}^2 - (-1 + \kappa\mathrm{in})\,(-3 + \kappa\mathrm{mid})\,\mu\mathrm{in}\,\mu\mathrm{mid} -\\
&\quad 4\,\kappa\mathrm{in}\,\mu\mathrm{mid}^2)\,(\mu\mathrm{mid} - \mu\mathrm{out})\,(\kappa\mathrm{out}\,\mu\mathrm{mid} + \mu\mathrm{out}) +\\
&\quad \mathrm{r0}^8\,(\mu\mathrm{in} - \mu\mathrm{mid})\,(\kappa\mathrm{mid}\,\mu\mathrm{in} - \kappa\mathrm{in}\,\mu\mathrm{mid})\,(\mu\mathrm{mid} - \mu\mathrm{out})\\
&\quad (\kappa\mathrm{out}\,\mu\mathrm{mid} - \kappa\mathrm{mid}\,\mu\mathrm{out}) + \mathrm{r1}^8\,(\kappa\mathrm{mid}\,\mu\mathrm{in} + \mu\mathrm{mid})\\
&\quad (\mu\mathrm{in} + \kappa\mathrm{in}\,\mu\mathrm{mid})\,(\kappa\mathrm{out}\,\mu\mathrm{mid} + \mu\mathrm{out})\,(\mu\mathrm{mid} + \kappa\mathrm{mid}\,\mu\mathrm{out}) +\\
&\quad \mathrm{r0}^2\,\mathrm{r1}^6\,(\mu\mathrm{in} - \mu\mathrm{mid})\,(\mu\mathrm{in} + \kappa\mathrm{in}\,\mu\mathrm{mid})\\
&\quad (\kappa\mathrm{out}\,\mu\mathrm{mid}\,(4\,\mu\mathrm{mid} + (-3 + \kappa\mathrm{mid})\,\mu\mathrm{out}) -
\end{aligned}
$$

$$
\begin{aligned}
&\quad\mu\text{out}\,((-3+\kappa\text{mid})\,\mu\text{mid}+(3+\kappa\text{mid}^2)\,\mu\text{out})))),\\
&\text{aa}[1]\to\\
&\quad -((\text{r1}^2\,(-6\,\text{r0}^4\,\text{r1}^4\,(\mu\text{in}-\mu\text{mid})\,(\mu\text{in}+\kappa\text{in}\,\mu\text{mid})\,(\mu\text{mid}-\mu\text{out})^2+\\
&\qquad \text{r0}^6\,\text{r1}^2\,((3+\kappa\text{mid}^2)\,\mu\text{in}^2-(-1+\kappa\text{in})\,(-3+\kappa\text{mid})\,\mu\text{in}\,\mu\text{mid}-\\
&\qquad\quad 4\,\kappa\text{in}\,\mu\text{mid}^2)\,(\mu\text{mid}-\mu\text{out})^2+\text{r0}^8\,(\mu\text{in}-\mu\text{mid})\\
&\qquad (\kappa\text{mid}\,\mu\text{in}-\kappa\text{in}\,\mu\text{mid})\,(\mu\text{mid}-\mu\text{out})\,(\mu\text{mid}+\kappa\text{mid}\,\mu\text{out})+\\
&\qquad \text{r1}^8\,(\kappa\text{mid}\,\mu\text{in}+\mu\text{mid})\,(\mu\text{in}+\kappa\text{in}\,\mu\text{mid})\,(\mu\text{mid}-\mu\text{out})\\
&\qquad (\mu\text{mid}+\kappa\text{mid}\,\mu\text{out})+\text{r0}^2\,\text{r1}^6\,(\mu\text{in}-\mu\text{mid})\,(\mu\text{in}+\kappa\text{in}\,\mu\text{mid})\\
&\qquad (4\,\mu\text{mid}^2+2\,(-3+\kappa\text{mid})\,\mu\text{mid}\,\mu\text{out}+(3+\kappa\text{mid}^2)\,\mu\text{out}^2))\,\tau\infty)/\\
&\quad (-6\,\text{r0}^4\,\text{r1}^4\,(\mu\text{in}-\mu\text{mid})\,(\mu\text{in}+\kappa\text{in}\,\mu\text{mid})\,(\mu\text{mid}-\mu\text{out})\\
&\qquad (\kappa\text{out}\,\mu\text{mid}+\mu\text{out})+\text{r0}^6\,\text{r1}^2\,((3+\kappa\text{mid}^2)\,\mu\text{in}^2-\\
&\qquad\quad (-1+\kappa\text{in})\,(-3+\kappa\text{mid})\,\mu\text{in}\,\mu\text{mid}-4\,\kappa\text{in}\,\mu\text{mid}^2)\\
&\qquad (\mu\text{mid}-\mu\text{out})\,(\kappa\text{out}\,\mu\text{mid}+\mu\text{out})+\text{r0}^8\,(\mu\text{in}-\mu\text{mid})\\
&\qquad (\kappa\text{mid}\,\mu\text{in}-\kappa\text{in}\,\mu\text{mid})\,(\mu\text{mid}-\mu\text{out})\,(\kappa\text{out}\,\mu\text{mid}-\kappa\text{mid}\,\mu\text{out})+\\
&\qquad \text{r1}^8\,(\kappa\text{mid}\,\mu\text{in}+\mu\text{mid})\,(\mu\text{in}+\kappa\text{in}\,\mu\text{mid})\,(\kappa\text{out}\,\mu\text{mid}+\mu\text{out})\\
&\qquad (\mu\text{mid}+\kappa\text{mid}\,\mu\text{out})+\text{r0}^2\,\text{r1}^6\,(\mu\text{in}-\mu\text{mid})\\
&\qquad (\mu\text{in}+\kappa\text{in}\,\mu\text{mid})\,(\kappa\text{out}\,\mu\text{mid}\,(4\,\mu\text{mid}+(-3+\kappa\text{mid})\,\mu\text{out})-\\
&\qquad\quad \mu\text{out}\,((-3+\kappa\text{mid})\,\mu\text{mid}+(3+\kappa\text{mid}^2)\,\mu\text{out})))),\\
&<<31>>,\ \text{ff}[1]\to\\
&\quad \text{r1}^2\,(1+\kappa\text{mid})\,(1+\kappa\text{out})\,\mu\text{in}\,\mu\text{mid}\\
&\qquad (-3\,\text{r0}^4\,\text{r1}^2\,(\mu\text{in}-\mu\text{mid})\,(\mu\text{mid}-\mu\text{out})+\\
&\qquad \text{r0}^6\,((3+\kappa\text{mid})\,\mu\text{in}-(3+\kappa\text{in})\,\mu\text{mid})\,(\mu\text{mid}-\mu\text{out})+\\
&\qquad \text{r1}^6\,(\mu\text{in}+\kappa\text{in}\,\mu\text{mid})\,(\mu\text{mid}+\kappa\text{mid}\,\mu\text{out}))\,\tau\infty)/\\
&\quad (-6\,\text{r0}^4\,\text{r1}^4\,(\mu\text{in}-\mu\text{mid})\,(\mu\text{in}+\kappa\text{in}\,\mu\text{mid})\,(\mu\text{mid}-\mu\text{out})\\
&\qquad (\kappa\text{out}\,\mu\text{mid}+\mu\text{out})+\text{r0}^6\,\text{r1}^2\\
&\qquad ((3+\kappa\text{mid}^2)\,\mu\text{in}^2-(-1+\kappa\text{in})\,(-3+\kappa\text{mid})\,\mu\text{in}\,\mu\text{mid}-4\,\kappa\text{in}\,\mu\text{mid}^2)\\
&\qquad (\mu\text{mid}-\mu\text{out})\,(\kappa\text{out}\,\mu\text{mid}+\mu\text{out})+\\
&\qquad \text{r0}^8\,(\mu\text{in}-\mu\text{mid})\,(\kappa\text{mid}\,\mu\text{in}-\kappa\text{in}\,\mu\text{mid})\\
&\qquad (\mu\text{mid}-\mu\text{out})\,(\kappa\text{out}\,\mu\text{mid}-\kappa\text{mid}\,\mu\text{out})+\\
&\qquad \text{r1}^8\,(\kappa\text{mid}\,\mu\text{in}+\mu\text{mid})\,(\mu\text{in}+\kappa\text{in}\,\mu\text{mid})\\
&\qquad (\kappa\text{out}\,\mu\text{mid}+\mu\text{out})\,(\mu\text{mid}+\kappa\text{mid}\mu\text{out})+\\
&\qquad \text{r0}^2\,\text{r1}^6\,(\mu\text{in}-\mu\text{mid})\,(\mu\text{in}+\kappa\text{in}\,\mu\text{mid})\\
&\qquad (\kappa\text{out}\,\mu\text{mid}\,(4\,\mu\text{mid}+(-3+\kappa\text{mid})\,\mu\text{out})-\\
&\qquad\quad \mu\text{out}\,((-3+\kappa\text{mid})\,\mu\text{mid}+(3+\kappa\text{mid}^2)\,\mu\text{out})))\}\}
\end{aligned}
$$

応力成分を評価する．一番内側 $(0 < r < r_0)$ では，σinpolor は $(\sigma_{rr}, \sigma_{\theta\theta},$

$\sigma_{r\theta}$)を返し，σinxyは$(\sigma_{xx}, \sigma_{yy}, \sigma_{xy})$を返す．

```
In[215]:= σinpolar = (InStress /. sol)[[1]];
          σinxy = {Cos[θ]^2 σinpolar[[1]] -
             2 Cos[θ] Sin[θ] σinpolar[[3]] + Sin[θ]^2 σinpolar[[2]],
             Sin[θ]^2 σinpolar[[1]] +
             2 Cos[θ] Sin[θ] σinpolar[[3]] + Cos[θ]^2 σinpolar[[2]],
             Cos[θ] Sin[θ] (σinpolar[[1]] - σinpolar[[2]]) +
             (Cos[θ]^2 - Sin[θ]^2) σinpolar[[3]]};
          uoutpolar = (OutDis /. sol)[[1]];
```

例えば内側ではσ_{rr}は

```
In[216]:= σinpolar[[1]]
```

Out[216]=
$$\begin{aligned}
&(2\,\mathrm{r1}^2\,(1+\kappa\mathrm{mid})\,(1+\kappa\mathrm{out})\,\mu\mathrm{in}\,\mu\mathrm{mid}\,(\sigma\mathrm{x}\infty+\sigma\mathrm{y}\infty))/\\
&\quad(8\,\mathrm{r0}^2\,((-1+\kappa\mathrm{mid})\,\mu\mathrm{in}+\mu\mathrm{mid}-\kappa\mathrm{in}\,\mu\mathrm{mid})\,(\mu\mathrm{mid}-\mu\mathrm{out})+\\
&\qquad 4\,\mathrm{r1}^2\,(2\,\mu\mathrm{in}+(-1+\kappa\mathrm{in})\,\mu\mathrm{mid})\,2\,\mu\mathrm{mid}+(-1+\kappa\mathrm{mid})\,\mu\mathrm{out}))-\\
&((1+\kappa\mathrm{out})\,\mu\mathrm{mid}\,(1-(3\,\mathrm{r1}^2\,(\mu\mathrm{in}-\mu\mathrm{mid})\\
&\quad(\mathrm{r0}^4\,(-\mu\mathrm{mid}+\mu\mathrm{out})+\mathrm{r1}^4\,(\mu\mathrm{mid}+\kappa\mathrm{mid}\,\mu\mathrm{out})))/\\
&\quad(-3\,\mathrm{r0}^4\,\mathrm{r1}^2\,(\mu\mathrm{in}-\mu\mathrm{mid})\,(\mu\mathrm{mid}-\mu\mathrm{out})+\\
&\qquad\mathrm{r0}^6\,((3+\kappa\mathrm{mid})\,\mu\mathrm{in}-(3+\kappa\mathrm{in})\,\mu\mathrm{mid})\,(\mu\mathrm{mid}-\mu\mathrm{out})+\\
&\qquad\mathrm{r1}^6\,(\mu\mathrm{in}+\kappa\mathrm{in}\,\mu\mathrm{mid})\,(\mu\mathrm{mid}+\kappa\mathrm{mid}\,\mu\mathrm{out}))-\\
&\quad((\mu\mathrm{in}-\mu\mathrm{mid})\,(\mathrm{r0}^6\,(\kappa\mathrm{mid}\,\mu\mathrm{in}-\kappa\mathrm{in}\,\mu\mathrm{mid})\,(\mu\mathrm{mid}-\mu\mathrm{out})+\\
&\qquad\mathrm{r1}^6\,(\mu\mathrm{in}+\kappa\mathrm{in}\,\mu\mathrm{mid})\,(\mu\mathrm{mid}+\kappa\mathrm{mid}\,\mu\mathrm{out}))\\
&\qquad(-4\,\mathrm{r0}^6\,\mathrm{r1}^2\,((3+\kappa\mathrm{mid})\,\mu\mathrm{in}-(3+\kappa\mathrm{in})\,\mu\mathrm{mid})\\
&\qquad\quad(\mu\mathrm{mid}-\mu\mathrm{out})\,(\kappa\mathrm{out}\,\mu\mathrm{mid}+\mu\mathrm{out})+\\
&\qquad\quad 6\,\mathrm{r0}^4\,\mathrm{r1}^4\,((3+\kappa\mathrm{mid})\,\mu\mathrm{in}-(3+\kappa\mathrm{in})\,\mu\mathrm{mid})\\
&\qquad\quad(\mu\mathrm{mid}-\mu\mathrm{out})\,(\kappa\mathrm{out}\,\mu\mathrm{mid}+\mu\mathrm{out})+\\
&\qquad\quad\mathrm{r0}^8\,((3+\kappa\mathrm{mid})\,\mu\mathrm{in}-(3+\kappa\mathrm{in})\,\mu\mathrm{mid})\\
&\qquad\quad(\mu\mathrm{mid}-\mu\mathrm{out})\,(\kappa\mathrm{out}\,\mu\mathrm{mid}-\kappa\mathrm{mid}\,\mu\mathrm{out})-\\
&\qquad\quad\mathrm{r1}^8\,(\mu\mathrm{in}+3\,\kappa\mathrm{mid}\,\mu\mathrm{in}+(3+\kappa\mathrm{in})\,\mu\mathrm{mid})\\
&\qquad\quad(\kappa\mathrm{out}\,\mu\mathrm{mid}+\mu\mathrm{out})\,(\mu\mathrm{mid}+\kappa\mathrm{mid}\,\mu\mathrm{out})-\\
&\qquad\quad\mathrm{r0}^2\,\mathrm{r1}^6\,(2\,\mu\mathrm{in}-(3+\kappa\mathrm{in})\,\mu\mathrm{mid})\\
&\qquad\quad(\kappa\mathrm{out}\,\mu\mathrm{mid}\,(4\,\mu\mathrm{mid}+(-3+\kappa\mathrm{mid})\,\mu\mathrm{out})-\\
&\qquad\qquad\mu\mathrm{out}\,((-3+\kappa\mathrm{mid})\,\mu\mathrm{mid}+(3+\kappa\mathrm{mid}^2)\,\mu\mathrm{out}))))/\\
&\qquad((-3\,\mathrm{r0}^4\,\mathrm{r1}^2\,(\mu\mathrm{in}-\mu\mathrm{mid})\,(\mu\mathrm{mid}-\mu\mathrm{out})+\\
&\qquad\quad\mathrm{r0}^6\,((3+\kappa\mathrm{mid})\,\mu\mathrm{in}-(3+\kappa\mathrm{in})\,\mu\mathrm{mid})\,(\mu\mathrm{mid}-\mu\mathrm{out})+\\
&\qquad\quad\mathrm{r1}^6\,(\mu\mathrm{in}+\kappa\mathrm{in}\,\mu\mathrm{mid})\,(\mu\mathrm{mid}+\kappa\mathrm{mid}\,\mu\mathrm{out}))\\
&\qquad\quad(-6\,\mathrm{r0}^4\,\mathrm{r1}^4\,(\mu\mathrm{in}-\mu\mathrm{mid})\,(\mu\mathrm{in}+\kappa\mathrm{in}\,\mu\mathrm{mid})
\end{aligned}$$

```
            (μmid − μout) (κout μmid + μout) +
            r0^6 r1^2 ((3 + κmid^2) μin^2 − (−1 + κin) (−3 + κmid) μin μmid −
              4 κin μmid^2) (μmid − μout) (κout μmid + μout) +
            r0^8 (μin − μmid) (κmid μin − κin μmid)
            (μmid − μout) (κout μmid − κmid μout) +
             r1^8 (κmid μin + μmid) (μin + κin μmid)
            (κout μmid + μout) (μmid + κmid μout) +
            r0^2 r1^6 (μin − μmid) (μin + κin μmid)
            (κout μmid (4 μmid + (−3 + κmid) κout) −
              μout ((−3 + κmid) μmid + (3 + κmid^2) μout)))))
      (σx∞ − σy∞) Cos[2θ])/
      (2 (κout μmid + μout))+
      (r1^2 (1 + κmid) (1 + κout) μin μmid
        (−3 r0^4 r1^2 (μin − μmid) (μmid − μout) +
          r0^6 ((3 + κmid) μin − (3 + κin) μmid) (μmid − μout) +
          r1^6 (μin + κin μmid) (μmid + κmid μout)) τ∞ Sin[2θ])/
        (−6 r0^4 r1^4 (μin − μmid) (μin + κin μmid)
          (μmid − μout) (κout μmid + μout) +
          r0^6 r1^2 ((3 + κmid^2) μin^2 − (−1 + κin) (−3 + κmid) μin μmid −
            4 κin μmid^2) (μmid − μout) (κout μmid + μout) +
          r0^8 (μin − μmid) (κmidμin − κin μmid)
          (μmid − μout) (κoutμmid − κmidμout) +
          r1^8 (κmid μin + μmid) (μin + κin μmid)
          (κout μmid + μout) (μmid + κmid μout) +
          r0^2 r1^6 (μin − μmid) (μin + κin μmid)
          (κout μmid (4 μmid + (−3 + κmid) μout) −
            μout ((−3 + κmid) μmid + (3 + κmid^2) μout)))
```

と表される．中間領域 ($r_0 < r < r_1$) での応力成分は，極座標で σmidpolar に保存され，直交座標で σmidxy に保存される．

```
In[217]:= σmidpolar = (MidStress /. sol)[[1]];
          σmidxy = {Cos[θ]^2 σmidpolar[[1]] -
             2 Cos[θ] Sin[θ] σmidpolar[[3]] + Sin[θ]^2 σmidpolar[[2]],
             Sin[θ]^2 σmidpolar[[1]] +
             2 Cos[θ] Sin[θ] σmidpolar[[3]] + Cos[θ]^2 σmidpolar[[2]],
             Cos[θ] Sin[θ] (σmidpolar[[1]] - σmidpolar[[2]]) +
             (Cos[θ]^2 - Sin[θ]^2) σmidpolar[[3]]};
          umidpolar = (MidDis /. sol)[[1]];
```

同様に，外側 $r_1 < r < \infty$ での応力場は極座標で σoutpolar に保存され，直交座標で σoutxy に保存される．

```
In[218]:= σoutpolar = (OutStress /. sol)[[1]];
          σoutxy = {Cos[θ]^2 σoutpolar[[1]] -
             2 Cos[θ] Sin[θ] σoutpolar[[3]] + Sin[θ]^2 σoutpolar[[2]],
             Sin[θ]^2 σoutpolar[[1]] +
             2 Cos[θ] Sin[θ] σoutpolar[[3]] + Cos[θ]^2 σoutpolar[[2]],
             Cos[θ] Sin[θ] (σoutpolar[[1]] - σoutpolar[[2]]) +
             (Cos[θ]^2 - Sin[θ]^2) σoutpolar[[3]]};
          uoutpolar = (OutDis /. sol)[[1]];
```

RevolutionPlot3D 関数で関数を (r, θ) でプロットできる．

```
In[219]:= in1 = in[[1]] /. σx∞ -> 1
          mid1 = mid[[1]] /. σx∞ -> 1
          out1 = out[[1]] /. σx∞ -> 1
          sigmarr[r_, _] :=
           Boole[r < 1] in1 + Boole[r > 1 && r < 2] mid1 + Boole[r > 2] out1
          RevolutionPlot3D[sigmarr[r, θ], {r, 0, 5}, {θ, 0, 2 Pi}]
```

Out[219]= $\frac{40}{113} - \frac{152\,896\,\mathrm{Cos}[2\theta]}{174\,719}$

Out[220]= $\frac{112}{339} + \frac{8}{339\,\mathrm{r}^2} - \frac{137\,664\,\mathrm{Cos}[2\theta]}{174\,719} + \frac{46\,272\,\mathrm{Cos}[2\theta]}{174\,719\,\mathrm{r}^4} - \frac{61\,504\,\mathrm{Cos}[2\theta]}{174\,719\,\mathrm{r}^2}$

Out[221]= $\frac{1}{2} - \frac{74}{113\,\mathrm{r}^2} - \frac{1}{2}\mathrm{Cos}[2\theta] + \frac{2\,645\,208\,\mathrm{Cos}[2\theta]}{174\,719\,\mathrm{r}^4} - \frac{912\,456\,\mathrm{Cos}[2\theta]}{174\,719\,\mathrm{r}^2}$

Out[222]=

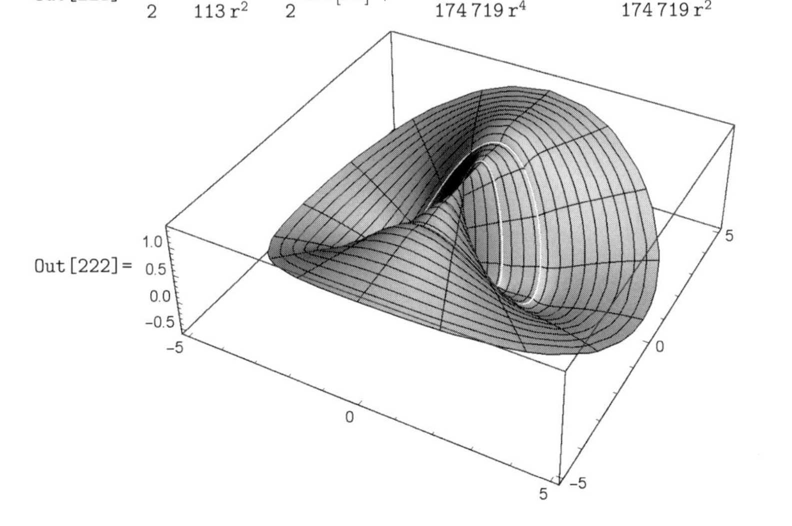

4.5　複合材料の有効定数

応用力学の重要なテーマの一つは，非均質な材料（複合材料）を均質な材料と見なしたときの有効定数を求めることであり，非均質材料の有効定数の研究はMaxwell以来長い歴史がある．この問題は「多体問題」の範疇に入り，一般に厳密解は存在しないことが知られている．元々は物理の問題であったが，約40年前に複合材料が航空機などに使用されるようになり，それに伴いこの分野の研究も盛んになった．

有効弾性率 C^* の定義には以下の2つの流儀がある．

$$\langle\sigma\rangle = C^*\langle\epsilon\rangle \tag{4.64}$$

$$\langle\sigma\epsilon\rangle = C^*\langle\epsilon\rangle\langle\epsilon\rangle \tag{4.65}$$

ここに $\langle\cdot\rangle$ は空間平均で

$$\langle\cdot\rangle \equiv \lim_{V\to\infty}\frac{1}{V}\int_V \cdot\, dx$$

で定義される．式 (4.64) の定義は構成方程式に基づき，式 (4.65) の定義はひずみエネルギに基づく．2個の定義の同一性は以下のHillの条件 [11]

$$\langle\sigma\epsilon\rangle = \langle\sigma\rangle\langle\epsilon\rangle \tag{4.66}$$

が成立する場合にのみ証明できる．式 (4.66) が成立する条件に関しては様々な議論があるが，一般には境界での応力の変動が少ない場合に成立するとされている．

複合材料の有効弾性定数は，変分原理を使って上下限を導くことも可能である．最小ひずみエネルギ定理で有効定数の上限が得られ，最小コンプリメンタリエネルギ定理より下限が得られる．

4.5.1　有効定数の上下限

有効定数の上下限に関する最初の研究はVoigt [19] とReuss [18] による．

$$\langle C^{-1}\rangle^{-1} \le C^* \le \langle C\rangle \tag{4.67}$$

式 (4.67) の意味するものは

$$A_{ijkl} \le B_{ijkl} \Leftrightarrow A_{ijkl}v_{ij}v_{kl} \le B_{ijkl}v_{ij}v_{kl}$$

である．ここに v_{ij} は任意の対称テンソルである．

式 (4.67) 式を等方な 2 相の材料に適用すると

$$\frac{1}{\frac{v_1}{\mu_1}+\frac{v_2}{\mu_2}} \leq \mu^* \leq v_1\mu_1 + v_2\mu_2$$
$$\frac{1}{\frac{v_1}{\kappa_1}+\frac{v_2}{\kappa_2}} \leq \kappa^* \leq v_1\kappa_1 + v_2\kappa_2$$

を得る．ここに μ と κ は剛性率と体積弾性率であり，v_1 と v_2 は第 1 相と第 2 相の体積分率である．

Voigt の上限は一様なひずみ場を許容関数として選んだ最小ひずみエネルギ定理に基づき，Reuss の下限は一様な応力場を許容関数として選んだ最小コンプリメンタリエネルギ定理に基づく．Reuss と Voigt の上下限は，構成材料や配置のいかんにかかわらず成立するが，体積分率が中間値の範囲では差が開き過ぎて実用的ではない．

Hashin[10] は，介在物の形状が球の場合に極性応力の概念を使い，Reuss と Voigt の上下限より狭い上下限を導いた．体積弾性率 κ と剛性率 μ の上下限は

$$\kappa_1 + \frac{v_2}{\frac{1}{\kappa_2-\kappa_1}+\frac{3v_1}{3\kappa_1+4\mu_1}} \leq \kappa^* \leq \kappa_2 + \frac{v_1}{\frac{1}{\kappa_1-\kappa_2}+\frac{3v_2}{3\kappa_2+4\mu_2}} \tag{4.68}$$

$$\mu_1 + \frac{v_2}{\frac{1}{\mu_2-\mu_1}+\frac{6v_1(\kappa_1+2\mu_1)}{5\mu_1(3\kappa_1+4\mu_1)}} \leq \mu^* \leq \mu_2 + \frac{v_1}{\frac{1}{\mu_1-\mu_2}+\frac{6v_2(\kappa_2+2\mu_2)}{5\mu_2(3\kappa_2+4\mu_2)}} \tag{4.69}$$

と表される．ここに v_1 と v_2 は第一相，第二相の体積分率である．

Hashin[9] は繊維強化複合材料の有効弾性率の上下限を同様に求めた．横断面での体積弾性率 κ と剛性率 μ の上下限は

$$\kappa_1 + \frac{v_2}{\frac{1}{\kappa_2-\kappa_1}+\frac{v_1}{\kappa_1+\mu_1}} \leq \kappa^* \leq \kappa_2 + \frac{v_1}{\frac{1}{\kappa_1-\kappa_2}+\frac{v_2}{\kappa_2+\mu_2}} \tag{4.70}$$

$$\mu_1 + \frac{v_2}{\frac{1}{\mu_2-\mu_1}+\frac{v_1(\kappa_1+2\mu_1)}{2\mu_1(\kappa_1+\mu_1)}} \leq \mu^* \leq \mu_2 + \frac{v_1}{\frac{1}{\mu_1-\mu_2}+\frac{v_2(\kappa_2+2\mu_2)}{2\mu_2(\kappa_2+\mu_2)}} \tag{4.71}$$

と表される．式 (4.68) と式 (4.69) の上下限は，相の分布が等方であること以外の情報がない場合，最良の上下限となる．同様に式 (4.70) と式 (4.71) の上下限は，横断面の相の分布が等方であること以外の情報がない場合，最良の上下限となる．

Mathematica による式 (4.68) のコードを以下に示す．

```
In[223]:= κupper[κ1_, κ2_, μ1_, μ2_, v1_] :=
           κ2 + v1/(1/(κ1 - κ2) + 3 (1 - v1)/(3 κ2 + 4 μ2))
          κlower[κ1_, κ2_, μ1_, μ2_, v1_] :=
           κ1 + (1 - v1)/(1/(κ2 - κ1) + 3 v1/(3 κ1 + 4 μ1))

In[224]:= κ1 = 1; κ2 = 11; μ1 = 2; μ2 = 30;

In[225]:= Plot[{κupper[κ1, κ2, μ1, μ2, v1],
           κlower[κ1, κ2, μ1, μ2, v1]}, {v1, 0, 1}]
```

Out[225]=

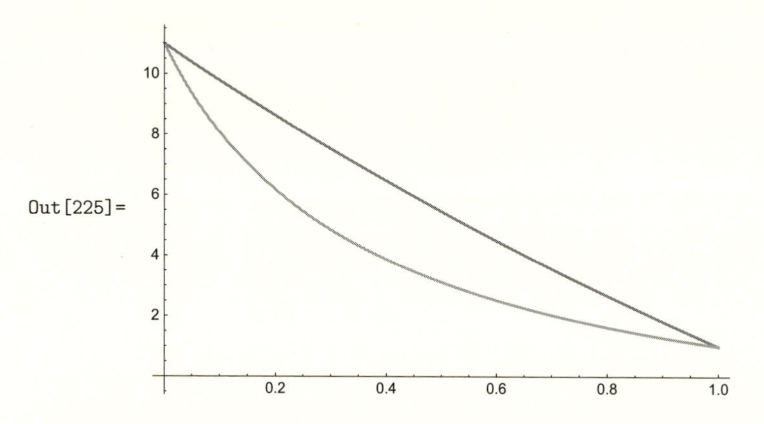

上下限を狭めるには，相の分布に関するさらに詳細な情報が必要となる．

4.5.2　セルフコンシステント近似

Hashin と Shtrikman の有効弾性定数の上下限は厳密であるが，体積分率の中間値付近では上下限の幅が相当大きく，より正確な予測が望ましい．セルフコンシステント近似は介在物同士の相互作用をある程度取り入れ，体積分率があまり高くない範囲では有効弾性定数の優れた近似を与える．セルフコンシステント近似は自己無撞着近似とも呼ばれる．セルフコンシステント近似はまた有効材料近似 (effective medium theory) とも呼ばれ，材料力学に留まらず，電気伝導率や比誘電率にも使用された [8]．材料力学では Hill [12] が球状介在物を含む複合材料にセルフコンシステント近似を適用し Chou et al. [2]，Laws and McLaughlin [13] は楕円球状介在物を含む複合材料に適用した．

セルフコンシステント近似を弾性材料を例にとって説明する．応力ひずみ関係は指標を省略して

$$\sigma = C\epsilon \tag{4.72}$$

と表される．式 (4.72) の各量は位置の関数であり，式 (4.72) の両側を単純に平

均しただけでは，$\langle C\epsilon\rangle$ は $\langle C\rangle\langle\epsilon\rangle$ に分離しないため，式 (4.64) は導けない．しかし，各点でのひずみが位置の関数 A とひずみ平均 $\langle\epsilon\rangle$ と

$$\epsilon = A\langle\epsilon\rangle \tag{4.73}$$

のように表せる場合，式 (4.73) を式 (4.72) に代入して空間平均をとると

$$C^* = \langle CA\rangle \tag{4.74}$$

となる．式 (4.73) と式 (4.74) の A は，介在物の分布と材料定数に依存する．弾性定数 $C(x)$ は区分的に定数なので

$$C(x) = \sum_\alpha C_\alpha \psi_\alpha(x)$$

と表される．ここに C_α は第 α 相の弾性定数である．$\alpha = 0$ を母相，$\alpha = 1, 2, \ldots, n$ を介在物の相とする．$\psi_\alpha(x)$ は α 番目の特性関数で

$$\psi_\alpha(x) = \begin{cases} 1 & x \in \Omega_\alpha \\ 0 & x \notin \Omega_\alpha, \end{cases}$$

で定義される．ここに Ω_α は α 番目の相を表わす．式 (4.73) の両辺の空間平均をとると

$$\langle A\rangle = I \tag{4.75}$$

となる．ここに I は単位テンソルであり，成分では

$$I_{ijkl} = \frac{1}{2}\left(\delta_{ik}\delta_{jl} + \delta_{il}\delta_{jk}\right)$$

となる．この特性関数を使って式 (4.75) を書き直すと

$$I = \langle A\rangle = \left\langle \sum_{\alpha=0}^{n} \psi_\alpha(x)A(x) \right\rangle = \langle\psi_0(x)A(x)\rangle + \sum_{\alpha=1}^{n}\langle\psi_i A(x)\rangle$$

を得る．この関係より式 (4.74) は

$$\begin{aligned} C^* = \langle CA\rangle &= C_0\langle\psi_0(x)A(x)\rangle + \sum_{i=1}^{n} C_i\langle\psi_i(x)A(x)\rangle \\ &= C_0 + \sum_{i=1}^{n}\left(C_i - C_0\right)\langle\psi_i(x)A(x)\rangle \end{aligned} \tag{4.76}$$

と書ける．式 (4.76) は，C^* の計算に母相内のひずみは不要であることを示す．式 (4.76) の $\langle \psi_i(x) A(x) \rangle$ は

$$\langle \psi_i(x) A(x) \rangle = \frac{1}{\Omega} \int_{\Omega_i} A(x)\,dx = \frac{\Omega_i}{\Omega} \bar{A}_i = v_i \bar{A}_i$$

と書ける．ここに Ω，Ω_i および v_i はそれぞれ，全体積，i 番目の相の体積，i 番目の相の体積分率である．$\bar{A}_i$ は A の i 番目の相での平均であり

$$\bar{A}_i = \frac{1}{\Omega_i} \int_{\Omega_i} A(x)\,dx \tag{4.77}$$

で定義される．

セルフコンシステント近似とは，単一介在物が複合材の材料定数を持つ母相に置かれている場合のひずみ比例係数によって，式 (4.77) の $\bar{A}_i$ を置き換える近似のことである．

この近似は，複合材内の一個の介在物を座標の中心とすると，周囲の材料は複合材の材料定数を有する母相で満たされているように観測できることに基づいている．このひずみ比例定数は Eshelby の解を用いて

$$A = I + S\left\{\left(C^* - C_i\right) S - C^*\right\}^{-1} \left(C_i - C^*\right)$$

と表せる．これから式 (4.76) は

$$C^* = C_0 + \sum_{i=1}^{n} \left(C_i - C_0\right) \left[I + S\left\{\left(C^* - C_i\right) S - C^*\right\}^{-1} \left(C_i - C^*\right)\right] \tag{4.78}$$

と表される．

式 (4.78) は未知変数 C^* に関する非線形連立方程式となり，C^* を数値的に求められる．

セルフコンシステント近似を *Mathematica* で球状介在物からなる複合材に適用して，有効弾性率を求めるプログラミングを以下に示す．

テンソル同士の演算や Eshelby のテンソルの関数をまとめた `micromech.m`[17] には，2階と4階のテンソルの操作，Eshelby テンソル，ひずみ比例定数および有効弾性率に関する関数が含まれている．このパッケージを使うには，`micromech.m`

---

[17] `http://zen.uta.edu/kyoritsu/`からダウンロード可能．

が保存されている作業用ディレクトリ（例えば c:\tmp）を選択して，<< 命令でロードする[18]．

```
In[226]:= SetDirectory["c:\\tmp"]
Out[226]= c:\tmp

In[227]:= << micromech.m
```

等方材料の弾性定数は，$\{C_{1122}, C_{1212}\}$ の独立な 2 個の定数で入力される．

```
In[228]:= cf = {10, 20}; cm = {1, 2};
```

球状介在物の複合材料の有効弾性率は，$C^*_{1122} = 1.52929$ と $C^*_{1212} = 2.90589$ と求められる．

```
In[229]:= SphereEffectiveModulus[cf, cm, 0.2]
Out[229]= {1.52929, 2.90589}
```

体積分率が $v = 0 \sim 1.0$ の範囲で C^*_{1122} をプロットする．

```
In[230]:= Plot[SphereEffectiveModulus[cf, cm, vf][[1]], {vf, 0, 1}]
```

Out[230]=

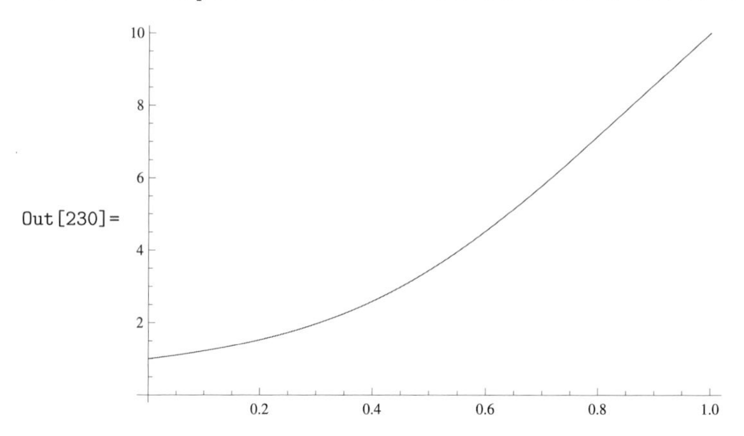

円筒介在物（長繊維）の複合材では，有効弾性率は横断等方性となり弾性定数は

```
In[231]:= cm = EngToModulus[1, 0.3]
Out[231]= {1.34615, 1.34615, 0.576923, 0.576923, 0.576923, 0.384615}

In[232]:= cf = EngToModulus[20, 0.3]
Out[232]= {26.9231, 26.9231, 11.5385, 11.5385, 11.5385, 7.69231}
```

と入力できる．

---

[18] Windows でディレクトリ名の区切りは \\ を使う．

```
In[233]:= FiberEffectiveModulus[cf, cm, 0.4]
Out[233]= {9.32012, 2.85732, 1.20021, 1.20021, 1.14337, 1.13424}

In[234]:= Plot[FiberEffectiveModulus[cf, cm, v][[2]], {v, 0, 1}]
```

Out[234]=

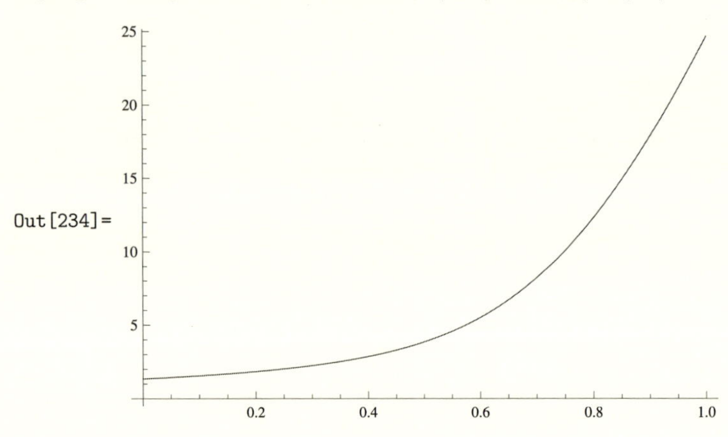


```
In[235]:= Plot[FiberEffectiveModulus[cf, cm, v][[1]], {v, 0, 1}]
```

Out[235]=

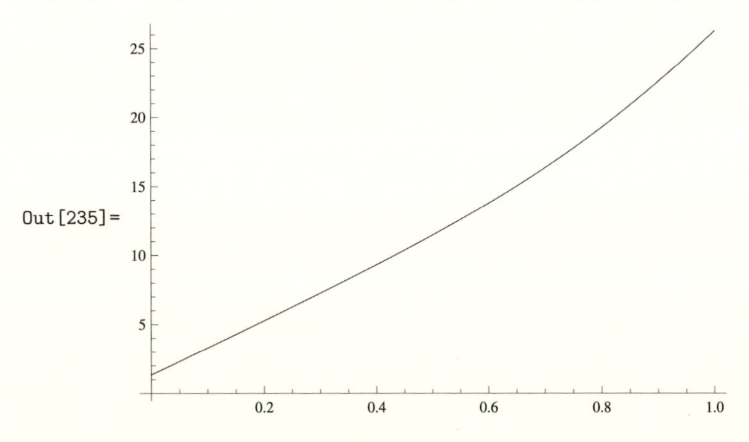

4.5.3　micromech.m で利用可能な関数

このセクションでは *Mathematica* のパッケージである micromech.m について解説する．4.1.3 項で紹介した関数に加え，以下の関数が利用可能である．

- Lame2Transverse4[{lambda, mu}]　ラメ定数の λ と μ を 4 階のテンソルの形式 $\{a_{3333}, a_{1111}, a_{3311}, a_{1133}, a_{1122}, a_{1313}\}$ に変換する．
- Voight2Tensor[a]　Voight 形式の 2 階テンソル $\{11, 22, 33, 23, 13, 12\}$ を 2

階テンソルの形式 $\{\{11, 12, 13\}, \{21, 22, 23\}, \{31, 32, 33\}\}$ に変換する．

- `Tensor2Voight[a]` 2階テンソルの形式 $\{\{11, 12, 13\}, \{21, 22, 23\}, \{31, 32, 33\}\}$ を Voight 形式の2階テンソル $\{11, 22, 33, 23, 13, 12\}$ に変換する．
- `Eng2Modulus[{E, v}]` ヤング率 E とポアソン比 ν から，4階の等方弾性定数 C_{ijkl} を $\{c_{3333}, c_{1111}, c_{3311}, c_{1133}, c_{1122}, c_{1313}\}$ の形式で出力する．
- `Eng2Lame[{E, v}]` ヤング率 E とポアソン比 ν から，ラメ定数 $\{\mu, \lambda\}$ を出力する．
- `Lame2Eng[{lambda, mu}]` ラメ定数 $\{\mu, \lambda\}$ から，ヤング率 E とポアソン比 ν を出力する．
- `Modulus2Eng[c]` 等方横断性の弾性定数 $\{c_{3333}, c_{1111}, c_{3311}, c_{1133}, c_{1122}, c_{1313}\}$ から，$\{E33, E11, v13, v12, G1313, G1212\}$ を出力する．
- `FiberEffectiveModulus[cf,cm,vf]` 介在物が円筒の場合（アスペクト比無限大）の有効弾性率を返す．介在物と母相の弾性定数を $\{33, 11, 31, 13, 12, 44\}$ の形式で入力し，出力も同じ形式となる．必要なら `Lame2Transverse4` を使用する．
- `IsotropicProduct[c1, c2]` 等方の弾性定数 c_1 と c_2 の積を返す．入力形式は $\{lambda, mu\}$ または $\{c_{1122}, c_{1212}\}$ で，出力形式も同じ．
- `SphereEffectiveModulus[cf, cm, vf]` 介在物が球状の場合（アスペクト比無限1）の有効弾性率を返す．介在物と母相の弾性定数を $\{c_{1122}, c_{1212}\}$ の形式で入力し，出力も同じ形式となる．

第5章

有限な媒質内の介在物

前章では無限遠に広がる媒質内に介在物がある場合の応力場を扱った．通常，介在物に関する問題において応力場が厳密に求まるのは，回転楕円球状の介在物が無限遠に広がる媒質に埋め込まれているような特殊なケースに限定される．もちろんそのようなモデルでも多くの材料をカバーでき有用であるが，実際の材料は有限であり，無限大の媒質は現実の理想化である．

本章では，有限な媒質内に介在物がある場合に，可能な限り解析的に物理場を求める方法を解説する．意外に感じられるかもしれないが，この問題は無限大媒質内に介在物が含まれる場合よりも難易度が高く，一般に解析解は存在しない．

この種の問題には有限要素法を使用して数値的に解を求める方法が一般的であり，利用可能な有限要素法のソフトウェアは多数存在する．*Mathematica* においても，`NDSolve` のオプションとして有限要素法が使用できる[1)]．しかし，有限要素法で使用される試験関数においては，異なる相の境界での変位の連続性は保たれるが，表面力の連続性は保証されない．

本章では有限要素法の基礎となるガレルキン法を用いる．有限要素法と異なる点は相ごとに異なる試験関数の使用によって，変位および表面力の連続性が保たれることにある．試験関数の導出およびガレルキン法で解かれるべき方程式を導くにも，*Mathematica* を使用しなければ解析は不可能である．

テンソル解析自体は積極的に使用されるわけではないが，*Mathematica* によって多くの微分方程式が数値的に効率良く解けることを示す．

---

1) *Mathematica* では，バージョン 10 以降に有限要素法が `NDSolve` に組み込まれている．

5.1 境界値問題の一般解法

5.1.1 重み付き残差法

ここでは境界値問題の数値解法で多用される「重み付き残差法」[2)] について解説する．有限要素法は重み付き残差法の一つであるガレルキン法に基づいている．

重み付き残差法とは，微分方程式の近似解を斉次境界条件を満たす試験関数の線形結合で表わし，近似と厳密解との差（誤差のことだが一般に残差という）が最小になるように未知係数を決定する方法である．

一般に，残差の「最小」の定義には (1) 選点法，(2) 最小二乗法，(3) ガレルキン法の 3 種類がある．

目標は

$$Lu(x) = c(x) \tag{5.1}$$

で表される線形微分方程式を数値的に解くことである．ここに L は線形演算子，$u(x)$ は未知関数であり，$c(x)$ は既知の関数を表し，斉次の境界条件（$u(x)$ または $u(x)$ の微分が境界で 0 となる）を仮定する．

式 (5.1) の近似解 $\tilde{u}_N(x)$ を N 個の試験関数で

$$\tilde{u}_N(x) = \sum_{i=1}^{N} \tilde{u}_i \mathbf{e}_i(x)$$

のように近似する．ここに $\tilde{u}_i$ は未知係数で，$\mathbf{e}_i(x)$ は斉次境界条件を満たす試験関数である．

残差（誤差）$R(x)$ は近似解と厳密解の差として

$$R(x) \equiv L\tilde{u}_N(x) - c(x) = L\sum_{i=1}^{N} \tilde{u}_i \mathbf{e}_i(x) - c(x) = \sum_{i=1}^{N} \tilde{u}_i L\mathbf{e}_i(x) - c(x) \tag{5.2}$$

と定義される．

未知係数 $\tilde{u}_i$ を決定するには，$R(x)$ をいかにして最小にするかという目標に基づき，以下の 3 種類の方法が多用される．

[2)] 重み付き残差法とは Method of Weighted Residual の直訳である．

1. 選点法
選点法[3]では，未知係数 $\tilde{u}_i$ は残差（誤差）が N 個の選ばれた点で0になるように決定される．この条件は

$$R(x_i) = 0, \quad i = 1, \ldots, N$$

と表される．この条件を式 (5.2) を使って書くと

$$\boldsymbol{L}\mathbf{e}_1|_{x=x_1}\tilde{u}_1 + \boldsymbol{L}\mathbf{e}_2|_{x=x_1}\tilde{u}_2 + \boldsymbol{L}\mathbf{e}_3|_{x=x_1}\tilde{u}_3 + \cdots + \boldsymbol{L}\mathbf{e}_N|_{x=x_1}\tilde{u}_N = c(x_1),$$

$$\boldsymbol{L}\mathbf{e}_1|_{x=x_2}\tilde{u}_1 + \boldsymbol{L}\mathbf{e}_2|_{x=x_2}\tilde{u}_2 + \boldsymbol{L}\mathbf{e}_3|_{x=x_2}\tilde{u}_3 + \cdots + \boldsymbol{L}\mathbf{e}_N|_{x=x_2}\tilde{u}_N = c(x_2),$$

$$\vdots$$

$$\boldsymbol{L}\mathbf{e}_1|_{x=x_N}\tilde{u}_1 + \boldsymbol{L}\mathbf{e}_2|_{x=x_N}\tilde{u}_2 + \boldsymbol{L}\mathbf{e}_3|_{x=x_N}\tilde{u}_3 + \cdots + \boldsymbol{L}\mathbf{e}_N|_{x=x_N}\tilde{u}_N = c(x_N)$$

または

$$\begin{pmatrix} \boldsymbol{L}\mathbf{e}_1|_{x=x_1} & \boldsymbol{L}\mathbf{e}_2|_{x=x_1} & \ldots & \boldsymbol{L}\mathbf{e}_N|_{x=x_1} \\ \boldsymbol{L}\mathbf{e}_1|_{x=x_2} & \boldsymbol{L}\mathbf{e}_2|_{x=x_2} & \ldots & \boldsymbol{L}\mathbf{e}_N|_{x=x_2} \\ \ldots & \ldots & \ldots & \ldots \\ \boldsymbol{L}\mathbf{e}_1|_{x=x_N} & \boldsymbol{L}\mathbf{e}_2|_{x=x_N} & \ldots & \boldsymbol{L}\mathbf{e}_N|_{x=x_N} \end{pmatrix} \begin{pmatrix} \tilde{u}_1 \\ \tilde{u}_2 \\ \vdots \\ \tilde{u}_N \end{pmatrix} = \begin{pmatrix} c(x_1) \\ c(x_2) \\ \vdots \\ c(x_N) \end{pmatrix} \tag{5.3}$$

または

$$\tilde{L}\tilde{\mathbf{u}} = \mathbf{c}$$

となる．ここに

$$(\tilde{L})_{ij} \equiv \boldsymbol{L}\mathbf{e}_j|_{x=x_i}, \quad c_i \equiv c|_{x=x_i}$$

未知係数 $\tilde{u}_i$ は線形方程式 (5.3) を解いて求められる．この場合，式 (5.3) の左辺の行列は対称行列ではないため，逆行列は対称行列ほど効果的には求められないという欠点がある．選点法は指定された N 個の点では残差が0となるが，それ以外の区間では誤差が保証されない．

2. 最小二乗法
式 (5.3) の残差 $R(x)$ は x の関数であり，関数空間内で関数の「大きさ」を表すノルムが計算できる．最小二乗法では

$$||R(x)||^2 \rightarrow \min.$$

[3] 選点法は英語の Collocation method の略である．

のように，残差 $R(x)$ のノルム $||R(x)||^2$ の二乗が最小になるように未知係数 $\tilde{u}_i$ が選ばれる．ここで $R(x)$ のノルム $||R(x)||$ は

$$||R(x)||^2 = (R(x), R(x)) = \left(\sum_{i=1}^{N} \tilde{u}_i Le_i - c, \sum_{j=1}^{N} \tilde{u}_j Le_j - c \right)$$
$$= \sum_{i=1}^{N} \sum_{j=1}^{N} \tilde{u}_i \tilde{u}_j (Le_i, Le_j) - 2 \sum_{i=1}^{N} \tilde{u}_i (Le_i, c) + c^2 \tag{5.4}$$

として計算できる．ここに (f, g) は関数空間の内積を表し

$$(f, g) \equiv \int_a^b f(x) g(x)\, dx$$

で定義される．$||R(x)||^2$ を最小にするために，式 (5.4) を $\tilde{u}_i$ で偏微分すると

$$\frac{\partial ||R||^2}{\partial \tilde{u}_i} = 2 \sum_{j=1}^{N} \tilde{u}_j (Le_i, Le_j) - 2(Le_i, c) = 0$$

となり，これから

$$\sum_{j=1}^{N} (Le_i, Le_j) \tilde{u}_j = (Le_i, c)$$

または

$$\begin{pmatrix} (Le_1, Le_1), & (Le_1, Le_2), & \ldots, & (Le_1, Le_N) \\ (Le_2, Le_1) & (Le_2, Le_2), & \ldots, & (Le_2, Le_N) \\ \ldots, & \ldots, & \ldots, & \ldots \\ (Le_N, Le_1) & (Le_N, Le_2), & \ldots, & (Le_N, Le_N) \end{pmatrix} \begin{pmatrix} \tilde{u}_1 \\ \tilde{u}_2 \\ \vdots \\ \tilde{u}_N \end{pmatrix} = \begin{pmatrix} (Le_1, c) \\ (Le_2, c) \\ \vdots \\ (Le_N, c) \end{pmatrix} \tag{5.5}$$

を得る．式 (5.5) の左辺の行列は対称行列である．最小二乗法は残差のノルムが全区間で最小になるため，全体にわたり良い近似を与える．

3. ガレルキン法

「ガレルキン法」の名称はロシアの数学者 Boris Galerkin (1871–1945) に由来する．ガレルキン法において，N 個の未知係数 $\tilde{u}_i$ は残差 $R(x)$ が N 個の

試験関数 $\mathbf{e_i}$ と直交するように選ばれる．

$$(R, \mathbf{e}_i) = 0, \quad i = 1, \ldots, N \tag{5.6}$$

ガレルキン法の考え方は，もし $\mathbf{e}_i$ が関数空間全体を張り，互いに独立ならば，式 (5.6) のように全ての独立な試験関数 $\mathbf{e}_i$ に直交するような関数 $R(x)$ は 0 以外に存在しないという発想に基づいている．$\mathbf{e}_i$ と R が N 次元のベクトルならこれは当然成立するので，関数空間でも $N \to \infty$ で成立することが予想できる．式 (5.6) は

$$\left(\sum_{j=1}^{N} \tilde{u}_j L e_j, e_i \right) = (c, e_i), \quad i = 1, \ldots, N$$

または

$$\sum_{j=1}^{N} (L e_j, e_i) \tilde{u}_j = (c, e_i), \quad i = 1, \ldots, N$$

または

$$A\tilde{\mathbf{u}} = \mathbf{d} \tag{5.7}$$

と書ける．ここに

$$A = \begin{pmatrix} (Le_1, e_1), & (Le_2, e_1) & \ldots & (Le_N, e_1) \\ (Le_1, e_2) & (Le_2, e_2) & \ldots & (Le_N, e_2) \\ \ldots, & \ldots, & \ldots, & \ldots \\ (Le_1, e_N) & (Le_2, e_N) & \ldots & (Le_N, e_N) \end{pmatrix}, \quad \mathbf{d} = \begin{pmatrix} (e_1, c) \\ (e_2, c) \\ \vdots \\ (e_N, c). \end{pmatrix} \tag{5.8}$$

であり，$\tilde{\mathbf{u}}$ は成分が未知係数 $\tilde{u}_i$ となる列ベクトルである．式 (5.7) の行列 A は，L が対称（自己共役）の場合に対称行列となる[4)].

有限要素法はガレルキン法の特殊な場合であり，自身の節点で 1，それ以外の節点で 0 になるような試験関数を選んだ場合に相当する．

[4)] 線形演算子 L は任意の関数 $u(x)$ および $v(x)$ に対して

$$(Lu, v) = (u, Lv)$$

の場合，対称（自己共役）という．

例 1　1 次元常微分方程式

ガレルキン法を実際に適用するには多項式の微分，積分の繰り返しが必要であり，手計算では最初の数項を求めるだけで精一杯である．高次の項まで求める必要がある場合，*Mathematica* の使用は必須である．例として以下の微分方程式を斉次境界条件の下で考えよう．

$$u''(x) - u(x) = x, \quad u(0) = u(1) = 0$$

厳密解は *Mathematica* の `DSolve` (= Differential Equation Solver) 関数を使い

```
In[1]:= DSolve[{u''[x] - u[x] == x, u[0] == 0, u[1] == 0}, u[x], x]
```

Out[1]= $\left\{\left\{u[x] \to \frac{e^{-x}\left(-e + e^{1+2x} + e^{x}x - e^{2+x}x\right)}{-1+e^{2}}\right\}\right\}$

のように

$$u(x) = \frac{e^{-x}\left(-e + e^{1+2x} + e^{x}x - e^{2+x}x\right)}{-1+e^{2}} \tag{5.9}$$

と求められる．`DSolve` 関数では，微分方程式の定義の一部として境界条件 $u(0) = u(1) = 0$ を入力できる．`DSolve` 関数からの出力は複数の解が存在する可能性があるため，*Mathematica* の代入規則である右矢印 (→) を使ってリスト形式で出力される．解をプロットにするには代入規則を使い

```
In[2]:= sol = DSolve[{u''[x] - u[x] == x, u[0] == 0, u[1] == 0}, u[x], x]
        Plot[u[x] /. sol, {x, 0, 1}]
```

Out[2]= $\left\{\left\{u[x] \to \frac{e^{-x}\left(-e + e^{1+2x} + e^{x}x - e^{2+x}x\right)}{-1+e^{2}}\right\}\right\}$

Out[3]=

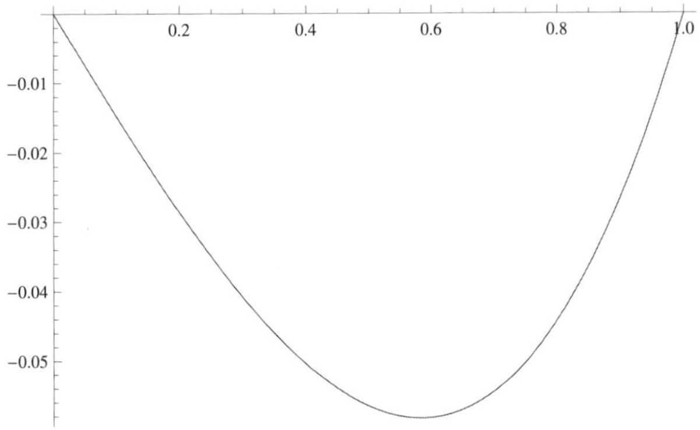

とすればよい．厳密解が式 (5.9) で与えられるので，ガレルキン法のベンチマークとなる．斉次境界条件 $e_i(0) = e_i(1) = 0$ を満足する試験関数は

$$e_i(x) = x^i(1-x), \quad i = 1, 2, \ldots, n$$

と選ぶことができる．この試験関数を用いて，式 (5.8) の a_{ij} と d_i の成分は

$$a_{ij} = \int_0^1 L(e_i)e_j\,dx = \int_0^1 \left(e_i''(x) - e_i(x)\right) e_j(x)\,dx$$

$$= \frac{2\left(-\frac{ij}{(i+j-1)(i+j)} - \frac{1}{(i+j+2)(i+j+3)}\right)}{i+j+1}$$

$$d_i = \int_0^1 e_i x dx = \frac{1}{2+i} - \frac{1}{3+i}$$

と計算できる．$n = 3$ の場合，a_{ij} と d_i は

$$a_{ij} = \begin{pmatrix} -\frac{11}{30} & -\frac{11}{60} & -\frac{23}{210} \\ -\frac{11}{60} & -\frac{1}{7} & -\frac{89}{840} \\ -\frac{23}{210} & -\frac{89}{840} & -\frac{113}{1260} \end{pmatrix}, \quad d_i = \begin{pmatrix} \frac{1}{12} \\ \frac{1}{20} \\ \frac{1}{30} \end{pmatrix}$$

と計算できる．よって未知係数 c_i は

$$c_i = (a_{ij})^{-1} d_i = \begin{pmatrix} -\frac{14427}{96406} \\ -\frac{6944}{48203} \\ -\frac{21}{1121} \end{pmatrix}$$

となる．したがってガレルキン法による3次の多項式での近似は

$$\tilde{u}_3(x) = \sum_{i=1}^{3} c_i e_i(x) = -\frac{21(1-x)x^3}{1121} - \frac{6944(1-x)x^2}{48203} - \frac{14427(1-x)x}{96406}$$

となる．これを *Mathematica* でプログラミングするには以下のコードを使う．

```
In[4]:= exact =
        y[x] /. DSolve[{y''[x] - y[x] == x, y[0] == 0, y[1] == 0}, y[x], x]
```

$$\text{Out[4]=}\ \left\{\frac{e^{-x}\left(-e + e^{1+2x} + e^x x - e^{2+x} x\right)}{-1 + e^2}\right\}$$

```
In[5]:= order = 3;
        myint[poly_] := Expand[poly] /. x^i_. -> 1 / (i + 1)
        e[i_] := x^i (1 - x);
        l[f_] := D[f, {x, 2}] - f
```

```
        aij = myint[l[e[i]] e[j]]
        di = myint[e[i] x]
```

Out[5]= $-\frac{i}{-1+i+j}+\frac{i^2}{-1+i+j}-\frac{2\,i^2}{i+j}-\frac{1}{1+i+j}+\frac{i}{1+i+j}+\frac{i^2}{1+i+j}+\frac{2}{2+i+j}-\frac{1}{3+i+j}$

Out[6]= $\frac{1}{2+i}-\frac{1}{3+i}$

```
In[7]:= aijmat = Table[aij, {i, order}, {j, order}]
        divec = Table[di, {i, order}]
        approximate = Inverse[aijmat].divec.Table[e[i], {i, order}]
        Plot[{exact, approximate}, {x, 0, 1}]
```

Out[7]= $\{\{-\frac{11}{30},-\frac{11}{60},-\frac{23}{210}\},\{-\frac{11}{60},-\frac{1}{7},-\frac{89}{840}\},\{-\frac{23}{210},-\frac{89}{840},-\frac{113}{1260}\}\}$

Out[8]= $\{\frac{1}{12},\frac{1}{20},\frac{1}{30}\}$

Out[9]= $-\frac{14427\,(1-x)\,x}{96406}-\frac{6944\,(1-x)\,x^2}{48203}-\frac{21\,(1-x)\,x^3}{1121}$

Out[10]=

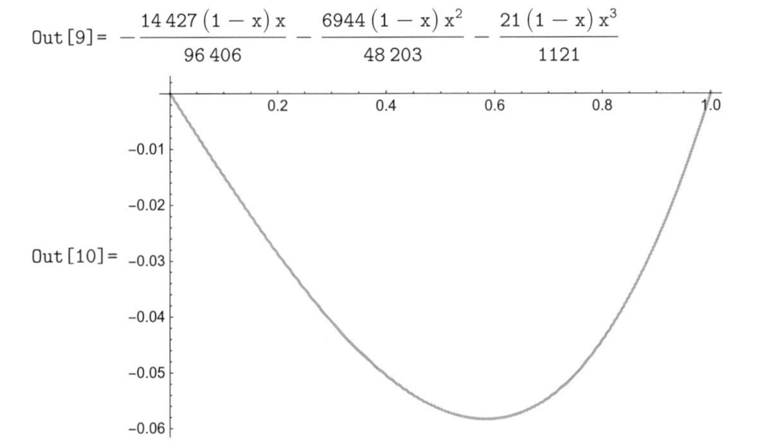

上記の *Mathematica* から出力されたグラフは，厳密解とガレルキン法による近似解を同時にプロットしたものである．両者はほぼ一致しているので，厳密解が存在しないような他の微分方程式にガレルキン法を適用した場合でも，十分良い近似を得られることが期待できる．

例 2　2 次元ポアソン方程式

2 次元ポアソン方程式をガレルキン法を使用して，近似解を求める方法を解説する．境界が矩形で境界条件下のポアソン方程式は

$$\Delta u(x,y)+1=0 \text{ in } D, \quad u=0 \text{ on } \partial D \tag{5.10}$$

で定義される．ここに領域 D は $D=\{(x,y),\ 0\leq x\leq 1,\ 0\leq y\leq 1\}$ で与えられる正方形であり，Δ は2次元ラプラス演算子である．境界条件は，u が境界 ∂D で0となる第一種の斉次境界条件（ディリクレ型）とする．式 (5.10) の厳密解は二重フーリエ級数により

$$u(x,y)=\sum_{m,n=1}^{\infty}\frac{4\left((-1)^m-1\right)\left((-1)^n-1\right)}{(m^2+n^2)\,mn\pi^4}\sin m\pi x\sin n\pi y$$

と表せる．以下の *Mathematica* のコードは，上記の厳密解を10次の多項式までとってプロットする．

```
In[11]:= exact = Sum[4 ((-1)^m - 1) ((-1)^n - 1) / m / n / π^4 /
           (m^2 + n^2) Sin [m π x] Sin [n π y], {n, 10}, {m, 10}]
         Plot3D[exact, {x, 0, 1}, {y, 0, 1}]
```

Out[11]=
$$\frac{8\,\mathrm{Sin}[\pi\,x]\,\mathrm{Sin}[\pi\,y]}{\pi^4}+\frac{8\,\mathrm{Sin}[3\,\pi\,x]\,\mathrm{Sin}[\pi\,y]}{15\,\pi^4}+\frac{8\,\mathrm{Sin}[5\,\pi\,x]\,\mathrm{Sin}[\pi\,y]}{65\,\pi^4}+$$
$$\frac{8\,\mathrm{Sin}[7\,\pi\,x]\,\mathrm{Sin}[\pi\,y]}{175\,\pi^4}+\frac{8\,\mathrm{Sin}[9\,\pi\,x]\,\mathrm{Sin}[\pi\,y]}{369\,\pi^4}+\frac{8\,\mathrm{Sin}[\pi\,x]\,\mathrm{Sin}[3\,\pi\,y]}{15\,\pi^4}+$$
$$\frac{8\,\mathrm{Sin}[3\,\pi\,x]\,\mathrm{Sin}[3\,\pi\,y]}{81\,\pi^4}+\frac{8\,\mathrm{Sin}[5\,\pi\,x]\,\mathrm{Sin}[3\,\pi\,y]}{255\,\pi^4}+\frac{8\,\mathrm{Sin}[7\,\pi\,x]\,\mathrm{Sin}[3\,\pi\,y]}{609\,\pi^4}+$$
$$\frac{8\,\mathrm{Sin}[9\,\pi\,x]\,\mathrm{Sin}[3\,\pi\,y]}{1215\,\pi^4}+\frac{8\,\mathrm{Sin}[\pi\,x]\,\mathrm{Sin}[5\,\pi\,y]}{65\,\pi^4}+\frac{8\,\mathrm{Sin}[3\,\pi\,x]\,\mathrm{Sin}[5\,\pi\,y]}{255\,\pi^4}+$$
$$\frac{8\,\mathrm{Sin}[5\,\pi\,x]\,\mathrm{Sin}[5\,\pi\,y]}{625\,\pi^4}+\frac{8\,\mathrm{Sin}[7\,\pi\,x]\,\mathrm{Sin}[5\,\pi\,y]}{1295\,\pi^4}+\frac{8\,\mathrm{Sin}[9\,\pi\,x]\,\mathrm{Sin}[5\,\pi\,y]}{2385\,\pi^4}+$$
$$\frac{8\,\mathrm{Sin}[\pi\,x]\,\mathrm{Sin}[7\,\pi\,y]}{175\,\pi^4}+\frac{8\,\mathrm{Sin}[3\,\pi\,x]\,\mathrm{Sin}[7\,\pi\,y]}{609\,\pi^4}+\frac{8\,\mathrm{Sin}[5\,\pi\,x]\,\mathrm{Sin}[7\,\pi\,y]}{1295\,\pi^4}+$$
$$\frac{8\,\mathrm{Sin}[7\,\pi\,x]\,\mathrm{Sin}[7\,\pi\,y]}{2401\,\pi^4}+\frac{8\,\mathrm{Sin}[9\,\pi\,x]\,\mathrm{Sin}[7\,\pi\,y]}{4095\,\pi^4}+\frac{8\,\mathrm{Sin}[\pi\,x]\,\mathrm{Sin}[9\,\pi\,y]}{369\,\pi^4}+$$
$$\frac{8\,\mathrm{Sin}[3\,\pi\,x]\,\mathrm{Sin}[9\,\pi\,y]}{1215\,\pi^4}+\frac{8\,\mathrm{Sin}[5\,\pi\,x]\,\mathrm{Sin}[9\,\pi\,y]}{2385\,\pi^4}+\frac{8\,\mathrm{Sin}[7\,\pi\,x]\,\mathrm{Sin}[9\,\pi\,y]}{4095\,\pi^4}+$$
$$\frac{8\,\mathrm{Sin}[9\,\pi\,x]\,\mathrm{Sin}[9\,\pi\,y]}{6561\,\pi^4}$$

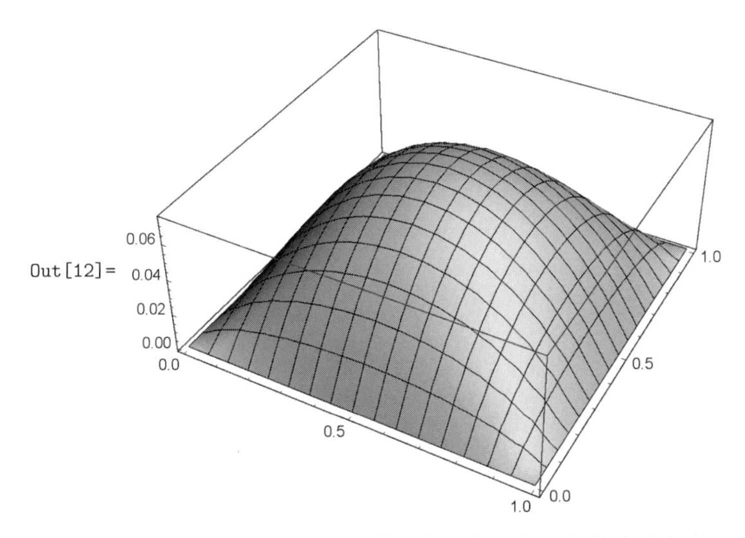

ガレルキン法で用いられる試験関数は斉次境界条件を満たすように決定される．境界条件が第一種（ディィリクレ型）の場合は，試験関数を容易に決定できる．本例では試験関数 $e_m(x,y)$ は

$$e_m(x,y) = \{1, x, y, x^2, xy, y^2, x^3, x^2y, xy^2, y^3, x^4, x^3y, x^2y^2, xy^3, y^4, \ldots\} \times g(x,y)$$

のように選択できる．ここに $g(x,y)$ は境界で 0 となる関数である．例えば式 (5.10) の正方形の板では $g(x,y)$ は

$$g(x,y) = xy(1-x)(1-y)$$

と選ばれる．式 (5.10) の近似解は

$$\tilde{u}_N = \sum_{m=1}^{N} \tilde{u}_m e_m(x,y)$$

の形式で求められる．ここに $\tilde{u}_m$ は Galerkin 法で求められる未知係数である．$\tilde{u}_m$ を決定する方程式は式 (5.7) から

$$A\tilde{\mathbf{u}} = \mathbf{d}$$

となる．ここに行列 A の成分 a_{mn} とベクトル $\mathbf{d}$ の成分 d_m は

$$a_{mn} = -\int_0^1 \int_0^1 \nabla e_m \cdot \nabla e_n \, dxdy, \quad d_m = \int_0^1 \int_0^1 e_m \, dxdy$$

で表せる．a_{mn} と d_m を実際に計算するには手計算では限度があり *Mathematica* に頼らざるをえない．以下のコードを参照されたい．

```
In[13]:= myint[f_] := Expand[f] /.  {x^a_.  y^b_.  -> 1 / (a + 1) / (b + 1),
           x^a_.  -> 1 / (a + 1), y^b_.  -> 1 / (b + 1)};
         inner[f_, g_] := myint[f g];
         div[f_, g_] := D[f, x] D[g, x] + D[f, y] D[g, y];
         poly[n_, a_] := Sum[a[(i + j) (i + j + 1) / 2 + i + 1] x^j y^i,
           {i, 0, n}, {j, 0, n - i}];
         polyseq[m_] := Flatten[Table[Table[x^(j - i) y^i,
           {i, 0, j}], {j, 0, m}]]
         basefunc = polyseq[4] x y (x - 1) (y - 1);
         terms = Length[basefunc];
         amat = Table[0, {i, terms}, {j, terms}];
         amat = Table[inner[div[basefunc[[i]], basefunc[[j]]], 1],
           {i, terms}, {j, terms}];
         Do[amat[[j, i]] = amat[[i, j]], {i, 1, terms}, {j, 1, terms}];
         bvec = Table[inner[basefunc[[i]], 1], {i, terms}];
         approx = Inverse[amat].bvec.basefunc
```

Out[13]=
$$\frac{36\,051\,(-1+x)\,x\,(-1+y)\,y}{17\,876}-\frac{12\,243\,(-1+x)\,x^2\,(-1+y)\,y}{4469}+\frac{27\,489\,(-1+x)\,x^3\,(-1+y)\,y}{8938}-\frac{3003\,(-1+x)\,x^4\,(-1+y)\,y}{4469}+\frac{3003\,(-1+x)\,x^5\,(-1+y)\,y}{8938}-\frac{12\,243\,(-1+x)\,x\,(-1+y)\,y^2}{4469}+\frac{70\,455\,(-1+x)\,x^2\,(-1+y)\,y^2}{8938}-\frac{70\,455\,(-1+x)\,x^3\,(-1+y)\,y^2}{8938}+\frac{27\,489\,(-1+x)\,x\,(-1+y)\,y^3}{8938}-\frac{70\,455\,(-1+x)\,x^2\,(-1+y)\,y^3}{8938}+\frac{70\,455\,(-1+x)\,x^3\,(-1+y)\,y^3}{8938}-\frac{3003\,(-1+x)\,x\,(-1+y)\,y^4}{4469}+\frac{3003\,(-1+x)\,x\,(-1+y)\,y^5}{8938}$$

```
In[14]:= Plot3D[approx, {x, 0, 1}, {y, 0, 1}]
```

Out[14]=
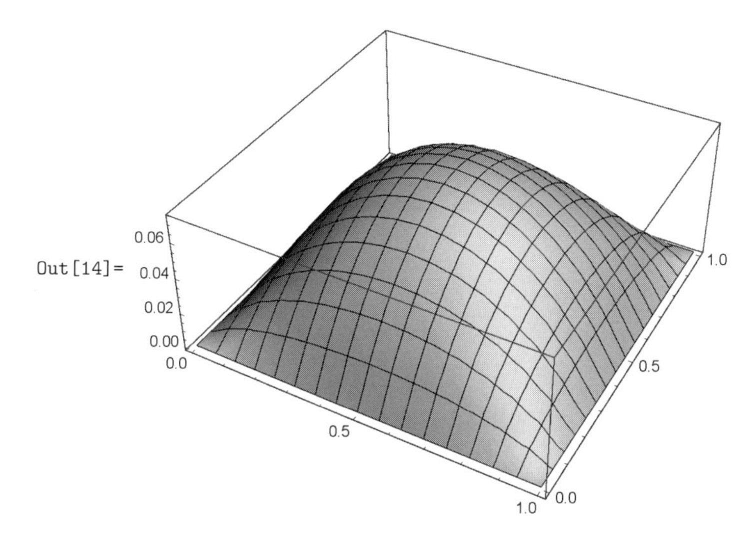

プログラム中のユーザ定義関数である inner[f,g] は，$f(x,y)$ と $g(x,y)$ の内積

$$(f,g) = \int_0^1 \int_0^1 f(x,y)g(x,y)\,dxdy$$

を計算する．ユーザ定義関数である div[f,g] はガレルキン法で使用される積分 $\iint \Delta f g\,dxdy$ を以下のように

$$\int_0^1 \int_0^1 f_{,ii} g\,dxdy = -\int_0^1 \int_0^1 f_{,i} g_{,i}\,dxdy$$

部分積分を使って $f_{,ii}$ を計算する代わりに $f_{,i}$ を計算することで計算の効率を図っている[5)]．ユーザ定義関数である polyseq[m] は，試験関数に使用される多項式を生成し，リスト amat は式 (5.7) の成分を計算する．行列 A は対称行列なので半分だけ成分を計算すればよい．変数 approx に 4 次の多項式を使った近似解が計算される．

Mathematica は豊富な内蔵関数を有しており，数学の多くの関数が利用可能である．ただし，全ての関数が個々の問題に対して最適化されているとは限らないため，問題によっては関数を自己定義して使用した方が効率的な場合もある．例えば関数 myint[f] は，*Mathematica* の Integrate 関数の代替で，x と y の関数である多項式を $D = \{(x,y),\ 0 \le x \le 1,\ 0 \le y \le 1\}$ 上で効率よく積分する．関数

5) 数値計算では高階の微分はなるべく避ける．

myint[f] を使用すると内蔵関数の Integrate 関数に比較して処理速度は数十倍増加する.

厳密解とガレルキン法による近似解を $y = 1/2$ の断面で比較する.

```
In[15]:= approx2 = approx /. y -> 1 / 2
```

$$\text{Out[15]=} -\frac{193467(-1+x)x}{572032}+\frac{27489(-1+x)x^2}{143008}-\frac{39501(-1+x)x^3}{143008}+\frac{3003(-1+x)x^4}{17876}-\frac{3003(-1+x)x^5}{35752}$$

```
In[16]:= Plot[{approx2, exact2}, {x, 0, 1}]
```

Out[16]=

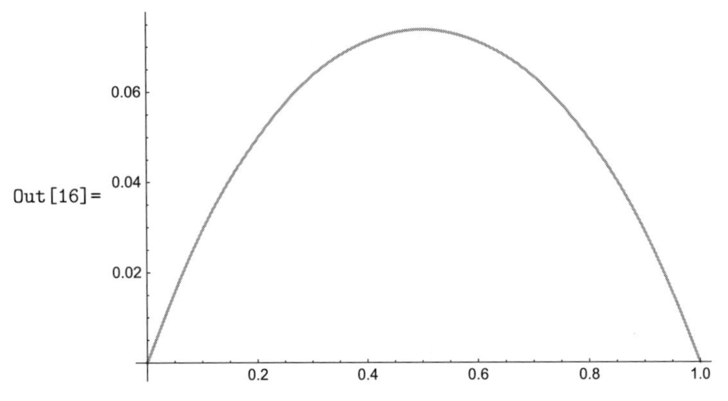

上の図では厳密解と近似解には実質的な差が見られない. これによって, 厳密解が存在しない場合でもガレルキン法による近似は正確であることが予想できる.

5.1.2　レイリー・リッツ法

レイリー・リッツ法は変分法に基づいて境界値問題を解く数値的方法である. 変分法の詳細については多くの教科書で解説されているので割愛するが, 基本的な考え方は, 変数 x の微小変化（微分）である dx の代わりに関数 $f(x)$ の微小変化（変分）である δf を使用することである.

変分法において, 汎関数 I は2階微分可能な関数 $y(x)$ とその微分 $y'(x)$ を含む関数 f の積分として

$$I \equiv \int_a^b f\left(x, y(x), y'(x)\right) dx \tag{5.11}$$

で定義される.

式 (5.11) で y の変分 δy をとって部分積分を実行すると[6)]

$$\begin{aligned}\delta I &= \int_a^b \left(\frac{\partial f}{\partial y'}(\delta y)' + \frac{\partial f}{\partial y}\delta y\right) dx \\ &= \left[\frac{\partial f}{\partial y'}\delta y\right]_a^b + \int_a^b \left(\frac{\partial f}{\partial y} - \frac{d}{dx}\left(\frac{\partial f}{\partial y'}\right)\right)\delta y\, dx\end{aligned}$$

となる．ここに部分積分で

$$\delta(y') = (\delta y)'$$

のように変分と微分の順序を入れ替えた．$y(x)$ の境界条件が $x = a$ と $x = b$ で規定されているならば，$\delta y(a) = \delta y(b) = 0$ なので $\delta I = 0$ は

$$\frac{\partial f}{\partial y} - \frac{d}{dx}\left(\frac{\partial f}{\partial y'}\right) = 0, \quad y(a) \text{ と } y(b) \text{ は規定} \tag{5.12}$$

と等価である．式 (5.12) はオイラー方程式と呼ばれる．

汎関数 f を $k(x)$ と $b(x)$ が既知の関数として

$$f \equiv \frac{1}{2}k(x)(y'(x))^2 + b(x)y(x) \tag{5.13}$$

と定義すると，オイラー方程式 (5.12) は

$$\big(k(x)y'(x)\big)' = b(x) \tag{5.14}$$

となる．物理において，定常熱伝導方程式や弾性平衡方程式を含む多くの方程式は式 (5.14) の形式で表すことができる．

一次元のオイラー方程式 (5.12) は多次元に拡張でき，y_i を 1 階のテンソルとして

$$\frac{\partial f}{\partial y_i} - \left(\frac{\partial f}{\partial y_{i,j}}\right)_{,j} = 0 \tag{5.15}$$

と書ける．ここで汎関数 f を式 (5.13) に相当する

$$f = \frac{1}{2}k_{ij}y_{,i}y_{,j} + b\,y \tag{5.16}$$

---

6) 関数 $g(x, y)$ が x と y の関数ならその全微分は $dg = \frac{\partial g}{\partial x}\,dx + \frac{\partial g}{\partial y}\,dy$ となる．同様に汎関数 $f(y, y')$ が y と y' の関数なら，その変分は $\delta f = \frac{\partial f}{\partial y}\delta y + \frac{\partial f}{\partial y'}\delta y'$ となる．

と選ぶと，多次元オイラー方程式 (5.15) は

$$
(k_{ij}y_{,j})_{,i} = b
$$

となり，3次元の定常熱伝導方程式となる．また汎関数 f を

$$
f = \frac{1}{2}C_{ijkl}y_{k,l}y_{i,j} - b_i y_i \tag{5.17}
$$

と選ぶと，多次元オイラー方程式 (5.15) は

$$
(C_{ijkl}y_{k,l})_{,j} + b_i = 0
$$

となり，これは弾性体の変位に関する平衡方程式となる．

以上からオイラー方程式で定義される境界値問題の微分方程式は，対応する汎関数 I の変分 δI を 0 をすることと同値であることがわかる．これを利用した微分方程式の数値解法の一つとしてレイリー・リッツ法がある．ガレルキン法と同様，レイリー・リッツ法では式 (5.14) の近似解を

$$
\tilde{y}_N = \sum_{i=1}^{N} c_i e_i(x) \tag{5.18}
$$

の形式で求める．ここに $e_i(x)$ は斉次境界条件を満足する試験関数である．式 (5.18) を式 (5.11) に代入すると，式 (5.13) は

$$
I = \int_a^b \left(\frac{1}{2}k \sum_{i,j}^{N} c_i c_j e_i' e_j' + b \sum_{i=1}^{N} c_i e_i \right) dx \tag{5.19}
$$

となる．レイリー・リッツ法では $\delta I = 0$ を，I を c_i に関して極値を求める条件 $\frac{\partial I}{\partial c_k} = 0$ に置き換える．式 (5.19) を c_k で微分して 0 と置き

$$
\frac{\partial I}{\partial c_k} = \sum_j c_j \int_a^b k e_k' e_j' dx + \int_a^b b e_k d = 0 \tag{5.20}
$$

を得る．式 (5.20) は行列とベクトルを使い

$$
\mathbf{A}\mathbf{c} + \mathbf{b} = 0
$$

と書ける．ここに

$$a_{ij} = \int_a^b k e_i' e_j' \, dx, \quad b_i = \int_a^b b e_i \, dx \tag{5.21}$$

である．式 (5.21) はガレルキン法で求められた式と同じである．式 (5.16) で定義される汎関数を選択する限り，ガレルキン法とレイリー・リッツ法が解く代数方程式は同じになる．しかし後述するように式 (5.17) の汎関数を使った場合，ガレルキン法とレイリー・リッツ法では解くべき方程式に違いが生じる．ガレルキン法は2次元と3次元の弾性平衡方程式には適用されず，レイリー・リッツ法が未知係数に関して適切な方程式を生成する．

5.1.3　スツルム・リウヴィル型微分方程式

前節で示したように，一般の境界値問題は重み付き残差法を使い，微分方程式を代数方程式に変換して近似解を求めることができる．この場合に得られる行列は必ずしも対称ではなく，また疎行列でもない．しかし，境界値問題がスツルム・リウヴィル型微分方程式と呼ばれる，固有値問題の微分方程式に関連付けられる場合には対応する固有値問題を最初に解くことによって微分方程式の近似解が容易に求められ，定常状態熱伝導方程式や静的弾性平衡方程式に適用される．1次元のスツルム・リウヴィル型微分方程式とは，以下の固有値問題で定義される境界値問題である．

$$Ly = \lambda y \quad (a < x < b) \tag{5.22}$$

ここに L は対称な演算子で

$$L \equiv -\frac{1}{w(x)} \left(\frac{d}{dx} \left(p(x) \frac{d}{dx} \right) + q(x) \right) \tag{5.23}$$

で定義される．式 (5.23) で $p(x)$，$q(x)$ および $w(x)$ は既知の関数であり，特に $w(x)$ は以下の内積の定義で使用される重み関数である．

$$(f(x),\, g(x)) \equiv \int_a^b f(x) g(x) w(x) \, dx$$

λ は L の固有値で境界値問題を解くことで得られ，離散的な値をとる．

式 (5.22) は以下の斉次境界条件が仮定される．

$$
\begin{aligned}
\alpha\, y(a) + \beta\, y'(a) &= 0 \\
\gamma\, y(b) + \delta\, y'(b) &= 0
\end{aligned}
\tag{5.24}
$$

ここにα, β, γおよびδは定数である．式 (5.22) と式 (5.24) から，固有関数$y(x)$と対応する固有値λが求められる．

式 (5.22) の演算子Lは任意の関数uとvに関して対称である[7)].

$$
(Lu, v) = (u, Lv) \tag{5.25}
$$

線形代数と同様，関数空間においても対称な線形演算子Lには以下の性質がある．

1. 全ての固有値λ_iは実数である．
2. 正規化された固有関数y_iとy_jは

$$
(y_i, y_j) = \delta_{ij}
$$

　　のように直交する．

スツルム・リウヴィル型微分方程式を解くことで，正規直交化された固有関数が得られ，関数空間で任意の関数をこの固有関数の線形結合として表わすことができる．

ベッセル関数などを始めとする多くの特殊関数は，スツルム・リウヴィル型微分方程式の固有関数として定義できる．さらに，定常状態の熱伝導方程式や静的弾性平衡方程式も，スツルム・リウヴィル型微分方程式の2次元，3次元の場合と関連付けられる．

定常状態の熱伝導方程式において演算子Lは

$$
L \equiv -\left(k_{ij} T_{,j}\right)_{,i}
$$

で定義できる．これは式 (5.23) で

$$
w = 1, \quad p = k_{ij}, \quad q = 0
$$

7) 関数空間で式 (5.25) が成立するときLは対称であるという．これはLが行列であり，uとvが任意のベクトルの場合の線形代数からの類似による．式 (5.25) の証明には部分積分を使えばよい．

と選んだことに相当する．

静的弾性平衡方程式において演算子 L は

$$(Lu)_i \equiv -\left(C_{ijkl}u_{k,l}\right)_{,j}$$

で定義できる．これは式 (5.23) で

$$w = 1, \quad p = C_{ijkl}, \quad q = 0$$

と選んだことに相当する．

$Lu = c$ の解

スツルム・リウヴィル型微分方程式の固有関数を使い

$$Lu = c \tag{5.26}$$

の形式の微分方程式を解くことができる．ここに L は線形演算子で，c は既知の関数である．

対応するスツルム・リウヴィル型微分方程式 $Ly_i = \lambda_i y_i$ は既に解かれ，y_i と λ_i が既知であると仮定すると，固有関数 y_i で既知の関数 c は

$$c = \sum_{i=1}^{\infty} c_i y_i \tag{5.27}$$

と展開される．ここに

$$c_i = (c, y_i)$$

未知関数 u も y_i で

$$u = \sum_{i=1}^{\infty} u_i y_i \tag{5.28}$$

と展開されると仮定する．ここに u_i は未知係数である．式 (5.27) と式 (5.28) を式 (5.26) に代入すると

$$L\sum_{i=1}^{\infty} u_i y_i = \sum_{i=1}^{\infty} c_i y_i$$

または

$$\sum_{i=1}^{\infty} u_i \lambda_i y_i = \sum_{i=1}^{\infty} c_i y_i$$

が得られ，これから u_i は

$$u_i = \frac{c_i}{\lambda_i}$$

と解ける．よって u は

$$u = \sum_{i=1}^{\infty} \frac{c_i}{\lambda_i} y_i \tag{5.29}$$

と表される．

例1　サイン，コサインなどの三角関数は

$$Ly = \lambda y, \quad L \equiv -\frac{d^2}{dx^2}, \quad y(0) = y(1) = 0 \tag{5.30}$$

のスツルム・リウヴィル型微分方程式の固有関数として定義される．式 (5.30) の厳密解は

$$y_n = \sqrt{2} \sin \sqrt{\lambda_n} x, \quad \lambda_n = (n\pi)^2$$

であり，λ_n は n 番目の固有値である．固有関数 $y_n(x)$ は互いに直交している．

$$(y_n, y_m) = \delta_{nm}$$

ここで数値解法との比較のため，ガレルキン法をスツルム・リウヴィル型微分方程式に適用する．式 (5.30) の斉次境界条件を満たす試験関数は

$$e_i(x) = x^i(1-x) \quad i = 1, 2, 3, \ldots, n$$

と選ばれる．ガレルキン法では固有関数 $y(x)$ の近似である $\tilde{y}(x)$ は $e_i(x)$ の線形結合として

$$\tilde{y}(x) = \sum_{i=1}^{n} c_i e_i(x) \tag{5.31}$$

で求められる．(5.31) 式を使い，微分方程式 (5.30) は代数方程式

$$A\mathbf{c} = \lambda B\mathbf{c} \tag{5.32}$$

に変換される．ここに行列 A と B の成分は

$$a_{ij} = (Le_i, e_j), \quad b_{ij} = (e_i, e_j)$$

と表される.

式 (5.32) は一般化された固有値問題であり，固有ベクトル $\mathbf{c}$ と固有値 λ を数値的に解くことができる[8].

行列 A と B の成分の一部は

$$a_{ij} = \begin{pmatrix} \frac{1}{3} & \frac{1}{6} & \cdots \\ \frac{1}{6} & \frac{2}{15} & \cdots \\ \cdots & \cdots & \cdots \end{pmatrix}, \quad b_{ij} = \begin{pmatrix} \frac{1}{30} & \frac{1}{60} & \cdots \\ \frac{1}{60} & \frac{1}{105} & \cdots \\ \cdots & \cdots & \cdots \end{pmatrix}$$

と表される.

固有関数の近似 $\tilde{y}_n(x)$ に必要な項数は，試験関数の数に依存する．例えば，10 個の試験関数を使うと $\tilde{y}_n(x)$ の最初の 10 項は

$$\begin{aligned}\tilde{y}_1(x) = {}& 1.72629 \times 10^{-6}(1-x)x^{10} + 0.0344002(1-x)x^9 - 0.137617(1-x)x^8 \\ & - 0.0827522(1-x)x^7 + 0.729932(1-x)x^6 + 0.744424(1-x)x^5 \\ & - 2.86596(1-x)x^4 - 2.86531(1-x)x^3 + 4.44288(1-x)x^2 \\ & + 4.44288(1-x)x\end{aligned}$$

と表される.

以下に *Mathematica* のプログラムを示す.

```
In[17]:= inner[f_, g_] := Integrate[f g, {x, 0, 1}]
          λ[n_] := (n Pi)^2
          exact[n_] := Sqrt[2] Sin[Sqrt[λ[n]] x]
          cEigensystem[a_, b_] := Module[{u, λ, e1, e},
            u = CholeskyDecomposition[b];
            {λ, e} = Eigensystem[Inverse[Transpose[u]].a.Inverse[u]];
            e1 = Transpose[Inverse[u].Transpose[e]];
            {λ, Map[# / Sqrt[#.b.#] &, e1]}] ;
          L[f_] := -D[f, {x, 2}]
          e = Table[x^i (1 - x), {i, 1, 10})]; terms = Length[e];
          aij = Table[inner[L[e[[i]]], e[[j]]], {i, terms}, {j, terms}];
          bij = Table[inner[e[[i]], e[[j]]], {i, terms}, {j, terms}];
          {eval, evec} = cEigensystem[aij, N[bij]];
          approx = evec.e;
```

`inner[f,g]` 関数は $f(x)$ と $g(x)$ の内積を定義する．`cEgensystem[a, b]` 関数は一般化された固有値問題である式 (5.32) の固有値と固有ベクトルを求める.

---

[8] LU 分解を使う.

```
In[18]:= Plot[{-approx[[terms]], exact[1]}, {x, 0, 1}]
```

Out[18]=

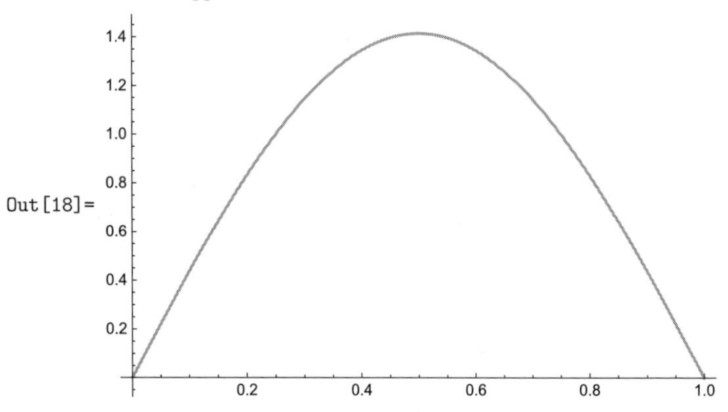

図 5.1　固有関数の数値解と $\sqrt{2}\sin\sqrt{\lambda_1}x$ の比較

`{eval, evec} = cEigensystem[aij, N[bij]];` の行では，計算された固有値が変数 `eval` に保存され，固有ベクトルは変数 `evec` に保存される．

固有関数の近似はリストである `approx` に保存される．

上の例では10個の試験関数が選ばれ，10個の固有関数が得られる．図5.1は，最初の固有関数の近似 $\tilde{y}_1(x)$ と厳密解である $\sqrt{2}\sin\sqrt{\lambda_1}x$ を比較したものである．図からわかるように，両者間に数値的な違いは存在しない．

図5.2は，6番目の近似固有関数 $\tilde{y}_6(x)$ と厳密解である $\sqrt{2}\sin\sqrt{\lambda_6}x$ を比較したものでである．数値的な違いは認められない．

例2　0次の第一種ベッセル関数 $J_0(\lambda x)$ は

$$Ly = \lambda y, \quad L \equiv -\left(\frac{d^2}{dx^2} + \frac{1}{x}\frac{d}{dx}\right), \quad y'(0) = y(1) = 0 \tag{5.33}$$

の固有関数として定義される．式 (5.33) の解は

$$y_n(x) = \frac{\sqrt{2}}{J_1(\lambda_n)} J_0\left(\lambda_n\, x\right)$$

で与えられる．ここに $J_1(x)$ は1次の第一種ベッセル関数で，λ_n は n 番目の固有値である．固有関数 $y_n(x)$ は互いに直交し，規格化が可能である．

$$(y_n, y_m) = \delta_{nm}$$

```
In[19]:= Plot[{approx[[terms - 4]], exact[5]}, {x, 0, 1}]
```

Out[19]=

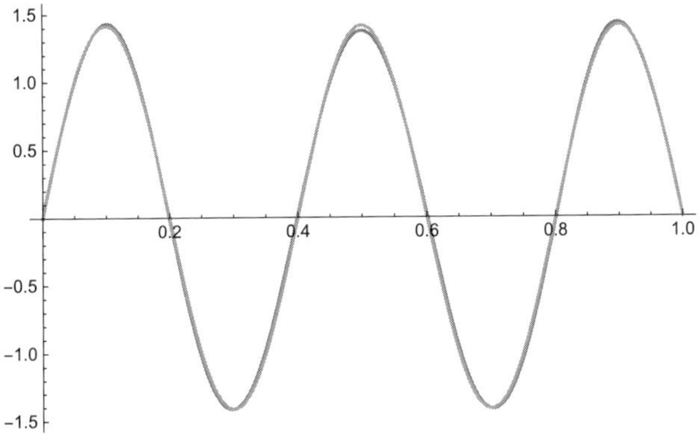

図 5.2　6 番目の近似固有値と $\sqrt{2}\sin\sqrt{\lambda_6}x$ の比較

ここに内積は

$$(f, g) = \int_0^1 xf(x)g(x)dx$$

で定義される．

式 (5.33) の斉次境界条件を満たす試験関数は

$$e_i(x) = x^{i+1} - 1, \quad i = 1, 2, 3, \ldots, n$$

が選ばれる．$e_i'(0) = e_i(1) = 0$ に注意．ガレルキン法において，$y(x)$ の近似 $\tilde{y}(x)$ は $e_i(x)$ の線形結合で

$$\tilde{y}(x) = \sum_{i=1}^{n} c_i e_i(x) \tag{5.34}$$

と表される．式 (5.34) を使って微分方程式 (5.33) は代数方程式

$$A\mathbf{c} = \lambda B\mathbf{c} \tag{5.35}$$

に変換される．ここに A と B の成分は

$$a_{ij} = (Le_i, e_j), \quad b_{ij} = (e_i, e_j)$$

と表される．式 (5.35) は一般化された固有値問題であり，固有ベクトル $\mathbf{c}$ と固有値 λ を数値的に解くことができる．行列 A と B の具体的な成分は

$$a_{ij} = \begin{pmatrix} 1 & \frac{6}{5} & \cdots \\ \frac{6}{5} & \frac{3}{2} & \cdots \\ \cdots & \cdots & \cdots \end{pmatrix}, \quad b_{ij} = \begin{pmatrix} \frac{1}{6} & \frac{27}{140} & \cdots \\ \frac{27}{140} & \frac{9}{40} & \cdots \\ \cdots & \cdots & \cdots \end{pmatrix}$$

で表される．固有関数の近似 $\tilde{y}_n(x)$ に必要な項数は，使用された試験関数の数に依存する．例えば，10個の試験関数を使うと $\tilde{y}_n(x)$ の最初の10項は

$$\begin{aligned} y_1 &= 0.000755405(x^{11}-1) - 0.00469829(x^{10}-1) + 0.00798563(x^9-1) \\ &\quad + 0.0100234(x^8-1) + 0.00891029(x^7-1) - 0.233494(x^6-1) \\ &\quad + 0.00165695(x^5-1) + 1.42322(x^4-1) + 0.0000411283(x^3-1) \\ &\quad - 3.93851(x^2-1) \end{aligned}$$

となる．

以下に *Mathematica* のプログラムを示す．

```
In[20]:= inner[f_, g_] := Integrate[f g x, {x, 0, 1}]
         λ[n_] := BesselJZero[0, n]
         exact[n_] := Sqrt[2] / BesselJ[1, λ[n]] BesselJ[0, λ[n]] x]
         (* inner[exact[2], exact[2]] = 1 *)
         cEigensystem[a_, b_] := Module[{u, λ, e1, e},
           u = CholeskyDecomposition[b];
           {λ, e} = Eigensystem[Inverse[Transpose[u]].a.Inverse[u]];
           e1 = Transpose[Inverse[u].Transpose[e]];
           {λ, Map[# / Sqrt[#.b.#] &, e1]}] ;
         L[f_] := D[f, {x, 2}] + 1 / x D[f, x]
         e = Table[x^i (1 - x), {i, 1, 10})]; terms = Length[e];
         aij = Table[inner[L[e[[i]]], e[[j]]], {i, terms}, {j, terms}];
         bij = Table[inner[e[[i]], e[[j]]], {i, terms}, {j, terms}];
         {eval, evec} = cEigensystem[aij, N[bij]];
         approx = evec.e;
```

図5.3は，最初の固有関数の近似 $\tilde{y}_1(x)$ と厳密解である $\frac{\sqrt{2}}{J_1(\lambda_1)}J_0(\lambda_1 x)$ を比較したものである．図からわかるように，両者間に数値的な違いは存在しない．

図5.4は6番目の固有関数の近似 $\tilde{y}_6(x)$ と厳密解である $\frac{\sqrt{2}}{J_6(\lambda_1)}J_0(\lambda_6 x)$ の比較である．図からわかるように，両者間に数値的な違いは存在しない．

上記の例からガレルキン法は *Mathematica* を使用することによって，一般の境界値問題に有効な手法であることがわかる．

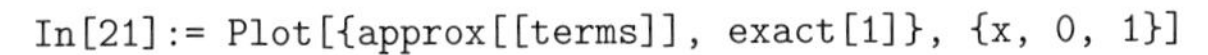

```
In[21]:= Plot[{approx[[terms]], exact[1]}, {x, 0, 1}]
```

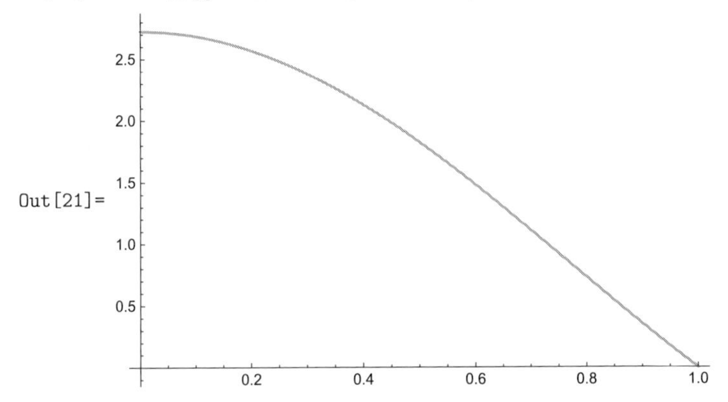

図 5.3 最初の固有関数の近似 $\tilde{y}_1(x)$ と厳密解である $\frac{\sqrt{2}}{J_1(\lambda_1)}J_0(\lambda_1 x)$ の比較

```
In[22]:= Plot[{approx[[terms - 5]], exact[6]}, {x, 0, 1}]
```

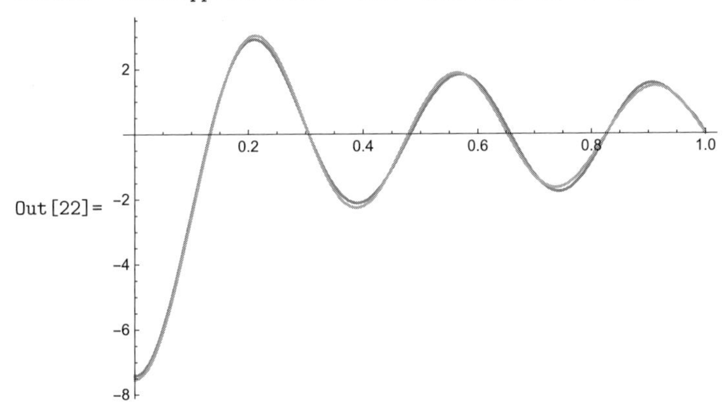

図 5.4 6 番目の固有関数の近似 $\tilde{y}_6(x)$ と厳密解である $\frac{\sqrt{2}}{J_6(\lambda_1)}J_0(\lambda_6 x)$ の比較

例 3 以下の微分方程式を取り上げる.

$$Ly = -x$$

ここに

$$L \equiv -\frac{d^2}{dx^2}, \quad y(0) = y(1) = 0$$

スツルム・リウヴィル型微分方程式 $Le_n = \lambda e_n$ の固有関数と固有値は

$$e_n = \sqrt{2} \sin \sqrt{\lambda_n}\, x, \quad \lambda_n = n^2 \pi^2$$

で表される．式 (5.29) から係数 c は

$$c_n = (-x, e_n) = \int_0^1 (-x) \sqrt{2} \sin \sqrt{\lambda_n}\, x\, dx = \frac{\sqrt{2}(-1)^n}{n\pi}$$

となる．よって級数解 y は

$$y = \sum_{i=1}^{\infty} \frac{c_n}{\lambda_n} e_n(x) = \sum_{i=1}^{\infty} \frac{\frac{\sqrt{2}(-1)^n}{n\pi}}{n^2\pi^2} \sqrt{2} \sin(n\pi x) = \sum_{i=1}^{\infty} \frac{2(-1)^n}{n^3\pi^3} \sin(n\pi x) \quad (5.36)$$

と表される．式 (5.36) は厳密解

$$y = \frac{x^3}{6} - \frac{x}{6}$$

のフーリエ級数である．フーリエ級数が固有関数展開法の特殊なケースであることを想起すれば，この結果は不思議ではない．

5.2　定常状態の熱伝導方程式

前節で解説した境界値問題の *Mathematica* による数値解法は1次元に限られていたが，多次元に適用することも可能である．例として，2次元問題で介在物が有限な物質内にある場合を想定し，定常状態での熱伝導方程式を取り上げる．

定常状態での熱伝導方程式は楕円型偏微分方程式であり

$$(k_{ij} T_{,i})_{,j} + b = 0$$

で表される．ここに k_{ij} は熱伝導率，T は定常状態の温度分布であり，b は熱源である．媒質が均質でかつ等方な場合，定常熱伝導方程式はポアソン型微分方程式

$$k \Delta T + b = 0 \quad (5.37)$$

となる．ここに Δ はラプラス演算子である．式 (5.37) の厳密解は境界の形状が限られた場合にのみ存在する．しかし，介在物（第2相）があると材料特性（例えば k_{ij}）は均質でなくなる．したがって，厳密解は母相が無限大に広がっている場合や，球対称性がある場合以外は存在しない．

この問題に重み付き残差法を適用するうえで困難な点は，任意の境界で斉次境界条件を満たす試験関数を導くことが困難なことである．本節では *Mathematica* を使い，そのような試験関数を自動的に導出する手法を解説する．

5.2.1 試験関数の導出

重み付き残差法では斉次境界条件を満たす試験関数が用いられる．ガレルキン法の特殊なケースである有限要素法では，非均質な材料のように異なる相の境界で変位と表面力両方の連続条件を満たすような試験関数は使われない．このため，有限要素法による解は相の境界で表面力の連続条件を満たしていない．しかし，*Mathematica* の使用によって，そのような試験関数を導出することが可能となる．

ディリクレ型境界条件の均質媒体（介在物なし）

媒体が均質（介在物なし）で第一種の境界条件（ディリクレ型境界条件）の場合，境界の式が図 5.5 のように $f_1(x, y) = 0$, $f_2(x, y) = 0$, $f_3(x, y) = 0, \ldots$ の組み合わせで記述されるとき，独立な試験関数は i と j を整数として，それぞれの境界を表わす式の積として

$$f_{ij}(x, y) = f_1(x, y) f_2(x, y) f_3(x, y) \cdots x^i y^j$$

と表される．

例えば境界が $x^2 + y^2 = a^2$ で定義される円状の場合，試験関数は

$$f_{ij}(x, y) = (x^2 + y^2 - a^2) x^i y^j$$

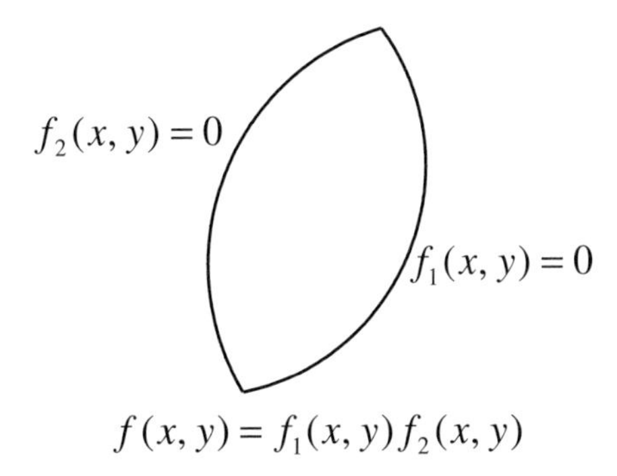

図 5.5　ディリクレ型境界条件

を選ぶ．境界が $\{(x,y),\ -a < x < a,\ -b < y < b\}$ で定義される矩形の場合，試験関数は

$$f_{ij}(x,y) = (x^2 - a^2)(y^2 - b^2)x^i y^j$$

を選ぶ．境界が $x = 0$, $y = 0$, $x + y = 1$ で表される三角形の場合，試験関数は

$$f_{ij}(x,y) = xy(x + y - a)x^i y^j$$

を選ぶ．

ノイマン型境界条件の均質媒体（介在物なし）

第2種の境界条件（ノイマン型境界条件）は境界の法線方向の熱束が0になる場合であり，試験関数 f は

$$k_{ij} f_{,i} n_j = 0 \tag{5.38}$$

を満たすことが必要である．k_{ij} が等方な場合は，

$$k_{ij} = k\delta_{ij}$$

を代入すると，式 (5.38) は

$$\frac{\partial f}{\partial n} = f_{,i} n_i = 0 \tag{5.39}$$

となる[9)]．この場合，式 (5.39) を満たす試験関数 f は，ディリクレ型境界条件に対する試験関数のように容易には求めることができない．f を n 次の一般の多項式

$$f(n,x,y) = \sum_{l=0}^{n} \sum_{m=0}^{l} c_{lm} x^{l-m} y^m$$

と仮定して式 (5.39) の境界条件が満たされるように係数 c_{lm} に関する連立方程式を解くことが必要となる．

例として，境界が式 (5.40) で表される楕円領域の場合に，式 (5.39) を満たす試験関数の求め方を解説する．

$$\left(\frac{x}{a}\right)^2 + \left(\frac{y}{b}\right)^2 = 1 \tag{5.40}$$

---

9) $\frac{\partial f}{\partial n}$ は f の方向微分と呼ばれ，f の $\mathbf{n}$ 方向の変化率を示す．具体的には $\frac{\partial f}{\partial n} = \nabla f \cdot \mathbf{n}$ で計算する．

式 (5.40) の楕円境界上の法線ベクトル $\mathbf{n}$ は

$$\mathbf{n} = \left(\frac{x}{a^2\sqrt{\frac{x^2}{a^4}+\frac{y^2}{b^4}}}, \frac{y}{b^2\sqrt{\frac{x^2}{a^4}+\frac{y^2}{b^4}}} \right) \tag{5.41}$$

で表される[10)]．これにより式 (5.39) は

$$\frac{\partial f}{\partial n} = \nabla f \cdot \mathbf{n} = \frac{\partial f}{\partial x}\left(\frac{x}{a^2\sqrt{\frac{x^2}{a^4}+\frac{y^2}{b^4}}} \right) + \frac{\partial f}{\partial y}\left(\frac{y}{b^2\sqrt{\frac{x^2}{a^4}+\frac{y^2}{b^4}}} \right) \tag{5.42}$$

となる．式 (5.42) は式 (5.40) の境界で 0 となる必要があるが，この条件は式 (5.42) を通分した分子

$$b^2 x \frac{\partial f}{\partial x} + a^2 y \frac{\partial f}{\partial y} \tag{5.43}$$

が楕円境界上で 0 となることと等価であり，このために $x = a\cos\theta$ と $y = b\sin\theta$ を式 (5.43) に代入し，0 と置くことで係数 c_{lm} に関する連立方程式が得られる．具体的には式 (5.43) が $\cos^n\theta$ と $\sin^m\theta$ の関数となり，これをさらに $\cos n\theta$ と $\sin m\theta$ の形式に変換して[11)]

$$\sum_n \left(d_n^{(1)} \cos n\theta + d_n^{(2)} \sin n\theta \right) \tag{5.44}$$

の形式にする．ここに $\cos n\theta$ と $\sin n\theta$ は独立なので

$$d_n^{(1)} = d_n^{(2)} = 0$$

が成立するように係数 c_{lm} を決めればよい．例として，式 (5.39) のノイマン型境界条件を楕円上で満たす 5 次の多項式を求めてみよう．一般の 5 次の多項式

$$\begin{aligned} f(x,y) = {} & c_1 + c_2 x + c_3 y + c_4 x^2 + c_5 xy + c_6 y^2 + c_7 x^3 + c_8 x^2 y + c_9 xy^2 + c_{10} y^3 \\ & + c_{11} x^4 + c_{12} x^3 y + c_{13} x^2 y^2 + c_{14} xy^3 + c_{15} y^4 + c_{16} x^5 + c_{17} x^4 y \\ & + c_{18} x^3 y^2 + c_{19} x^2 y^3 + c_{20} xy^4 + c_{21} y^5 \end{aligned} \tag{5.45}$$

10) 式 (5.40) の全微分をとると $\frac{2x}{a^2}dx + \frac{2y}{b^2}dy = 0$ を得る．これはベクトル $(\frac{x}{a^2}, \frac{y}{b^2})$ が (dx, dy) に垂直であることを示すので，法線 $\mathbf{n}$ は $(\frac{x}{a^2}, \frac{y}{b^2})$ を正規化することで式 (5.41) を得る．

11) `TrigReduce` を使うとこの変換が簡単にできる．例えば

```
In[23]:= TrigReduce[Cos[θ]^4]
Out[23]= 1/8 (3 + 4 Cos[2 θ] + Cos[4 θ])
```

での21個の未知係数 $c_1 \sim c_{21}$ を決定する必要がある．式 (5.45) を式 (5.43) に代入し，$x = a\cos\theta$ と $y = b\sin\theta$ と置き，`TrigReduce` 関数を使うと結果は

$$
\begin{aligned}
\text{Out[24]=}\ & \frac{1}{4} a^2 b^2 (4 c[4] + 4 c[6] + 6 a^2 c[11] + a^2 c[13] + b^2 c[13] + 6 b^2 c[15]) + \\
& \frac{1}{8} a b^2 (8 c[2] + 2 b^2 c[9] + a^4 (25 c[16] + 2 c[18]) + \\
& \quad b^4 c[20] + a^2 (18 c[7] + 4 c[9] + b^2 (3 c[18] + 4 c[20]))) \mathrm{Cos}[\theta] + \\
& a^2 b^2 (c[4] - c[6] + 2 a^2 c[11] - 2 b^2 c[15]) \mathrm{Cos}[2\theta] + \\
& \frac{1}{16} a b^2 (-4 b^2 c[9] + a^4 (25 c[16] - 2 c[18]) - 3 b^4 c[20] + \\
& \quad a^2 (12 c[7] - 8 c[9] - 3 b^2 (c[18] + 4 c[20]))) \mathrm{Cos}[3\theta] + \\
& \frac{1}{4} (a^4 b^2 (2 c[11] - c[13]) - a^2 b^4 (c[13] - 2 c[15])) \mathrm{Cos}[4\theta] + \\
& \frac{1}{16} (a^5 b^2 (5 c[16] - 2 c[18]) + \\
& \quad a b^6 c[20] + a^3 b^4 (-3 c[18] + 4 c[20])) \mathrm{Cos}[5\theta] + \\
& \frac{1}{8} a^2 b (8 c[3] + a^4 c[17] + a^2 (2 c[8] + b^2 (4 c[17] + 3 c[19])) + \\
& \quad b^2 (4 c[8] + 18 c[10] + b^2 (2 c[19] + 25 c[21]))) \mathrm{Sin}[\theta] + \\
& \frac{1}{4} a b (2 b^2 c[5] + a^4 c[12] + b^4 c[14] + \\
& \quad a^2 (2 c[5] + 3 b^2 (c[12] + c[14]))) \mathrm{Sin}[2\theta] + \\
& \frac{1}{16} a^2 b (3 a^4 c[17] + a^2 (4 c[8] + 3 b^2 (4 c[17] + c[19])) + \\
& \quad b^2 (8 c[8] - 12 c[10] + b^2 (2 c[19] - 25 c[21]))) \mathrm{Sin}[3\theta] + \\
& \frac{1}{8} (a^5 b c[12] + 3 a^3 b^3 (c[12] - c[14]) - a b^5 c[14]) \mathrm{Sin}[4\theta] + \\
& \frac{1}{16} a^6 b c[17] + a^4 b^3 (4 c[17] - 3 c[19]) + a^2 b^5 (-2 c[19] + 5 c[21])) \mathrm{Sin}[5\theta]
\end{aligned}
$$

となり $\{1, \sin\theta, \sin 2\theta, \sin 3\theta, \ldots, \cos\theta, \cos 2\theta, \cos 3\theta, \ldots\}$ の和として整理される．したがって，各々の係数を0と置くことにより $c_1 \sim c_{21}$ に関する連立方程式が得られる．この場合未定係数の数 (= 21) が方程式の数 (= 11) より多いため[12)]複数の解が存在する．`Solve` 関数は劣決定不定方程式を解くことが可能で，各々の解を独立な係数の結合で表わす．この独立な係数の数が独立な試験関数の数となる．5次の多項式では以下のように10個の試験関数が得られる．

---

12) 連立方程式の行列のランクが11.

Out[25]= $\{1,\ \frac{1}{3}\,y\left(-6\,b^2+3\,x^2+2\,y^2+a^2\left(-3+\frac{y^2}{b^2}\right)\right),$

$\frac{1}{3}\,x\left(-6\,a^2-3\,b^2+2\,x^2+\frac{b^2\,x^2}{a^2}+3\,y^2\right),\ x^4+a^2\left(-2\,x^2+2\,y^2-\frac{y^4}{b^2}\right),$

$x\,y\left(-\frac{a^4+3\,a^2\,b^2}{a^2+b^2}+x^2+\frac{(a^4+3\,a^2\,b^2)\,y^2}{3\,a^2\,b^2+b^4}\right),$

$\frac{1}{2\,b^2}\,y^2\,(a^2\,(-2\,b^2+y^2)+b^2\,(-2\,b^2+2\,x^2+y^2)),$

$x^4\,y+a^4\left(-y+\frac{2\,y^3}{3\,b^2}-\frac{y^5}{5\,b^4}\right)+a^2\left(-4\,b^2\,y+\frac{8\,y^3}{3}-\frac{4\,y^5}{5\,b^2}\right),$

$\frac{1}{15}\,x^3\left(-10\,a^2-15\,b^2+6\,x^2+\frac{9\,b^2\,x^2}{a^2}+15\,y^2\right),$

$\frac{1}{15}\,y^3\left(-10\,b^2+15\,x^2+6\,y^2+a^2\left(-15+\frac{9\,y^2}{b^2}\right)\right),$

$-4\,a^2\,b^2\,x-b^4\,x+\frac{8\,b^2\,x^3}{3}-\frac{b^4\,x^5}{5\,a^4}+\frac{2\,(5\,b^4\,x^3-6\,b^2\,x^5)}{15\,a^2}+x\,y^4\}$

以下に *Mathematica* のコードを示す.

```
In[26]:= order = 5; terms = (order + 1) (order + 2) / 2;
         poly[n_, a_] := Sum[a[(i + j) (i + j + 1) / 2 + i + 1] x^j y^i,
           {i, 0, n}, {j, 0, n - i}]
         w1 = poly[order, c];
         n = {x / a^2, y / b^2} / Sqrt[(x / a^2)^2 + (y / b^2)^2];
         w2 = {D[w1, x], D[w1, y]}.n;
         w3 = Numerator[Simplify[w2]];
         w4 = w3 /. {x -> a Cos[θ], y -> b Sin[θ]};
         w5 = TrigReduce[w4];
         w6 = w5 /. {Cos[i_. * θ] -> cosine^i, Sin[j_. * θ] -> sine^j};
         w7 = CoefficientList[w6, {cosine, sine}];
         w8 = DeleteCases[w7 // Flatten, 0];
         eq1 = Map[# == 0 &, w8];
         sol = Solve[eq1, Table[c[i], {i, terms}]][[1]];
         w9 = w1 /. sol;
         DeleteCases[Table[Coefficient[w9, c[i]], {i, 1, terms}] //
           Simplify, 0]
Out[26]= Equations may not give solutions for all "solve" variables.
```

Out[27]= $\{1,\ \frac{1}{3}\,y\left(-6\,b^2+3\,x^2+2\,y^2+a^2\left(-3+\frac{y^2}{b^2}\right)\right),$

$\frac{1}{3}\,x\left(-6\,a^2-3\,b^2+2\,x^2+\frac{b^2\,x^2}{a^2}+3\,y^2\right),\ x^4+a^2\left(-2\,x^2+2\,y^2-\frac{y^4}{b^2}\right),$

$x\,y\left(-\frac{a^4+3\,a^2\,b^2}{a^2+b^2}+x^2+\frac{(a^4+3\,a^2\,b^2)\,y^2}{3\,a^2\,b^2+b^4}\right),$

$$\frac{1}{2\,b^2}\,y^2\,(a^2\,(-2\,b^2+y^2)+b^2\,(-2\,b^2+2\,x^2+y^2)),$$
$$x^4\,y+a^4\left(-y+\frac{2\,y^3}{3\,b^2}-\frac{y^5}{5\,b^4}\right)+a^2\left(-4\,b^2\,y+\frac{8\,y^3}{3}-\frac{4\,y^5}{5\,b^2}\right),$$
$$\frac{1}{15}\,x^3\left(-10\,a^2-15\,b^2+6\,x^2+\frac{9\,b^2\,x^2}{a^2}+15\,y^2\right),$$
$$\frac{1}{15}\,y^3\left(-10\,b^2+15\,x^2+6\,y^2+a^2\left(-15+\frac{9\,y^2}{b^2}\right)\right),$$
$$-4\,a^2\,b^2\,x-b^4\,x+\frac{8\,b^2\,x^3}{3}-\frac{b^4\,x^5}{5\,a^4}+\frac{2\,(5\,b^4\,x^3-6\,b^2\,x^5)}{15\,a^2}+x\,y^4\}$$

poly[n,a] は，係数の記号が a である n 次の多項式を生成する．Numerator 関数は分数の分子を取り出す．TrigReduce 関数は三角関数の積およびベキを書き換えて，組み合された引数を含む三角関数に変える．この出力 w5 を θ に関して独立な $\cos m\theta$ と $\sin n\theta$ に分解し，各々の独立な項を 0 とすることで，未知係数 c[i] に関して必要な連立方程式が得られる．このために $\cos^i\theta$, $\sin^j\theta$ を $\mathtt{cosine}^{\mathtt{i}}$ と $\mathtt{sine}^{\mathtt{j}}$ に変換すると，cosine と sine に関する多項式となるので CoefficientList 関数[13] を使って cosine と sine の係数を取り出すことができる．これにより取り出された係数を Map 関数[14] を使ってそれぞれ 0 と置き，必要な方程式を得る．この不定方程式は Solve 関数で解かれ，解は代入規則で出力されるので，元の方程式に代入して独立な試験関数を得る．

介在物がある媒体（ディリクレ型境界条件）

有限な媒体中に介在物がある場合，試験関数の導出は均質な母相に比べさらに複雑になる．2 相が存在するため，試験関数は母相および介在物の相を別々に用意する必要がある．介在物と母相の試験関数をそれぞれ f_f と f_m とし，等方の熱伝導率をそれぞれ k_f と k_m とすると，介在物内の試験関数は以下のように母相と介在物との境界で温度および熱束が連続になることが必要である．

$$f_f = f_m \qquad \text{境界上}$$

$$k_f\frac{\partial f_f}{\partial n} = k_m\frac{\partial f_m}{\partial n} \qquad \text{境界上}$$

母相の試験関数 f_m は媒体の境界で以下の斉次境界条件を満たす必要がある．

[13] CoefficientList[p, c] は多項式 p の c の係数を返す．
[14] Map[#==0&, w8] は w8 の各々の要素を 0 とする．

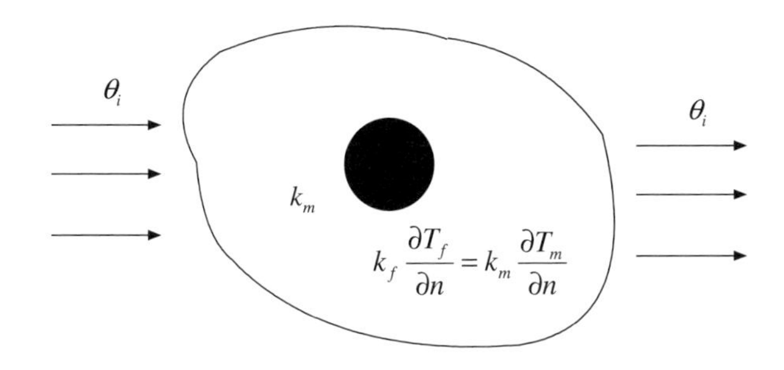

図 5.6 介在物がある媒体

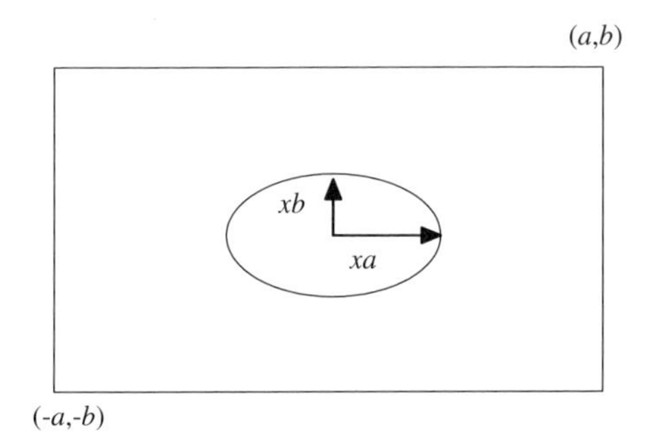

図 5.7 有限媒質中の楕円形介在物

$$f_m = 0 \quad \text{外部境界上}$$

例として，図 5.7 に示す $\{(x, y),\ -a < x < a,\ -b < y < b\}$ で定義された長方形の媒体の中心に $(x/xa)^2 + (y/yb)^2 = 1$ の楕円形介在物がある場合を考える．介在物と母相内での試験関数を求めるには，以下の 3 段階が必要となる．

1. 母相と介在物各々に対応した 2 種類の多項式を準備する．
2. 多項式に外部境界での斉次境界条件と母相と介在物の境界での連続条件を課す．
3. 多項式の未知係数に関する劣決定線形方程式を解く．

以下の *Mathematica* 関数 `daen[order, kf, km, a, b, xa, yb]` は図 5.7 の試験関数を求める．

```
In[28]:= daen[order_, kf_, km_, a_, b_, xa_, yb_] :=
           Module[{cf, cm, fm, ff, terms, daen, eq1, eq2, eqall,
               var, sol, Fm, Ff, base1, i, j},
             trigCoefficientList[f_, xaa_, ybb_] :=
```

```
  Module[(*楕円周 (x^2/xaa^2 + y^2/ybb^2 = 1) で評価し，cosine，sine の項を
       0 とおく．Expand を使用する必要あり*)
    {f1, f2, f3, cosine, sine},
    f1 = Expand[f /. {x -> xaa Cos[θ], y -> ybb Sin[θ]}];
    f2 = TrigReduce[f1] /.
        {Cos[i_. * θ] -> cosine^i, Sin[j_. * θ] -> sine^j};
    f3 = DeleteCases[CoefficientList[f2, {cosine, sine}] //
        Flatten, 0];
    Map[# == 0 &, f3]];
poly[n_] := Table[x^j y^i, {i, 0, n}, {j, 0, n - i}] // Flatten;
terms = (order + 1) (order + 2) / 2; g = poly[order];
ff = Sum[cf[α] g[[α]], {α, 1, terms}];
fm = Sum[cm[α] g[[α]], {α, 1, terms}] (x^2 - a^2) (y^2 - b^2);
eq1 = trigCoefficientList[ff - fm, xa, yb];
directD[func_] := D[func, x] x / xa^2 + D[func, y] y / yb^2;
(*eq2=trigCoefficientList[kf directD[ff]-km directD[fm],xa,yb];*)
n = {x / xa^2, y / yb^2};
tf = kf (D[ff, x] n[[1]] + D[ff, y] n[[2]]);
tm = km (D[fm, x] n[[1]] + D[fm, y] n[[2]]);
eq2 = trigCoefficientList[tf - tm, xa, yb];
eqall = Flatten[{eq1, eq2}];
var = Flatten[{ Table[cf[i], {i, terms}],
      Table[cm[i], {i, terms}] }];
sol = Solve[eqall, var][[1]];
Fm = Table[Coefficient[fm /. sol, var[[i]]], {i, 1, 2 * terms}];
Ff = Table[Coefficient[ff /. sol, var[[i]]], {i, 1, 2 * terms}];
base1 = Transpose[{Ff, Fm}];
DeleteCases[base1, {0, 0}]
```

関数 daen のパラメータ order は試験関数の多項式の次数であり，kf と km は介在物と母相の熱伝導率を表わす．試験関数の最小次数 order は 4 である．例えば 6 次の試験関数の一つは以下のようになる．

Out[29]=
$$
\begin{aligned}
\{-((&-6\,a^4\,b^4\,kf\,xa^8\,xb^4 + 6\,b^4\,kf\,x^4\,xa^8\,xb^4 + 12\,a^2\,b^4\,kf\,xa^{10}\,xb^4 - \\
&12\,b^4\,kf\,x^2\,xa^{10}\,xb^4 + 12\,a^4\,b^4\,kf\,xa^6\,xb^6 + 6\,a^4\,b^2\,km\,x^2\,xa^6\,xb^6 - \\
&6\,a^2\,b^2\,kf\,x^4\,xa^6\,xb^6 + 6\,b^4\,kf\,x^4\,xa^6\,xb^6 - 6\,b^4\,km\,x^4\,xa^6\,xb^6 + \\
&6\,b^2\,kf\,x^6\,xa^6\,xb^6 + 2\,b^2\,km\,x^6\,xa^6\,xb^6 - 12\,a^2\,b^4\,kf\,xa^8\,xb^6 - \\
&6\,a^4\,b^2\,km\,xa^8\,xb^6 + 12\,a^2\,b^2\,kf\,x^2\,xa^8\,xb^6 + 12\,b^4\,kf\,x^2\,xa^8\,xb^6 - \\
&12\,a^2\,b^2\,km\,x^2\,xa^8\,xb^6 - 12\,b^2\,kf\,x^4\,xa^8\,xb^6 + 6\,b^2\,km\,x^4\,xa^8\,xb^6 - \\
&6\,a^2\,b^2\,kf\,xa^{10}\,xb^6 - 6\,b^4\,kf\,xa^{10}\,xb^6 + 12\,a^2\,b^2\,km\,xa^{10}\,xb^6 + \\
&6\,b^4\,km\,xa^{10}\,xb^6 + 6\,b^2\,kf\,x^2\,xa^{10}\,xb^6 - 4\,b^2\,km\,xa^{12}\,xb^6 - \\
&6\,a^4\,b^4\,kf\,xa^4\,xb^8 - 12\,a^4\,b^2\,km\,x^2\,xa^4\,xb^8 + 6\,a^4\,kf\,x^4\,xa^4\,xb^8 + \\
&6\,a^2\,b^2\,kf\,x^4\,xa^4\,xb^8 + 3\,a^4\,km\,x^4\,xa^4\,xb^8 + 6\,a^2\,b^2\,km\,x^4\,xa^4\,xb^8 + \\
&6\,b^4\,km\,x^4\,xa^4\,xb^8 - 6\,a^2\,kf\,x^6\,xa^4\,xb^8 - 6\,b^2\,kf\,x^6\,xa^4\,xb^8 + \\
&2\,a^2\,km\,x^6\,xa^4\,xb^8 - 2\,b^2\,km\,x^6\,xa^4\,xb^8 - 12\,a^4\,b^2\,kf\,xa^6\,xb^8 +
\end{aligned}
$$

$12 a^{4} b^{2} km\ xa^{6} xb^{8} - 12 a^{4} kf\ x^{2} xa^{6} xb^{8} - 12 a^{2} b^{2} kf\ x^{2} xa^{6} xb^{8} +$
$6 a^{4} km\ x^{2} xa^{6} xb^{8} + 12 a^{2} b^{2} km\ x^{2} xa^{6} xb^{8} + 6 a^{2} kf\ x^{4} xa^{6} xb^{8} +$
$21 b^{2} kf\ x^{4} xa^{6} xb^{8} - 3 b^{2} km\ x^{4} xa^{6} xb^{8} + 6 kf\ x^{6} xa^{6} xb^{8} - 2 km\ x^{6} xa^{6} xb^{8} +$
$6 a^{4} kf\ xa^{8} xb^{8} + 30 a^{2} b^{2} kf\ xa^{8} xb^{8} + 6 b^{4} kf\ xa^{8} xb^{8} - 3 a^{4} km\ xa^{8} xb^{8} -$
$18 a^{2} b^{2} km\ xa^{8} xb^{8} - 6 b^{4} km\ xa^{8} xb^{8} + 6 a^{2} kf\ x^{2} xa^{8} xb^{8} -$
$24 b^{2} kf\ x^{2} xa^{8} xb^{8} - 6 a^{2} km\ x^{2} xa^{8} xb^{8} - 12 kf\ x^{4} xa^{8} xb^{8} +$
$3 km\ x^{4} xa^{8} xb^{8} - 6 a^{2} kf\ xa^{10} xb^{8} - 3 b^{2} kf\ xa^{10} xb^{8} + 4 a^{2} km\ xa^{10} xb^{8} +$
$5 b^{2} km\ xa^{10} xb^{8} + 6 kf\ x^{2} xa^{10} xb^{8} - km\ xa^{12} xb^{8} + 6 a^{4} b^{2} km\ x^{2} xa^{2} xb^{10} -$
$6 a^{4} kf\ x^{4} xa^{2} xb^{10} - 6 a^{2} b^{2} km\ x^{4} xa^{2} xb^{10} + 6 a^{2} kf\ x^{6} xa^{2} xb^{10} +$
$2 a^{2} km\ x^{6} xa^{2} xb^{10} + 4 b^{2} km\ x^{6} xa^{2} xb^{10} + 12 a^{4} b^{2} kf\ xa^{4} xb^{10} -$
$6 a^{4} b^{2} km\ xa^{4} xb^{10} + 12 a^{4} kf\ x^{2} xa^{4} xb^{10} - 15 a^{2} kf\ x^{4} xa^{4} xb^{10} +$
$3 a^{2} km\ x^{4} xa^{4} xb^{10} - 12 b^{2} km\ x^{4} xa^{4} xb^{10} + 6 kf\ x^{6} xa^{4} xb^{10} -$
$6 km\ x^{6} xa^{4} xb^{10} - 6 a^{4} kf\ xa^{6} xb^{10} - 6 a^{2} b^{2} kf\ xa^{6} xb^{10} +$
$6 a^{2} b^{2} km\ xa^{6} xb^{10} + 12 a^{2} kf\ x^{2} xa^{6} xb^{10} - 12 a^{2} km\ x^{2} xa^{6} xb^{10} -$
$15 kf\ x^{4} xa^{6} xb^{10} + 9 km\ x^{4} xa^{6} xb^{10} - 3 a^{2} kf\ xa^{8} xb^{10} - 6 b^{2} kf\ xa^{8} xb^{10} +$
$7 a^{2} km\ xa^{8} xb^{10} + 8 b^{2} km\ xa^{8} xb^{10} + 12 kf\ x^{2} xa^{8} xb^{10} - 3 kf\ xa^{10} xb^{10} -$
$3 km\ xa^{10} xb^{10} + 3 a^{4} km\ x^{4} xb^{12} - 4 a^{2} km\ x^{6} xb^{12} - 6 a^{4} km\ x^{2} xa^{2} xb^{12} +$
$6 a^{2} km\ x^{4} xa^{2} xb^{12} - 4 km\ x^{6} xa^{2} xb^{12} + 3 a^{4} km\ xa^{4} xb^{12} + 6 km\ x^{4} xa^{4} xb^{12} -$
$2 a^{2} km\ xa^{6} xb^{12} - 2 km\ xa^{8} xb^{12} + 6 a^{4} b^{2} km\ xa^{8} xb^{4} y^{2} +$
$12 b^{4} kf\ xa^{10} xb^{4} y^{2} - 12 a^{2} b^{2} km\ xa^{10} xb^{4} y^{2} - 12 b^{4} km\ xa^{10} xb^{4} y^{2} +$
$6 b^{2} km\ xa^{12} xb^{4} y^{2} - 12 a^{4} b^{2} km\ xa^{6} xb^{6} y^{2} - 12 a^{2} b^{2} kf\ xa^{8} xb^{6} y^{2} -$
$12 b^{4} kf\ xa^{8} xb^{6} y^{2} + 24 a^{2} b^{2} km\ xa^{8} xb^{6} y^{2} + 12 b^{4} km\ xa^{8} xb^{6} y^{2} +$
$12 b^{2} kf\ xa^{10} xb^{6} y^{2} - 12 b^{2} km\ xa^{10} xb^{6} y^{2} + 6 a^{4} b^{2} km\ xa^{4} xb^{8} y^{2} +$
$12 a^{4} kf\ xa^{6} xb^{8} y^{2} + 12 a^{2} b^{2} kf\ xa^{6} xb^{8} y^{2} - 12 a^{2} b^{2} km\ xa^{6} xb^{8} y^{2} -$
$24 a^{2} kf\ xa^{8} xb^{8} y^{2} + 6 b^{2} kf\ xa^{8} xb^{8} y^{2} - 12 b^{2} km\ xa^{8} xb^{8} y^{2} +$
$12 kf\ xa^{10} xb^{8} y^{2} - 12 a^{4} kf\ xa^{4} xb^{10} y^{2} + 6 a^{2} kf\ xa^{6} xb^{10} y^{2} +$
$6 kf\ xa^{8} xb^{10} y^{2} - 6 b^{4} kf\ xa^{10} xb^{2} y^{4} + 6 b^{4} km\ xa^{10} xb^{2} y^{4} +$
$6 a^{2} b^{2} kf\ xa^{8} xb^{4} y^{4} + 6 b^{4} kf\ xa^{8} xb^{4} y^{4} + 3 a^{4} km\ xa^{8} xb^{4} y^{4} -$
$6 a^{2} b^{2} km\ xa^{8} xb^{4} y^{4} - 6 b^{4} km\ xa^{8} xb^{4} y^{4} - 15 b^{2} kf\ xa^{10} xb^{4} y^{4} -$
$6 a^{2} km\ xa^{10} xb^{4} y^{4} + 9 b^{2} km\ xa^{10} xb^{4} y^{4} + 3 km\ xa^{12} xb^{4} y^{4} -$
$6 a^{4} kf\ xa^{6} xb^{6} y^{4} - 6 a^{2} b^{2} kf\ xa^{6} xb^{6} y^{4} + 6 a^{2} b^{2} km\ xa^{6} xb^{6} y^{4} +$
$21 a^{2} kf\ xa^{8} xb^{6} y^{4} + 6 b^{2} kf\ xa^{8} xb^{6} y^{4} - 9 a^{2} km\ xa^{8} xb^{6} y^{4} -$
$15 kf\ xa^{10} xb^{6} y^{4} + 9 km\ xa^{10} xb^{6} y^{4} + 6 a^{4} kf\ xa^{4} xb^{8} y^{4} -$
$3 a^{4} km\ xa^{4} xb^{8} y^{4} - 12 a^{2} kf\ xa^{6} xb^{8} y^{4} + 6 a^{2} km\ xa^{6} xb^{8} y^{4} -$
$12 kf\ xa^{8} xb^{8} y^{4} + 6 km\ xa^{8} xb^{8} y^{4} - 2 b^{2} km\ xa^{12} y^{6} + 6 b^{2} kf\ xa^{10} xb^{2} y^{6} +$
$2 a^{2} km\ xa^{10} xb^{2} y^{6} - 2 b^{2} km\ xa^{10} xb^{2} y^{6} - 2 km\ xa^{12} xb^{2} y^{6} -$
$6 a^{2} kf\ xa^{8} xb^{4} y^{6} - 6 b^{2} kf\ xa^{8} xb^{4} y^{6} + 2 a^{2} km\ xa^{8} xb^{4} y^{6} +$
$4 b^{2} km\ xa^{8} xb^{4} y^{6} + 6 kf\ xa^{10} xb^{4} y^{6} - 6 km\ xa^{10} xb^{4} y^{6} +$
$6 a^{2} kf\ xa^{6} xb^{6} y^{6} - 4 a^{2} km\ xa^{6} xb^{6} y^{6} + 6 kf\ xa^{8} xb^{6} y^{6} -$
$4 km\ xa^{8} xb^{6} y^{6})/$

$$
\begin{aligned}
&\quad (6\,\mathtt{kf}\,\mathtt{xa}^2\,(\mathtt{xa}-\mathtt{xb})\,\mathtt{xb}^4\,(\mathtt{xa}+\mathtt{xb})\,(\mathtt{b}^2\,\mathtt{xa}^4-\mathtt{a}^2\,\mathtt{xa}^2\,\mathtt{xb}^2-\mathtt{b}^2\,\mathtt{xa}^2\,\mathtt{xb}^2+\\
&\quad\ \mathtt{xa}^4\,\mathtt{xb}^2+\mathtt{a}^2\,\mathtt{xb}^4+\mathtt{xa}^2\,\mathtt{xb}^4))),\\
&((\mathtt{a}-\mathtt{x})\,(\mathtt{a}+\mathtt{x})\,(-\mathtt{a}^2\,\mathtt{b}^2\,\mathtt{xa}^6-\mathtt{b}^2\,\mathtt{x}^2\,\mathtt{xa}^6+2\,\mathtt{b}^2\,\mathtt{xa}^8+2\,\mathtt{a}^2\,\mathtt{b}^2\,\mathtt{xa}^4\,\mathtt{xb}^2+\\
&\ \mathtt{a}^2\,\mathtt{x}^2\,\mathtt{xa}^4\,\mathtt{xb}^2+2\,\mathtt{b}^2\,\mathtt{x}^2\,\mathtt{xa}^4\,\mathtt{xb}^2-\mathtt{a}^2\,\mathtt{xa}^6\,\mathtt{xb}^2-2\,\mathtt{b}^2\,\mathtt{xa}^6\,\mathtt{xb}^2-\mathtt{x}^2\,\mathtt{xa}^6\,\mathtt{xb}^2+\\
&\ \mathtt{xa}^8\,\mathtt{xb}^2-\mathtt{a}^2\,\mathtt{b}^2\,\mathtt{xa}^2\,\mathtt{xb}^4-2\,\mathtt{a}^2\,\mathtt{x}^2\,\mathtt{xa}^2\,\mathtt{xb}^4-\mathtt{b}^2\,\mathtt{x}^2\,\mathtt{xa}^2\,\mathtt{xb}^4+2\,\mathtt{xa}^6\,\mathtt{xb}^4+\\
&\ \mathtt{a}^2\,\mathtt{x}^2\,\mathtt{xb}^6+\mathtt{a}^2\,\mathtt{xa}^2\,\mathtt{xb}^6+\mathtt{x}^2\,\mathtt{xa}^2\,\mathtt{xb}^6)\,(\mathtt{b}-\mathtt{y})\,(\mathtt{b}+\mathtt{y}))/\\
&\ ((\mathtt{xa}-\mathtt{xb})\,(\mathtt{xa}+\mathtt{xb})\,(-\mathtt{b}^2\,\mathtt{xa}^4+\mathtt{a}^2\,\mathtt{xa}^2\,\mathtt{xb}^2+\mathtt{b}^2\,\mathtt{xa}^2\,\mathtt{xb}^2-\\
&\ \mathtt{xa}^4\,\mathtt{xb}^2-\mathtt{a}^2\,\mathtt{xb}^4-\mathtt{xa}^2\,\mathtt{xb}^4))\}
\end{aligned}
$$

このような長い式も瞬時に求められる.

5.2.2　試験関数を使用した温度分布の導出

前節で求めた試験関数を使い，前節のガレルキン法によって，介在物が存在する場合の定常熱伝導温度分布を求める.

熱源がある場合の定常状態熱伝導方程式は

$$
\nabla\cdot(k\nabla u)+q=0 \tag{5.46}
$$

で表される．重み付き残差法に従い，式 (5.46) の N 項の近似解は

$$
\tilde{u}_N(x)=\sum_{\alpha=1}^{N}u_\alpha f_\alpha(x)
$$

と仮定される．ここに $\tilde{u}_N(x)$ は N 項から成る $u(x)$ の近似解で，u_α は未知係数，$f_\alpha(x)$ は α 番目の試験関数である．ガレルキン法により未知係数のベクトル u_α は

$$
A\mathbf{u}=\mathbf{d}
$$

の連立方程式を解くことで得られる．ここに $\mathbf{u}$ は成分が u_α $(\alpha=1,2,\ldots,N)$ のベクトル，A は成分 $a_{\alpha\beta}$ が

$$
a_{\alpha\beta}=\iint_\Omega \nabla\cdot(k\nabla f_\alpha)f_\beta\,dS \tag{5.47}
$$

で表される行列である．Ω は材料の全領域を表す．式 (5.47) に部分積分を使い，各相ごとに積分して f_β は境界で 0 となることを使うと

$$
a_{\alpha\beta}=\iint_\Omega \nabla\cdot(k\nabla f_\alpha)f_\beta\,dS
$$

$$
\begin{aligned}
&= \oint_{\partial\Omega} k\nabla f_\alpha f_\beta \mathbf{n}\, d\ell - \iint_\Omega k\nabla f_\alpha \cdot \nabla f_\beta\, dS \\
&= -\iint_\Omega k\nabla f_\alpha \cdot \nabla f_\beta\, dS \\
&= -\left\{\iint_{\Omega_1} k_1\nabla f_{\alpha_1} \cdot \nabla f_{\beta_1}\, dS + \iint_{\Omega_2} k_2\nabla f_{\alpha_2} \cdot \nabla f_{\beta_2}\, dS\right\} \\
&= -\iint_{\Omega_1} (k_1\nabla f_{\alpha_1} \cdot \nabla f_{\beta_1} - k_2\nabla f_{\alpha_2} \cdot \nabla f_{\beta_2})\, dS - k_2\iint_\Omega \nabla f_{\alpha_2} \cdot \nabla f_{\beta_2}\, dS
\end{aligned}
$$

となり，介在物内での積分と全体での積分の和として表される．ここに添字 1 と 2 はそれぞれ介在物と母相領域を表わし，$\partial\Omega$ は Ω の境界である．ベクトル $\mathbf{d}$ の成分は

$$
d_\alpha = -\iint_{\text{circle}} q f_\alpha\, dS
$$

で表される．circle は円領域を表す．

$a_{\alpha\beta}$ と d_α の各成分を求めるには，多項式を長方形上と円上で積分することが必要となる．*Mathematica* 内蔵の `Integrate` 関数を使うとこの積分は長時間を要し，実用的でない．これは *Mathematica* 内蔵の `Integrate` が数は積分関数のあらゆる場合を想定していることに起因する．本問題において積分範囲は限られた形状であるため，*Mathematica* のパターンマッチングの機能を使い，ユーザ定義関数を導入することでスピードアップが可能となる．例えば，半径 a の円上で x と y の多項式を積分するには以下のコードを使う．

```
In[30]:= intcircle[f_, a_]:= Module[{j1, j2},
         j1 = f r /. {x -> r Cos[th], y -> r Sin[th]} // TrigReduce // Expand;
         j2 = 2 Pi j1 /. {Cos[i_. th] -> 0, Sin[i_. th] -> 0} /.
           {r^i_. -> a^(i+1) / (i+1)} // Simplify; j2]
```

多項式を長方形 $\{(x, y),\ -a \le x \le a,\ -b \le y \le b\}$ で積分するには，以下のコードを用いる．

```
In[31]:= intrec[f_, a_, b_] := Module[{coeff, ii, jj, i, j},
         coeff = CoefficientList[f, {x, y}];
         {ii, jj} = Dimensions[coeff];
         Sum[coeff[[i, j]] (a^i - (-a)^i) / i (b^j - (-b)^j) / j,
         {i, 1, ii}, {j, 1, jj}]]
```

図 5.8–5.10 は最初の 3 個の試験関数を示す．

図 5.11 は以下の数値に基づく温度分布である．

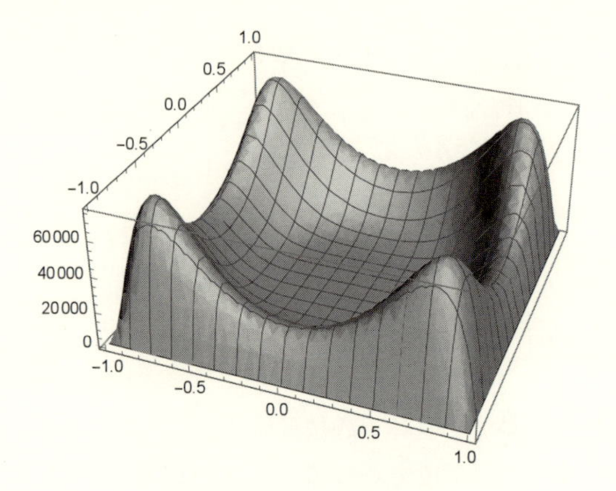

図 5.8　最初の試験関数.

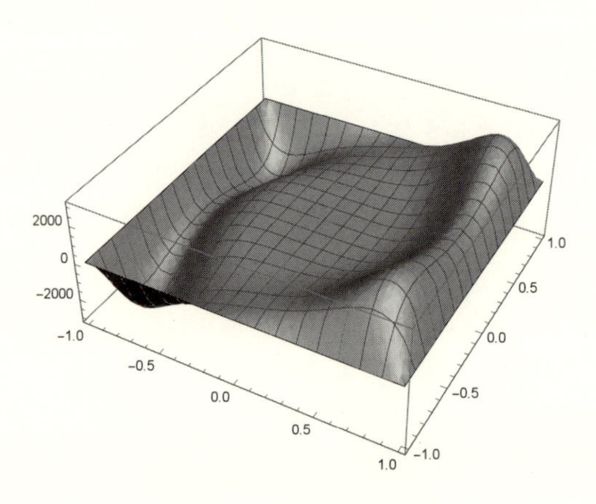

図 5.9　2 番めの試験関数

$$k_1 = 10, \quad k_2 = 1, \quad a = \frac{1}{3}$$

6 次の多項式で収束が確認される.

以下の *Mathematica* コードで試験関数を生成し，温度分布を計算する.

```
In[32]:= a = 1/3; k1 = 10; k2 = 1; order = 6;
         intcircle[f_, a_] :=
           Module[{j1, j2}, j1 = f r /.
             {x -> r Cos[th], y -> r Sin[th]} // TrigReduce // Expand;
             j2 = 2 Pi j1 /. {Cos[i_. th] -> 0, Sin[i_. th] -> 0} /.
               {r^i_. a^(i + 1) / (i + 1)} // Simplify;
             j2]
         intrec[f_, a_, b_] :=
```

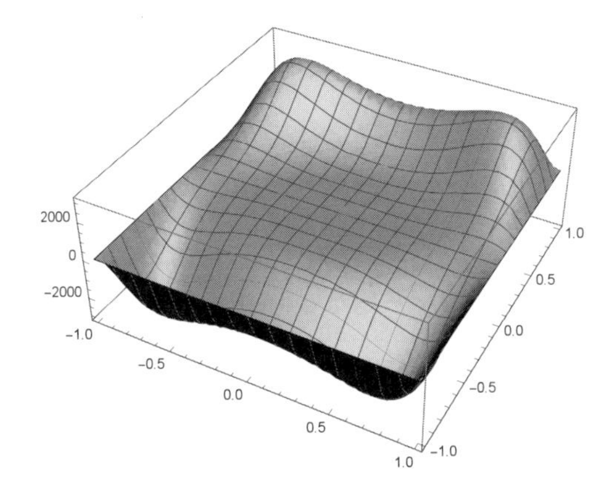

図 5.10 3番めの試験関数

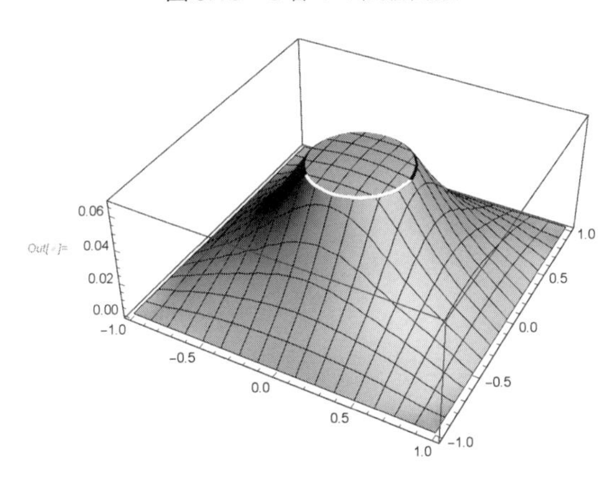

図 5.11 温度分布

```
        If[f ===15) 0, 0,
          Module[{coeff, ii, jj, i, j}, coeff = CoefficientList[f, {x, y}];
            {ii, jj} = Dimensions[coeff];
            Sum[coeff[[i, j]] (a^i - (-a)^i) / i (b^j - (-b)^j) / j,
            {i, 1, ii}, {j, 1, jj}]]]

In[33]:= laplace[f_] := D[f, {x, 2}] + D[f, {y, 2}];
         divdel[f_, g_] := D[f, x] D[g, x] + D[f, y] D[g, y];
         poly[n_, a_] := Sum[a[(i + j) (i + j + 1) / 2 + i + 1] x^j y^i,
           {i, 0, n}, {j, 0, n - i}
         decomp[f_] := CoefficientList[TrigReduce[f /.
```

15) `===`は両辺が記号的に等しい場合`True`を返す．例えば，`a = 0;`で`a == 0.0`は`True`を返すが`a === 0.0`は`False`を返す．

```
    {x -> r Cos[th], y -> r Sin[th]}] /.
    {Cos[i_. * th] cosine^i, Sin[i_. * th] sine^i},
    {cosine, sine}] // Flatten

In[34]:= terms = (order + 1) (order + 2) / 2;
  f1 = poly[order, c1];
  f2 = poly[order, c2] (x^2 - 1) (y^2 - 1);
  e1 = decomp[f1 - f2] /. r -> a;
  d[f_] := D[f, x] x / r + D[f, y] y / r
  e2 = decomp[(k1 d[f1] - k2 d[f2])] /. r -> a;
  eq1 = Map[# == 0 &, e1];
  eq2 = Map[# == 0 &, e2];
  sol = Solve[Flatten[{eq1, eq2}],
    Flatten[{Table[c1[i],
      {i, 1, terms}], Table[c2[i], {i, 1, terms}]}]][[1]];
  ff1 = f1 /. sol;
  ff2 = f2 /. sol;
  fff1 = Table[Coefficient[Expand[ff1], c1[i]], {i, terms}];
  fff2 = Table[Coefficient[Expand[ff2], c1[i]], {i, terms}];
  fff3 = Table[Coefficient[Expand[ff1], c2[i]], {i, terms}];
  fff4 = Table[Coefficient[Expand[ff2], c2[i]], {i, terms}];
  base1 = DeleteCases[{fff1, fff2} // Transpose, {0, 0}];
  base2 = DeleteCases[{fff3, fff4} // Transpose, {0, 0}];
  base = Join[base1, base2];

In[35]:= basefunc[i_, x_, y_] :=
    If[x^2 + y^2 < a^2, Evaluate[base[[i, 1]]], Evaluate[base[[i, 2]]]]
  max = Length[base];
  amat = Table[0, {i, max}, {j, max}];
  Do[amat[[i, j]] = -(intcircle[k1 divdel[base[[i, 1]], base[[j, 1]]] -
    k2 divdel[base[[i, 2]], base[[j, 2]]], a] +
    k2 intrec[divdel[base[[i, 2]], base[[j, 2]]], 1, 1],
      {i, 1, max}, {j, i, max}]
  Do[amat[[j, i]] = amat[[i, j]], {i, 1, max}, {j, i + 1, max}];

In[36]:= bvec = Table[0, {i, max}];
  Do[bvec[[i]] = -intcircle[base[[i, 1]], a], {i, 1, max}]
  coeff = Inverse[amat].bvec;
  inclusion = Sum[coeff[[i]] base[[i, 1]], {i, 1, max}];
  matrix = Sum[coeff[[i]] base[[i, 2]], {i, 1, max}];
  temperature[x_, y_] := If[x^2 + y^2 < a^2, inclusion, matrix]
  Plot3D[temperature[x, y], {x, -1, 1}, {y, -1, 1}]
```

有限要素法では指定された節点で1，他の節点では0となるような試験関数が使用される．その結果得られる剛性行列は3重対角行列となり，連立方程式の解法が容易となる．本節で導入した方法は試験関数として多項式を用いるものであり，*Mathematica* との併用により剛性行列の各要素の計算が厳密に求められる．ただし，得られる剛性行列は疎行列とはならない．複合材料のような非均質材料においては，各相ごとに異なる試験関数を使うことによって相面での温度，および熱束の連続条件を満たすことが可能となるので，求められた近似解は相面での熱束の連続条件を自動的に満たしている．弾性体に対しても同様の扱いが可能であり，概要は次節で解説する．

5.3 有限媒体での弾性場

前節では，ガレルキン法を定常熱伝導方程式に代表される楕円型偏微分方程式に適用した．同様の手法は静的な弾性方程式にも適用できる．基本的には前節と同じ手法を高階のテンソルに応用するだけなので，本節では概要の紹介に留める．詳細については，インターネットでダウンロード可能な以下の博士論文を参照されたい[16)].

定常状態の熱伝導方程式は

$$(k_{ij}T_{,j})_{,i} = 0$$

で表される．一方，静的弾性問題の変位に関する平衡方程式は

$$(C_{ijkl}u_{k,l})_{,j} = 0$$

で表されるので，温度場と弾性場の間では以下の対応がある．

$$T \longleftrightarrow u_i$$

$$k_{ij} \longleftrightarrow C_{ijkl}$$

弾性問題ではテンソルの階数は増大するため，計算の手間も当然増大する．ここでは2次元の有限媒質に介在物がある場合，前節と同様にガレルキン法で弾性場を求める方法について解説する．

β 次の多項式 $h(\alpha,\beta)$ を

$$h(\alpha,\beta) = x^{\alpha}y^{\beta-\alpha}$$

16) Pathapallli, T., A Semi-analytical Approach to Obtain Physical Fields in Heterogeneous Materials, Ph.D. dissertation, University of Texas at Arlington, 2013.

で定義すると，相 A 内の i 方向の試験関数 $f_i^A(x,y)$ は

$$f_i^A(x,y) = \sum_{\beta=0}^{n}\sum_{\alpha=0}^{\beta} d_i^{A\alpha\beta} h(\alpha,\beta)$$

で表される．f_i^A は変位に相当し，A は介在物または母相いずれかの相を表わし，i は座標 x または y を表わす．

未知係数 $d_i^{A\alpha\beta}$ は相の境界面での連続条件

$$f_i^A - f_i^B = 0$$

$$t_i^A - t_i^B = 0$$

を満たすように決定される．ここに t_i^A は表面力に相当する量で，材料が等方の場合 f_i とは

$$t_i = \sigma_{ij}n_j = C_{ijkl}f_{k,l}n_j = \left(\mu\left(\delta_{ik}\delta_{jl} + \delta_{il}\delta_{jk}\right) + \lambda\delta_{ij}\delta_{kl}\right) f_{k,l}n_j$$
$$= \mu f_{i,j}n_j + \mu f_{j,i}n_j + \lambda f_{l,l}n_i$$

と関連付けられる．

以下の *Mathematica* のプログラムによって，斉次境界条件と相境界での連続条件を満たす試験関数が生成される．

```
In[37]:= mat = {μm -> 1, μf -> 4, λm -> 2, λf -> 20};
         mat2 = {μm -> 1.0, μf -> 4.0, λm -> 2.0, λf -> 20.0, a -> 4};
         poly[n_] := Table[x^j y^i, {i, 0, n}, {j, 0, n - i}] // Flatten
         order = 5; (*min=4*) terms = (order + 1) (order + 2) / 2;
         g = poly[order];
         (*
         ff is the permissible function in the x direction in the inclusion.
         fm is the permissbiel function in the matrix.
         gf is the permissible function in the y direction in the inclusion.
         gm is the permissible function in the y direction in the matrix.
         *)
         ff = Sum[cf[α] g[[α]], {α, 1, terms}];
         fm = Sum[cm[α] g[[α]], {α, 1, terms}] (x^2 - a^2) (y^2 - a^2);
         gf = Sum[df[α] g[[α]], {α, 1, terms}];
         gm = Sum[dm[α] g[[α]], {α, 1, terms}] (x^2 - a^2) (y^2 - a^2);
         (*
         tf[i] is traction inside inclusion, tm[i] is traction inside matrix
         σij = 2μεij + λδijεkk = μui,j + μuj,i + λδijuk,k
```

```
t_i = σ_ij n_j = μ u_i,j n_j + μ u_j,i n_i + λ u_k,k n_i
*)
aa = 0;
n = {(x - aa), y}; xx = {x, y};
(* traction in x direction *)
txf = (2 μf + λf) D[ff, x] n[[1]] +
      μf (D[ff, y] n[[2]] + D[gf, x] n[[2]]) + λf D[gf, y] n[[1]];
txm = (2 μm + λm) D[fm, x] n[[1]] +
      μm (D[fm, y] n[[2]] + D[gm, x] n[[2]]) + λm D[gm, y] n[[1]];
(* traction in y direction *)
tyf = (2 μf + λf) D[gf, y] n[[2]] +
      μf (D[gf, x] n[[1]] + D[ff, y] n[[1]]) + λf D[ff, x] n[[2]];
tym = (2 μm + λm) D[gm, y] n[[2]] +
      μm (D[gm, x] n[[1]] + D[fm, y] n[[1]]) + λm D[fm, x] n[[2]];
(**)
eq1 = DeleteCases[CoefficientList[TrigReduce[(ff - fm) /.
      {x -> aa + r Cos[th], y -> r Sin[th]} /. r -> 1] /.
        {Cos[i_. th] -> cosine^i, Sin[j_. th] -> sine^j},
      {cosine, sine}] // Flatten, 0];
eq2 = DeleteCases[CoefficientList[TrigReduce[(gf - gm) /.
      {x -> aa + r Cos[th], y -> r Sin[th]} /. r -> 1] /.
        {Cos[i_. th] -> cosine^i, Sin[j_. th] -> sine^j},
      {cosine, sine}] // Flatten, 0];
eq3 = DeleteCases[CoefficientList[TrigReduce[(txf - txm) /.
      {x -> aa + r Cos[th], y -> r Sin[th]} /. r -> 1] /.
        {Cos[i_. th] -> cosine^i, Sin[j_. th] -> sine^j},
      {cosine, sine}] // Flatten, 0];
eq4 = DeleteCases[CoefficientList[TrigReduce[(tyf - tym) /.
      {x -> aa + r Cos[th], y -> r Sin[th]} /. r -> 1] /.
        {Cos[i_. th] -> cosine^i, Sin[j_. th] -> sine^j},
      {cosine, sine}] // Flatten, 0];
eqall = Flatten[{eq1, eq2, eq3, eq4}] (*/.mat*);
eqall = Map[#1 == 0 &, eqall];
varall = {Table[cf[j], {j, 1, terms}], Table[cm[j], {j, 1, terms}],
      Table[df[j], {j, 1, terms}], Table[dm[j], {j, 1, terms}]} //
      Flatten;
sol = Solve[eqall, varall][[1]];
Fm = Table[Coefficient[fm /. sol, varall[[i]]], {i, 1, 4 * terms}];
Ff = Table[Coefficient[ff /. sol, varall[[i]]], {i, 1, 4 * terms}];
Gm = Table[Coefficient[gm /. sol, varall[[i]]], {i, 1, 4 * terms}];
Gf = Table[Coefficient[gf /. sol, varall[[i]]], {i, 1, 4 * terms}];
base1 = Transpose[{Ff, Fm}];
        (* base functions in the x1 direction *)
base2 = Transpose[{Gf, Gm}];
        (* base functions in the x2 direction *)
j1 = Transpose[{base1, base2}];
(*base [[i]] is the i-th trial function.
```

```
 base [[i,1]] is the i-th permissible function in the x direction,
 base [[i,2]] is the i-th permissible function in the y-direction.*)
(*base [[i,1,1]] is the i-th permissible function in the x-direction
 in the inclusion. base [[i,1,2]] is the i-th permissible function
 in the x-direction in the matrix*)
base = DeleteCases[j1, {{0, 0}, {0, 0}}];
```

生成された試験関数は長いので，Short 関数で一部のみ示す．

```
In[38]:= Short[Simplify[base], 20]
```

Out[38]//Short=

$$
\begin{aligned}
&\{\{\{y\,(-1+x^2+y^2)^2, 0\}, \{0,0\}\}, \{\{\frac{1}{2}(-1+x^2+y^2)^2, 0\}, \{0,0\}\},\\
&\{\{\frac{1}{2}x\,(-1+x^2+y^2)^2, 0\}, \{0,0\}\},\\
&\{\{0, (a^2-x^2)\,(a^2-y^2)\,(-1+x^2+y^2)^2\}, \{0,0\}\},\\
&\{\{(y\,\mu m\,((x^2+a^2\,(3-4\,x^2-4\,y^2)-\\
&\quad (-1+y^2)^2+a^4(-3+4\,x^2+4\,y^2))\,\lambda f\,\mu f-\\
&\quad (1-2\,a^2+2\,a^4-y^2)\,(-1+x^2+y^2)\,\lambda m\,\mu f-\\
&\quad a^2\,(-1+2\,a^2)\,(-1+x^2+y^2)\,\lambda f\,\mu m+\\
&\quad 2\,\mu f\,(x^2\,y^2\,\mu f+a^4\,((-1+2\,x^2+2\,y^2)\,\mu f-2\,(-1+x^2+y^2)\,\mu m)+\\
&\quad a^2\,((1-2\,x^2-2\,y^2)\,\mu f+(-1+x^2+y^2)\,\mu m)))))/\\
&\quad (2\,\mu f\,(\mu f\,(-\lambda m+2\,\mu f-2\,\mu m)+\lambda f\,(2\,\mu f-\mu m))),\\
&\quad ((a^2-x^2)\,y\,(a^2-y^2)\,(2\,\mu f\,(-(-1+x^2+y^2)\,\lambda m+\\
&\quad 2\,(-1+x^2+y^2)\,\mu f+(3-2\,x^2-2\,y^2)\,\mu m)+\\
&\quad \lambda f\,(4\,(-1+x^2+y^2)\,\mu f+(3-2\,x^2-2\,y^2)\,\mu m)))/\\
&\quad (4\,\lambda f\,\mu f-2\,\lambda m\,\mu f+4\,\mu f^2-2\,\lambda f\,\mu m-4\,\mu f\,\mu m)\},\\
&\{(x\,\mu m\,(-2\,(-1+2\,x^2-x^4+y^2+a^2\,(3-4\,x^2-4\,y^2)+\\
&\quad a^4\,(-3+4\,x^2+4\,y^2))\,\lambda f\,\mu f+\\
&\quad 2\,a^2\,(-1+2\,a^2)\,(-1+x^2+y^2)\,\lambda f\,\mu m+\\
&\quad \mu f\,((1-4\,a^2+4\,a^4-x^2+y^2)\,(-1+x^2+y^2)\,\lambda m+\\
&\quad 2\,(-2\,x^2+x^4+a^4\,(2-4\,x^2-4\,y^2)+\\
&\quad (-1+y^2)^2+a^2\,(-2+4\,x^2+4\,y^2))\,\mu f+\\
&\quad 4\,a^2\,(-1+2\,a^2)\,(-1+x^2+y^2)\,\mu m)))/\\
&\quad (4\,\mu f\,(\mu f\,(-\lambda m+2\,\mu f-2\,\mu m)+\lambda f\,(2\,\mu f-\mu m))),\\
&\quad (x\,(-a^2+x^2)\,(a^2-y^2)\,(2\mu f\,(-(-1+x^2+y^2)\,\lambda m+\\
&\quad 2\,(-1+x^2+y^2)\,\mu f+(3-2\,x^2-2\,y^2)\,\mu m)+\\
&\quad \lambda f\,(4\,(-1+x^2+y^2)\,\mu f+(3-2\,x^2-2\,y^2)\,\mu m)))/\\
&\quad (4\,\lambda f\,\mu f-2\,\lambda m\,\mu f+4\,\mu f^2-2\,\lambda f\,\mu m-4\mu f\,\mu m)\}\}, \ll 6 \gg,
\end{aligned}
$$

$$\{\{0,0\},\{\frac{1}{2}(-1+x^2+y^2)^2,0\}\},\{\{0,0\},\{\frac{1}{2}x(-1+x^2+y^2)^2,0\}\},$$
$$\{\{0,0\},\{0,\frac{1}{2}x(a^2-x^2)(a^2-y^2)(-1+x^2+y^2)^2\}\},$$
$$\{\{0,0\},\{0,\frac{1}{2}(a^2-x^2)y(a^2-y^2)(-1+x^2+y^2)^2\}\},$$
$$\{\{0,0\},\{0,(a^2-x^2)(a^2-y^2)(-1+x^2+y^2)^2\}\}\}$$

実際の数値を使った場合，試験関数は

```
In[39]:= base = base /. mat;
         Short[base, 10]
```

Out[39]//Short=
$$\{\{\{y-2x^2y+x^4y-2y^3+2x^2y^3+y^5,0\},\{0,0\}\},$$
$$\{\{\frac{1}{2}-x^2+\frac{x^4}{2}-y^2+x^2y^2+\frac{y^4}{2},0\},\{0,0\}\},$$
$$\{\{\frac{x}{2}-x^3+\frac{x^5}{2}-xy^2+x^3y^2+\frac{xy^4}{2},0\},\{0,0\}\},$$
$$\{\{0,(-a^2+x^2)(-a^2+y^2)(1-2x^2+x^4-2y^2+2x^2y^2+y^4)\},\{0,0\}\},$$
$$<<8>>,\{\{0,0\},\{\frac{x}{2}-x^3+\frac{x^5}{2}-xy^2+x^3y^2+\frac{xy^4}{2}\}\},$$
$$\{\{0,0\},\{0,(-a^2+x^2)(-a^2+y^2)(\frac{x}{2}-x^3+\frac{x^5}{2}-xy^2+x^3y^2+\frac{xy^4}{2})\}\},$$
$$\{\{0,0\},\{0,(-a^2+x^2)(-a^2+y^2)(\frac{y}{2}-x^2y+\frac{x^4y}{2}-y^3+x^2y^3+\frac{y^5}{2})\}\},$$
$$\{\{0,0\},\{0,(-a^2+x^2)(-a^2+y^2)(1-2x^2+x^4-2y^2+2x^2y^2+y^4)\}\}\},$$

で表される．変位は以下の平衡方程式を満たす必要がある．

$$\mu\Delta u+(\mu+\lambda)(u_{,xx}+v_{,xy})+b_x=0 \tag{5.48}$$

$$\mu\Delta v+(\mu+\lambda)(u_{,xy}+v_{,yy})+b_y=0 \tag{5.49}$$

ここに u と v は x と y 方向の変位である．式 (5.48)–(5.49) の近似解は，試験関数 $f_\alpha(x,y)$ と $g_\alpha(x,y)$ の線形結合として求められる．

$$\tilde{u}=\sum_{\alpha=1}^{m}c_\alpha f_\alpha(x,y) \tag{5.50}$$

$$\tilde{v}=\sum_{\alpha=1}^{n}d_\alpha g_\alpha(x,y) \tag{5.51}$$

ここに $\tilde{u}$ と $\tilde{v}$ は u と v の近似解である．式 (5.50)–(5.51) を式 (5.48)–(5.49) に代入すると，c_α と d_α に関する以下の方程式が得られる．

$$\mu \sum_{\alpha=1}^{m} c_\alpha \Delta f_\alpha + (\mu+\lambda) \sum_{\alpha=1}^{m} c_\alpha f_{\alpha,xx} + (\mu+\lambda) \sum_{\alpha=1}^{n} d_\alpha g_{\alpha,xy} + b_x = 0 \tag{5.52}$$

$$\mu \sum_{\alpha=1}^{n} d_\alpha \Delta g_\alpha + (\mu+\lambda) \sum_{\alpha=1}^{m} c_\alpha f_{\alpha,xy} + (\mu+\lambda) \sum_{\alpha=1}^{n} d_\alpha g_{\alpha,yy} + b_y = 0 \tag{5.53}$$

式 (5.52) および式 (5.53) から未知係数 c_α と d_α を決定するためにガレルキン法を使うには，式 (5.52) と式 (5.53) に f_β と g_β を掛けて，結果を全媒質上で積分する必要がある．しかし，これにより $m+n$ 個の未知係数に対して $2(m+n)$ 個の方程式が生成され，優決定系の方程式となり，解の存在は保証されない．試験関数が相境界での変位と張力の連続境界条件を満たすには方向ごとに異なる関数を採用する必要がある．したがって，この場合にはガレルキン法が適用できない．

そこで，未知数と方程式の数を等しくするために，ここではガレルキン法ではなくレイリー・リッツ法を採用する．レイリー・リッツ法は最小ポテンシャルエネルギー原理に基づく．すなわち，保存系では全ての変位の静的許容試験関数に対して全ポテンシャルエネルギー I を最小にするものが平衡方程式を満足するという原理である．ガレルキン法とレイリー・リッツ法は通常，同じ方程式を生成する．ただし，未知変数の各方向で異なる試験関数を使う場合にはガレルキン法を使えず，レイリー・リッツ法によって未知係数の数と方程式の数が一致する方程式を生成する．

弾性場の全ポテンシャルエネルギー I は L をラグランジアンとして

$$\begin{aligned} I = \int L\, dxdy &= \int \left(\frac{1}{2} \sigma_{ij} \epsilon_{ij} - b_i u_i \right) dxdy \\ &= \int \left(\frac{1}{2} C_{ijkl} u_{i,j} u_{k,l} - b_i u_i \right) dxdy \end{aligned} \tag{5.54}$$

で定義される．式 (5.54) の極値をとると，オイラー方程式である

$$\frac{\partial L}{\partial u_k} = \left(\frac{\partial L}{\partial u_{k,l}} \right)_{,l}$$

が得られ，これは

$$(C_{ijkl} u_{i,j})_{,l} + b_k = 0$$

と同等である．ひずみエネルギーは式 (5.50)–(5.51) を用い

$$C_{ijkl} u_{k,l} u_{i,j} = \mu \left(u_{i,j} u_{i,j} + u_{i,j} u_{j,i} \right) + \lambda u_{k,k} u_{l,l}$$

$$= (2\mu+\lambda)\left(u_{,x}^2 + v_{,y}^2\right) + \mu\left(u_{,y}^2 + v_{,x}^2 + 2u_{,y}v_{,x}\right) + 2\lambda u_{,x}v_{,y}$$

$$= (2\mu+\lambda)\left(\sum_{\alpha,\beta} c_\alpha c_\beta f_{\alpha,x} f_{\beta,x} + \sum_{\alpha,\beta} d_\alpha d_\beta g_{\alpha,y} g_{\beta,y}\right)$$

$$+ \mu\left(\sum_{\alpha,\beta} c_\alpha c_\beta f_{\alpha,y} f_{\beta,y} + \sum_{\alpha,\beta} d_\alpha d_\beta g_{\alpha,x} g_{\beta,x} + 2\sum_{\alpha,\beta} c_\alpha d_\beta f_{\alpha,y} g_{\beta,x}\right)$$

$$+ 2\lambda \sum_{\alpha,\beta} c_\alpha d_\beta f_{\alpha,x} g_{\beta,y} \tag{5.55}$$

で表される．式 (5.55) を c_α と d_α で偏微分すると

$$(2\mu+\lambda) f_{\alpha,x} f_{\beta,x} c_\beta + \mu(f_{\alpha,y} f_{\beta,y} c_\beta + f_{\alpha,y} g_{\beta,x} d_\beta) + \lambda f_{\alpha,x} g_{\beta,y} d_\beta = b_x f_\alpha$$

$$(2\mu+\lambda) g_{\alpha,y} g_{\beta,y} d_\beta + \mu(g_{\alpha,x} g_{\beta,x} d_\beta + f_{\alpha,y} g_{\beta,x} c_\beta) + \lambda f_{\alpha,x} g_{\beta,y} c_\beta = b_y g_\alpha$$

または

$$A\mathbf{c} + B\mathbf{d} = \iint b_x f_\alpha(x,y)\,dxdy \tag{5.56}$$

$$B\mathbf{c} + D\mathbf{d} = \iint b_y g_\alpha(x,y)\,dxdy \tag{5.57}$$

を得る．ここに

$$A_{\alpha\beta} = \iint (2\mu+\lambda) f_{\alpha,x} f_{\beta,x}\,dxdy + \iint \mu f_{\alpha,y} f_{\beta,y}\,dxdy$$

$$B_{\alpha\beta} = \iint \mu f_{\alpha,y} g_{\beta,x}\,dxdy + \iint \lambda f_{\alpha,x} g_{\beta,y}\,dxdy$$

$$D_{\alpha\beta} = \iint (2\mu+\lambda) g_{\alpha,y} g_{\beta,y}\,dxdy + \iint \mu g_{\alpha,x} g_{\beta,x}\,dxdy$$

で定義される．行列 $A_{\alpha\beta}$，$B_{\alpha\beta}$ および $D_{\alpha\beta}$ が計算されれば，未知係数 $\mathbf{c}$ と $\mathbf{d}$ は式 (5.56) と式 (5.57) から計算できる．

例として，円状の介在物 ($\mu_f = 30$, $\lambda_f = 40$) が正方形の母相（$\mu_m = 1$ および $\lambda_m = 1$）中にあり，境界条件が斉次ディリクレ型の場合を考える．体積力は $b_x = b_y = 1$ とする．図 5.12 と図 5.13 は $u(x,y)$ および $v(x,y)$ の分布を示す．

いずれも円状の介在物が正方形の母相中にあり，一様な熱源が存在するときの温度分布と類似している．方程式の相似性を考えればこれは当然である．

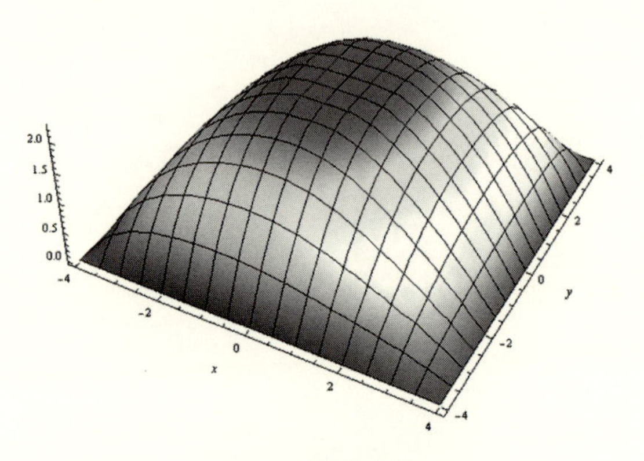

図 5.12　介在物がある媒体の変位の x 成分

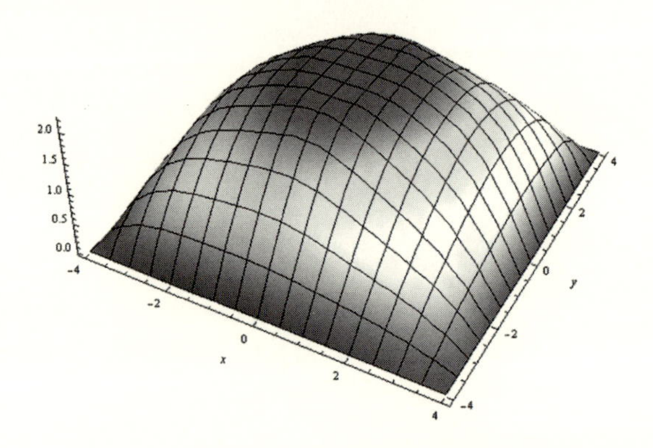

図 5.13　介在物がある媒体の変位の y 成分

5.4　おわりに

本章では，有限領域中に材料特性の異なる介在物が存在する場合の温度場または弾性場を求める方法を解説した．この種の問題では，既に確立している有限要素法を使って数値解を求めることは容易だが，半解析解を必要とする場合には，本章の方法は極めて有用である．また，有限要素法で使われる試験関数は，相境界で表面力（弾性）または熱束（温度）の連続条件を満たさないが，本章で使った試験関数は，境界面で変位，表面力（温度，熱束）の連続条件を満たす．

あとがき

筆者が東京大学計数工学科の学生だった頃，大島信徳先生，甘利俊一先生の数理工学講義，研究室の金谷健一先生の講義の多くは，複雑なテンソル式を数理工学の問題に適用して，計算するものであった．当時は世の中にこれほど難解な学問があるのかというのが正直な感想で，とても筆者の手に負えるものではないと思っていた．その後，アメリカに留学して初めて材料工学の授業を受けたとき，当時の材料力学の教授はテンソルを使用せずに全ての方程式を導くことを試みており，何とまどろっこしいことをしているのかと感じた．

テンソル方程式は見た目はよいが，いざ実際の計算となると，添字につき延々と展開計算をする必要があり，手作業では限界があった．

今日では *Mathematica* で簡単な規則を追加するだけで，学生時代に延々と手計算で行っていた計算も一瞬で完了する．

ところが，周囲を見渡すと多くの同僚はMATLABユーザであり，*Mathematica* はMATLABと同種なソフトのようだが取っ付きにくいという認識があまねくあるようだ．MATLABと比較すると，確かに *Mathematica* は敷居が高い．しかし，実際に両者を使ってみると，MATLABは *Mathematica* の部分集合ではないかというのが筆者の感想である．*Mathematica* の最新のバージョンは数学に留まらず，機械学習や仮想通貨，3D印刷も処理できるようだ．いずれにしても，*Mathematica* は筆者の研究および教育に不可欠のものとなっている．これに代わるソフトは現時点で思い浮かばない．

その昔，『Cで勉強するXX』あるいは『MATLABで学ぶYY』などのタイトルの本が多数出版された．まだC言語とかMATLABが目新しい頃だったのであろう．本書出版の時点では，本書で扱ったテーマはまだnoveltyの範囲に属しているようである．本書が読者の一助となれば幸甚である．

本書の出版を勧めてくださった研究室の先輩である岡山大学の金谷健一先生に謝意を表したい．また，東京大学計数工学科では故大島信徳先生，甘利俊一先生に数理工学の方法論をご教授いただいたことに，本書を通じ謝意を表したい．マイクロメカニックスの複合材料応用に関しては，東京理科大学の故福田博先生，日本大学の邉吾一先生から多くを学ばせていただいた．最後に，本書の出版にあたりご尽力いただいた共立出版の大越隆道氏に謝意を表したい．

2019 年 3 月　野村靖一

参考文献

[1] B. A. Bilby. John Douglas Eshelby. 21 December 1916–10 December 1981. *Biographical Memoirs of Fellows of the Royal Society*, Vol. 36, pp. 127–150, 1990.

[2] T. W. Chou, S. Nomura, and M. Taya. A Self-Consistent Approach to the Elastic Stiffness of Short-Fiber Composites. *Journal of Composite Materials*, Vol. 14, No. 3, p. 178, 1980.

[3] R. M. Christensen and K. H. Lo. Solutions for Effective Shear Properties in Three Phase Sphere and Cylinder Models. *Journal of the Mechanics and Physics of Solids*, Vol. 27, No. 4, pp. 315–330, 1979.

[4] J. D. Eshelby. The Determination of the Elastic Field of an Ellipsoidal Inclusion, and Related Problems. *Proceedings of the Royal Society of London. Series A. Mathematical and Physical Sciences*, Vol. 241, No. 1226, p. 376, 1957.

[5] J. D. Eshelby. The Elastic Field Outside an Ellipsoidal Inclusion. *Proceedings of the Royal Society of London. Series A, Mathematical and Physical Sciences*, Vol. 252, No. 1271, pp. 561–569, 1959.

[6] Y. C. Fung. *A First Course in Continuum Mechanics*. Prentice-Hall, 1977.

[7] M. Gad-el Hak. Stokes' Hypothesis for a Newtonian, Isotropic Fluid. *Journal of Fluids Engineering*, Vol. 117, No. 1, pp. 3–5, 1995.

[8] C. G. Granqvist and O. Hunderi. Conductivity of Inhomogeneous Materials: Effective-Medium Theory with Dipole-Dipole Interaction. *Physical Review B*, Vol. 18, No. 4, p. 1554, 1978.

[9] Z. Hashin. On Elastic Behaviour of Fibre Reinforced Materials of Arbitrary Transverse Phase Geometry. *Journal of the Mechanics and Physics of Solids*, Vol. 13, No. 3, pp. 119–134, 1965.

[10] Z. Hashin and S. Shtrikman. A Variational Approach to the Theory of the Elastic Behaviour of Multiphase Materials. *Journal of the Mechanics and Physics of Solids*, Vol. 11, No. 2, pp. 127–140, 1963.

[11] R. Hill. Elastic Properties of Reinforced Solids: Some Theoretical Principles. *Journal of the Mechanics and Physics of Solids*, Vol. 11, No. 5, pp. 357–372,

1963.

[12] R. Hill. A Self-Consistent Mechanics of Composite Materials. *Journal of the Mechanics and Physics of Solids*, Vol. 13, No. 4, pp. 213–222, 1965.

[13] N. Laws and R. McLaughlin. The Effect of Fibre Length on the Overall Moduli of Composite Materials. *Journal of the Mechanics and Physics of Solids*, Vol. 27, No. 1, pp. 1–13, 1979.

[14] S. C. Lin and T. Mura. Elastic fields of inclusions in anisotropic media (ii). *physica status solidi (a)*, Vol. 15, No. 1, pp. 281–285, 1973.

[15] Lawrence E. Malvern. *Introduction to the Mechanics of a Continuous Medium.* Prentice-Hall, 1969.

[16] T. Mori and K Tanaka. Average Stress in Matrix and Average Elastic Energy of Materials with Misfitting Inclusions. *Acta Metallurgica*, Vol. 21, No. 5, pp. 571–574, 1973.

[17] N. Oshima and S. Nomura. A Method to Calculate Effective Modulus of Hybrid Composite Materials. *Journal of Composite Materials*, Vol. 19, No. 3, p. 287, 1985.

[18] A. Reuss. Berechnung der Fließgrenze von Mischkristallen auf Grund der Plastizitätsbedingung für Einkristalle. *ZAMM—Journal of Applied Mathematics and Mechanics/Zeitschrift für Angewandte Mathematik und Mechanik*, Vol. 9, No. 1, pp. 49–58, 1929.

[19] W. Voigt. *Lehrbuch der Kristallphysik*, BG Teubner, 1910.

[20] S. Wolfram. *An Elementary Introduction to the Wolfram Language*. Wolfram Media, 2015.

[21] スティーブン・ウルフラム.『Mathematica ブック』. 東京書籍, 2000.

[22] 村 外志夫, 森 勉.『マイクロメカニックス—転位と介在物』. 培風館, 1976.

[23] 福田 博, 邉 吾一.『複合材料の力学序説』. 古今書院, 1989.

[24] R. M. Christensen（岡部朋永・矢代茂樹 訳).『複合材料の力学』. 共立出版, 2015.

索　引

【数字・英字】
0 階のテンソル，40
1 階のテンソル，41
2 階のテンソル，43
2 相材料，142
3 階のテンソル，45
3 相材料，150
4 階のテンソル，45

【A】
Airy の応力関数，176

【E】
Eshelby，105, 106
Eshelby のテンソル，111

【H】
Hill の条件，198

【M】
MATLAB，2
micromech.m，123, 202

【N】
NeXT コンピュータ，1

【W】
Wolfram CDF Player，24
Wolfram Language，1

【ア行】
アインシュタインの記法，29
アスペクト比，112
異方性，75, 76
渦度，74
運動の第 2 法則，90
運動方程式，89
運動量，89
エディントンのイプシロン，35
エネルギ方程式，90, 92
オイラーのひずみ，68
オイラー方程式，219
横断等方性，83
横断等方性材料，116
応力，51
応力不変量，60
応力平衡方程式，103
温度効果，165

【カ行】
介在物，120
解析関数，178
回転，74
ガウスの定理，56, 86
ガレルキン法，209
ガロア理論，7
基本ベクトル，97
境界条件，57

共変微分，98
共変量，94
行列の乗算，36
極座標系，99
均質性，76
グリーン関数，106
グリーンのひずみ，67
クリストッフェル記号，99
クロネッカーのデルタ，32
計量テンソル，97
構成方程式，75
交代記号，35
コーシーのひずみ，68
固有値，59, 221
固有ひずみ，106, 109
固有ベクトル，59

【サ行】

最小二乗法，208
座標変換，37
残差，207
自己無撞着近似，200
指標，28
自由指標，29
重調和方程式，177
主応力，59
商法則，49, 52, 55, 137
スカラー，40
スツルム・リウヴィル型微分方程式，
221
ストークスの仮説，84
ストークス流体，85
静水圧成分，62, 80
静水圧部分，134
セルフコンシステント近似，200
繊維強化複合材料，105, 199
せん断部分，134
選点法，208
総和規約，29, 131

【タ行】

対称化演算子，73
体積弾性率，80
代入規則，6
多相介在物問題，183
多相の介在物，130
多体問題，198
ダミー指標，29
弾性係数，17, 79
弾性コンプライアンス，81
直交異方性，82
直交座標，37
直交座標での微分，47
釣り合い，55
定常状態の熱伝導方程式，107, 230
テイラー級数，184
ディリクレ型境界条件，231
適合条件，73, 176
テンソル，15
テンソル成分，102
テンソルの定義，40
テンソル方程式の不変性，48
等方性，75, 76
等方性物質，92
等方流体，93

【ナ行】

ナビエ・ストークス方程式，93
ナビエの方程式，93, 107, 134
ニュートン法，8
熱応力，85, 165
熱応力効果，94
熱束，165
熱膨張係数，85, 165
粘性，85
ノイマン型境界条件，232

【ハ行】

発散定理，86
反対称化演算子，73
反変量，94

ビアンキの恒等式, 75
非均質, 76, 120
ひずみ, 66
ひずみ—変位関係, 104
ひずみエネルギ, 64
ひずみ比例係数, 123
非弾性源, 110
微分, 45
フーリエの法則, 92
フーリエ変換, 108
フォークト表記, 124, 128
物質微分, 87
物理成分, 102
ベクトル, 41
変換行列, 39
扁球, 111
偏差, 62
偏差応力, 62
偏差成分, 80
扁長, 111

【マ行】

マイクロメカニックス, 105
ミーゼスの降伏条件, 64
面力, 51
モーメント, 56
モーメントの釣り合い, 56

【ヤ行】

有限な媒質, 206
有限要素法, 10, 206
有効定数, 198

【ラ行】

ライプニッツの積分公式, 88
ラグランジュのひずみ, 67
ラグランジュ微分, 87
ラズベリーパイ, 1
ラプラス方程式, 165
ラメ定数, 79
リスト, 3
流体, 84
レイリー・リッツ法, 218, 220
連続の方程式, 89
ローラン級数, 179, 184

Memorandum

Memorandum

Memorandum

【著者紹介】

野村靖一（のむら せいいち）

1974 年　東京大学工学部計数工学科卒業
1980 年　米国デラウェア大学より Ph.D. 取得
1982 年　東京大学より工学博士取得
現　在　テキサス大学アーリントン校機械航空工学科 教授
nomura@uta.edu
専　門　応用力学
著訳書　『複合材料の構造力学』（共訳，日刊工業新聞社，1987）
Micromechanics with Mathematica (Wiley, 2016)
Heat Transfer in Composite Materials（共著，DEStech Publications Inc., 2017）
C Programming and Numerical Analysis: An Introduction (Morgan & Claypool Publishers, 2018)

Mathematica **による**
テンソル解析
Tensor Analysis Using Mathematica

2019 年 6 月15 日　初版1刷発行

著　者　野村靖一 © 2019
発行者　南條光章
発行所　**共立出版株式会社**
〒112–0006
東京都文京区小日向4丁目6番19号
電話 03–3947–2511（代表）
振替口座 00110–2–57035
www.kyoritsu-pub.co.jp
印　刷　藤原印刷
製　本　加藤製本

一般社団法人
自然科学書協会
会員

検印廃止
NDC 414.7, 421.5, 501.1

ISBN 978–4–320–11379–4

Printed in Japan